高等职业教育土建类"十四五"系列教材

工程造价管理与控制

GONGCHENG

ZAOJIA GUANLI

YU KONGZHI

主　编　蔡明俐　李晋旭

副主编　刘卉丽　李琳丽

　　　　刘　霞　宁少英

　　　　郭　漫

U0279024

华中科技大学出版社
http://www.hustp.com
中国·武汉

内 容 提 要

本书以培养工程类实践性应用型技术人才为目标和要求,以国家最新的规范和标准为依据,结合工程造价与管理行业的职业技能要求进行编写,突出实用性技能的培养,贴近实际工作岗位要求,符合职业技术教育的特色。

本书系统论述工程造价的构成、工程造价计价、建设项目决策阶段工程造价控制、建设项目设计阶段工程造价控制、建设项目招投标阶段工程造价控制、建设项目施工阶段工程造价控制和建设项目竣工验收阶段工程造价控制。全书共分为七章,每章结合工程实践案例编写,设置了课堂练习等模块。本书在保持内容完整性和力求简洁的基础上,突出重点,注重与工程实践相结合,注重提供的方法及工具的实用性。

本书适合工程管理、工程造价等相关专业在校学生作为教材使用,也可供相关行业的工程技术及管理人员阅读参考。

为了方便教学,本书还配有电子课件等教学资源包,任课教师还可以发邮件至 husttujian@163.com 索取。

图书在版编目(CIP)数据

工程造价管理与控制/蔡明俐,李晋旭主编.—武汉:华中科技大学出版社,2020.1(2024.2重印)
ISBN 978-7-5680-5751-6

Ⅰ.①工…　Ⅱ.①蔡…　②李…　Ⅲ.①建筑造价管理-高等职业教育-教材　Ⅳ.①TU723.31

中国版本图书馆 CIP 数据核字(2020)第 013259 号

工程造价管理与控制　　　　　　　　　　　　　　　　　　蔡明俐　李晋旭　主编
Gongcheng Zaojia Guanli yu Kongzhi

策划编辑:康　序
责任编辑:刘　静
责任监印:朱　玢
出版发行:华中科技大学出版社(中国·武汉)　　　电话:(027)81321913
　　　　　武汉市东湖新技术开发区华工科技园　　　邮编:430223
录　　排:武汉三月禾文化传播有限公司
印　　刷:武汉市籍缘印刷厂
开　　本:787mm×1092mm　1/16
印　　张:16.5
字　　数:423千字
版　　次:2024 年 2 月第 1 版第 4 次印刷
定　　价:48.00 元

前言 PREFACE

目前我国正处于职业教育改革的关键时期，以互联网为基础的新科技革命和产业变革对高职学生学习方式和教学体系产生了深刻的影响并提出了新的要求。

本书响应加快发展现代职业教育号召，遵循高职高专工程造价及工程管理专业培养创新性、高素质技术技能型、应用型人才的服务宗旨，结合多年的工程实战经验和职业教育教学，按照工程项目实施和工程造价分阶段控制的顺序来进行编写。

本书内容突出高职特点，以培养造价工作人员岗位能力为主导，突出建筑工程造价控制特点，根据工程造价专业培养目标和教学大纲的要求，力求反映当前最新的行业规范内容，坚持以理论适度够用性和技能上贴合实际性为导向，除了满足本专业的核心课程的教学需要外，还收录了全国造价工程师执业资格考试的部分内容，因此本书可以作为职业提高的参考资料。

为了适应"互联网＋"职业教育促进构建职业教育教学的新体系，本书主动适应产业升级的社会要求，增加了二维码，拓展了读者的阅读体验，丰富了知识内容，加强了学习的互动性和在线功能。

本书由武汉交通职业学院蔡明俐、重庆工程职业技术学院李晋旭担任主编，由四川城市职业学院刘卉丽和李琳丽、重庆工程职业技术学院刘霞、长江工程职业技术学院宁少英、湖北城市建设职业技术学院郭漫担任副主编。

本书在编写过程中参阅了大量优秀文献资料，在此对原著作者表示感谢。

由于编者水平有限，对书中所存在的不足和疏漏之处，恳请读者给予建议并批评指正。

为了方便教学，本书还配有电子课件等教学资源包，任课教师还可以发邮件至 husttujian@163.com 索取。

编　者

目录 CONTENTS

第 1 章　工程造价的构成

■ 能力目标

　　了解工程造价基本知识和理论,掌握工程造价的构成和设备及工器具购置费用、国产设备和进口设备的构成与计算,掌握建筑安装工程费用的组成与直接费、间接费、利润和税金的计算,熟悉工程建设其他费用的构成,掌握基本预备费、价差预备费、建设期利息的计算。

■ 学习要求

学 习 目 标	能 力 要 求	权　重
工程造价基本理论 工程造价构成	了解工程造价的含义、特点,工程计价的特征,工程造价管理的内容,工程全面造价管理的含义;掌握我国现行建设项目投资构成和现行建设项目工程造价构成	25%
设备及工器具购置费用	掌握国产设备原价和进口设备原价的计算,区别抵岸价、离岸价和运费在内价;掌握设备购置费的构成、计算	15%
建筑安装工程费用的构成	掌握我国现行的建筑安装工程费用的组成,掌握直接费、间接费、利润和税金的内容和计算	25%
工程建设其他费用	熟悉固定资产其他费用、无形资产费用和其他资产费用的构成	15%
预备费、建设期利息	掌握基本预备费、价差预备费和建设期利息的含义和计算	20%

■ 章节导入

　　据媒体报道,长期以来,我国在公共体育场馆建设运营方面存在着两大问题。一方面,在建设上过于泛滥。凡有赛事,大都兴建大型的体育场馆,运动会办完了就闲置,而真正满足公众日常锻炼健身需求的社区体育场馆却较少。另一方面,在经营上入不敷出。据第五次全国体育场地普查数据显示,我国有 85 万个体育场馆,其中 65% 一年中基本没有收入,经营极其惨淡。据相关运营公司透露,作为 2008 年北京奥运会标志性建筑物之一的“水立方”,2011 年的旅游参观游客总人数下降了 30% 左右,年亏损达上千万元。

　　这就需要有效地使用专业知识和专门技术去计划和控制资源、造价、盈利和风险。在这个领域中不仅需要依靠工程经验和判断,还需要将科学原理和技术方法相结合,以解决经营管理和预算、经济财务分析、项目管理、计划与排产、造价与进度的度量与变更控制中的问题。全面造价管理是一个工程实践领域,建筑工程全面造价管理包括全寿命造价管理、全过程造价管理、全要素造价管理、全方位造价管理和全风险造价管理。

1.1 工程造价基本理论 ···

1.1.1 工程造价的含义

工程造价本质上属于市场经济条件下的一个价格范畴。中国建设工程造价管理协会学术委员会在界定"工程造价"时认为工程造价有两个方面的含义,一种是从项目建设角度提出的建设项目工程造价,另一种是从工程交易或工程承包、设计范围角度提出的建筑安装工程造价。

1. 从投资者或业主的角度来定义

工程造价是指有计划地建设某项工程,预期开支或实际开支的全部固定资产总投资的费用,即有计划地进行某建设工程项目的固定资产再生产建设,形成相应的固定资产、无形资产和铺底流动资金的一次性投资费用的总和。

投资者选定一个投资项目,为了实现预期的效益目标,就要进行项目评估后决策、工程设计、工程施工,直至竣工验收等一系列投资管理的活动。在这一系列的投资管理活动中,项目投资人要支付与工程建设有关的全部费用,所有这些工程投资费用开支构成了工程造价。

2. 从市场供给主体的角度来定义

在市场经济条件下,建筑安装工程以工程、设备、技术等特定商品为交易对象,通过招投标或其他交易方式,由市场机制作用决定交易价格。在建筑市场,通过招标,由需求主体投资者和供给主体建筑商共同认可的价格,通常称为工程承发包价格。

在项目固定资产投资中,50%~60%的份额来自建筑安装工程。建筑安装工程造价是工程造价中最活跃的部分,也是建筑市场交易的主要对象之一。

建设安装工程造价是指为建设某项工程,预计或实际在土地市场、设备市场、技术劳务市场、承包市场等交易活动中,形成的工程承发包(交易)价格。

交易的对象,可以是一个建设项目或一个单项工程;也可以是建设的某一个阶段,如可行性研究报告阶段、设计工作阶段等;还可以是某个建设阶段的一个或几个组成部分,如建设前期的土地开发工程、安装工程、装饰工程、配套设施工程等。随着经济发展和技术进步,以及分工的细化和市场的完善,工程建设中的中间产品越来越多,商品交易更加频繁,工程造价的种类和形式会更为丰富。

特别是投资体制的改革,投资主体的多元化和资金来源的多渠道,使得相当一部分建筑产品作为商品进入了流通领域。住宅是商品已为人们所接受,对于普通工业厂房、仓库、写字楼、公寓、商业设施等建筑产品,一旦投资者将它们推向市场,它们就成为真实的商品而流通。无论是采取购买、抵押、拍卖、租赁,还是企业兼并形式,性质都是相同的。

土地使用权拍卖或设计招标等所形成的承包合同价,也属于第二种含义的工程造价范围。

1.1.2 工程造价的作用

1. 工程造价是项目决策的必要依据

工程造价决定着项目的一次投资费用。投资者是否有能力支付费用,或者该项目是否值得投资这笔费用,是项目决策时考虑的主要问题,工程造价成为进行项目财务分析和经济评价的重要依据。

2. 工程造价是控制投资的有效手段

投资计划是根据建设工期、工程进度和建设工程价格等逐年分月加以制定的。制定投资计划有助于合理和有效地使用资金,是控制投资的有效手段,而投资控制是在投资者财务能力的限度内为取得既定的投资效益所必需的。

3. 工程造价是评价投资的重要指标

工程造价自身形成的指标体系,能够为评价投资效果提供多种评价指标,并能够形成新的价格信息,为今后类似项目的投资提供参照。

4. 工程造价是调节产业结构的手段

在市场经济体制下,工程造价受到市场供求的影响,并在围绕价值波动的过程中实现对建设规模、产业结构和利益分配的调节。政府也需要对工程造价加以正确的宏观调控和价格政策导向。

1.1.3 工程造价的特点

由于工程建设的特点,工程造价具有以下特点。

1. 大额性

建设工程不仅实物形态庞大,而且造价高昂,需投资几百万元、几千万元甚至上亿元资金。工程造价的大额性关系到多方面的经济利益,同时也对社会宏观经济产生重大影响。

2. 单个性

建设工程都有其特殊的用途,不同的建设工程,功能、用途各不相同,因此对不同建设工程的结构、造型、平面布置、设备配置和内外装饰也都有不同的要求。工程内容和实物形态的个别差异性决定了工程造价的单个性。

3. 动态性

任何一项建设工程从决策到竣工交付使用,都有一个较长的建设期。在这一期间,材料价格、费率、利率、汇率等可能会发生变化。这些变化必然会影响工程造价的变动,使得直至竣工决算后才能最终确定工程造价。建设工程的建设期越长,资金的时间价值越突出。

4. 层次性

一个建设项目往往含有多个单项工程,一个单项工程又由多个单位工程组成。与此相适应,工程造价也有三个层次,即建设项目总造价、单项工程造价和单位工程造价。

5. 阶段性

阶段性又称为多次性。由于建设工程周期长、规模大、造价高,所以不能一次确定可靠的价格,要在建设程序的各个阶段进行计价,以保证工程造价确定和控制的科学性。多次性计价是一个逐步深化、逐步细化和逐步接近实际造价的过程。

1.1.4 工程计价的特点

工程计价具有以下特点。

1. 计价的单件性

每项建设工程特定的用途、功能、规模对结构、建筑、设备、装修标准、材料使用的要求不同，同时工程所处地区、时间不相同，使得不同的工程存在差异。建筑产品的单件性特点决定了对每项工程都必须单独计算造价。

2. 计价的多次性

工程项目需要按一定的建设程序进行决策和实施，在工程建设的各个环节都要对工程造价进行计算和控制。为保证工程造价计算的准确性和控制的有效性，工程计价也需要在不同阶段多次进行。例如，在决策阶段要编制投资估算，在设计阶段要编制设计概算和施工图预算，在项目实施阶段要编制招标控制价、工程量清单和工程量清单报价，在竣工后要编制工程竣工结算和竣工决算。工程计价的多次性如图 1-1 所示。

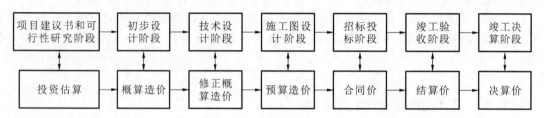

图 1-1　工程计价的多次性

3. 计价的组合性

一个建设项目是由若干个单项工程、单位工程和分部分项工程组成的，工程造价要将各部分的耗费组合起来，才是整个建设项目的全部造价。

4. 计价方法的多样性

不同阶段对工程计价的精确度要求不同，决定了计价方法的多样性，因此必须根据不同阶段和不同条件，选择合适的计价方法。

5. 计价依据的复杂性

不同的计价方法有不同的计价依据，工程造价人员应该熟悉、掌握和正确应用各类计价依据，以确保造价的准确性。

1.2　工程造价的构成

1.2.1　建设项目总投资

建设项目总投资是指为完成工程项目建设、达到使用要求或生产条件，在建设期内预计或实际投入的全部费用总和，是投资主体为获得预期收益，在选定的建设项目上投入全部所需资金的经济行为。如果建设项目为生产性建设项目，则建设项目总投资包括建设投资、建设期利息和流动资金三个部分；如果建设项目为非生产性建设项目，则建设项目总投资只包括建设投资和建设期利息两个部分。

建设投资和建设期利息构成建设项目总投资中的固定资产投资部分，固定资产投资包括基本建设投资、更新改造投资、房地产投资和其他固定资产投资。一般认为固定资产投资在数量上等同于工程造价。

工程造价中的主要构成部分是建设投资，建设投资是为完成工程项目建设，在建设期内投入且形成现金流出的全部费用。根据国家发展改革委、住房和城乡建设部《建设项目经济评价方法与参数(第三版)》的规定，建设投资包括工程费用、工程建设其他费用和预备费三个部分。

工程费用是指建设期内直接用于工程建造、设备购置及其安装的建设投资，可以分为建筑安装工程费和设备及工器具购置费。工程建设其他费用是指建设期发生的与土地使用权取得、整个工程项目建设以及未来生产经营有关的构成建设投资但不包括在工程费用中的费用。预备费是指在建设期内为各种不可预见因素的变化而预留的可能增加的费用，包括基本预备费和价差预备费。我国现行的建设项目总投资构成如图 1-2 所示。

《建设项目经济评价方法与参数(第三版)》解读

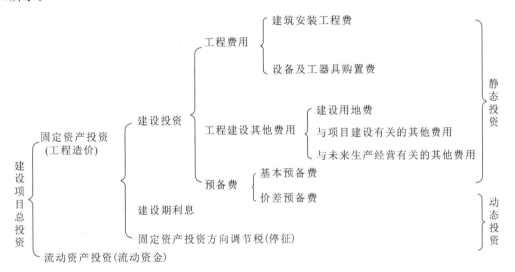

图 1-2　我国现行的建设项目总投资构成

【课堂练习】

1.关于我国现行建设项目总投资构成的说法，正确的是(　　　　)。

A.生产性建设项目总投资为建设投资和建设期利息之和

B.工程造价为工程费用、工程建设其他费用和预备费之和

C.固定资产投资为建设投资和建设期利息之和

D.工程费用为直接费、间接费、利润和税金之和

【分析】　选项 A 中生产性建设项目总投资还应包括流动资金，选项 B 中工程造价还包括建设期利息，选项 D 中工程费用包括建筑安装工程费和设备及工器具购置费。

【答案】　C。

2.某建设项目建筑工程费为 2 000 万元，建筑安装工程费为 700 万元，设备购置费 1 100 万元，工程建设其他费用为 450 万元，预备费为 180 万元，建设期贷款为 1 200 万元，建设期利息 120 万元，流动资金为 500 万元，则该项目的工程造价为(　　　　)万元。

A.4 250　　　　　　　B.4 430　　　　　　　C.4 550　　　　　　　D.5 050

【分析】 工程造价的组成部分包括哪些？

工程造价＝建筑工程费＋建筑安装工程费＋设备购置费＋工程建设其他费用＋预备费＋建设期利息

　　＝2 000万元＋700万元＋1 100万元＋450万元＋180万元＋120万元＝4 550万元

建设期贷款和流动资金不属于工程造价的范畴。

【答案】 C。

1.2.2 建筑安装工程费用项目组成

1. 按费用构成要素划分

建筑安装工程费按照费用构成要素划分为人工费、材料（包含工程设备，下同）费、施工机具使用费、企业管理费、利润、规费和税金，如图1-3所示。其中人工费、材料费、施工机具使用费、企业管理费和利润包含在分部分项工程费、措施项目费、其他项目费中。

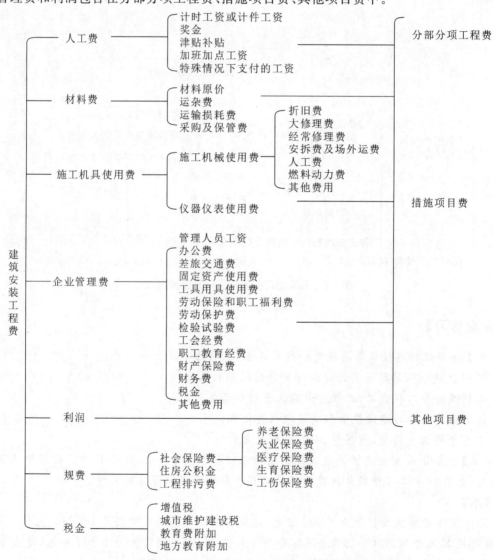

图1-3　建筑安装工程费用项目（按费用构成要素划分）组成

1）人工费

人工费是指按照工资总额构成规定，支付给直接从事建筑安装工程施工作业的生产工人和附属生产单位工人的各项费用。它的内容包括以下五个方面。

（1）计时工资或计件工资。计时工资或计件工资是指按计时工资标准和工作时间或对已做工作按计件单价支付给个人的劳动报酬。

（2）奖金。奖金是指对超额劳动和增收节支支付给个人的劳动报酬，如节约奖、劳动竞赛奖等。

（3）津贴补贴。津贴补贴是指为了补偿职工特殊或额外的劳动消耗和因其他特殊原因支付给个人的津贴，以及为了保证职工工资水平不受物价影响支付给个人的物价补贴，如流动施工津贴、特殊地区施工津贴、高温（寒）作业临时津贴、高空津贴等。

（4）加班加点工资。加班加点工资是指按规定支付的在法定节假日工作的加班工资和在法定日工作时间外延时工作的加点工资。

（5）特殊情况下支付的工资。特殊情况下支付的工资是指根据国家法律、法规和政策规定，因病、工伤、产假、计划生育假、婚丧假、事假、探亲假、定期休假、停工学习、执行国家或社会义务等按计时工资标准或计时工资标准的一定比例支付的工资。

2）材料费

材料费是指工程施工过程中耗费的原材料、辅助材料、构配件、零件、半成品或成品、工程设备的费用。它的内容包括以下四个方面。

（1）材料原价。材料原价是指材料、工程设备的出厂价格或商家供应价格。

（2）运杂费。运杂费是指材料、工程设备从来源地运至工地仓库或指定堆放地点所发生的全部费用。

（3）运输损耗费。运输损耗费是指材料在运输装卸过程中不可避免的损耗费用。

（4）采购及保管费。采购及保管费是指在组织采购、供应和保管材料、工程设备的过程中发生的费用，包括采购费、仓储费、工地保管费、仓储损耗费。

工程设备是指构成或计划构成永久工程一部分的机电设备、金属结构设备、仪器装置及其他类似的设备和装置。

3）施工机具使用费

施工机具使用费是指施工作业所发生的施工机械、仪器仪表使用费或租赁费。

施工机械使用费以施工机械台班消耗量乘以施工机械台班单价表示，施工机械台班单价应由下列七项费用组成。

（1）折旧费。折旧费是指在施工机械规定的使用年限内，陆续收回其原值的费用。

（2）大修理费。大修理费是指对施工机械按规定的大修理间隔台班进行必要的大修理，以恢复其正常功能所需的费用。

（3）经常修理费。经常修理费是指对施工机械进行除大修理以外的各级保养和临时故障排除所需的费用。它包括为保障施工机械正常运转所需替换设备与随机配备工具附具的摊销和维护费用、施工机械运转中日常保养所需润滑与擦拭的材料费用及施工机械停滞期间的维护和保养费用等。

（4）安拆费及场外运费。安拆费是指施工机械（大型机械除外）在现场进行安装与拆卸所需的人工、材料、机械和试运转费用，以及机械辅助设施的折旧、搭设、拆除等费用；场外运费是指施工机械整体或分体从停放地点运至施工现场或从一个施工地点运至另一个施工地点的运输、装

卸、辅助材料及架线等费用。

（5）人工费。人工费是指机上司机（司炉）和其他操作人员的人工费。

（6）燃料动力费。燃料动力费是指施工机械在运转作业中所消耗的各种燃料及水、电等费用。

（7）其他费用。其他费用是指施工机械按照国家规定应缴纳的车船使用税、保险费及年检费等。

仪器仪表使用费是指工程施工所需使用的仪器仪表的摊销和维修费用。

4）企业管理费

企业管理费是指建筑安装企业组织施工生产和经营管理所需的费用。它的内容包括以下十四个方面。

（1）管理人员工资。管理人员工资是指按规定支付给管理人员的计时工资、奖金、津贴补贴、加班加点工资及特殊情况下支付的工资等。

（2）办公费。办公费是指企业管理办公用的文具、纸张、账表、印刷、邮电、书报、办公软件、现场监控、会议、水电、烧水和集体取暖降温（包括现场临时宿舍取暖降温等）等费用。

（3）差旅交通费。差旅交通费是指职工因公出差、调动工作的差旅费、住勤补助费，市内交通费和误餐补助费，职工探亲路费，劳动力招募费，职工退休、退职一次性路费，工伤人员就医路费，工地转移费以及管理部门使用的交通工具的油料、燃料等费用。

（4）固定资产使用费。固定资产使用费是指管理和试验部门及附属生产单位使用的属于固定资产的房屋、设备、仪器等的折旧、大修、维修或租赁费。

（5）工具用具使用费。工具用具使用费是指企业施工生产和管理使用的不属于固定资产的工具、器具、家具、交通工具、检验用具、试验用具、测绘用具、消防用具等的购置、维修和摊销费。

（6）劳动保险和职工福利费。劳动保险和职工福利费是指由企业支付的职工退职金、按规定支付给离休干部的经费、集体福利费、夏季防暑降温补贴、冬季取暖补贴、上下班交通补贴等。

（7）劳动保护费。劳动保护费是指企业按规定发放的劳动保护用品的支出，如工作服费用、手套费用、防暑降温饮料费用以及在有碍身体健康的环境中施工的保健费用等。

（8）检验试验费。检验试验费是指施工企业按照有关标准规定，对建筑以及材料、构件和建筑安装物进行一般鉴定、检查所发生的费用，包括自设试验室进行试验所耗用的材料费用等。它不包括新结构、新材料的试验费，对构件做破坏性试验及其他特殊要求检验试验的费用和建设单位委托检测机构进行检测的费用。对进行此类检测发生的费用，由建设单位在工程建设其他费用中列支；但对施工企业提供的具有合格证明的材料进行检测不合格的，该检测费用由施工企业支付。

（9）工会经费。工会经费是指企业按《中华人民共和国工会法》规定的全部职工工资总额比例计提的经费。

（10）职工教育经费。职工教育经费按职工工资总额的规定比例计提，是指企业进行职工专业技术和职业技能培训、专业技术人员继续教育、职工职业技能鉴定、职业资格认定以及根据需要对职工进行各类文化教育所发生的费用。

（11）财产保险费。财产保险费是指施工管理用财产、车辆等的保险费用。

（12）财务费。财务费是指企业为施工生产筹集资金或提供预付款担保、履约担保、职工工资支付担保等所发生的各种费用。

（13）税金。税金是指企业按规定缴纳的房产税、车船使用税、土地使用税、印花税等。

（14）其他费用。其他费用包括技术转让费、技术开发费、投标费、业务招待费、绿化费、广告费、公证费、法律顾问费、审计费、咨询费、保险费等。

5）利润

利润是指施工企业完成所承包工程获得的盈利。

6）规费

规费是指按国家法律、法规规定，由省级政府和省级有关权力部门规定必须缴纳或计取的费用。它包括以下内容。

（1）社会保险费。

① 养老保险费。养老保险费是指企业按照规定标准为职工缴纳的基本养老保险费用。

② 失业保险费。失业保险费是指企业按照规定标准为职工缴纳的失业保险费用。

③ 医疗保险费。医疗保险费是指企业按照规定标准为职工缴纳的基本医疗保险费用。

④ 生育保险费。生育保险费是指企业按照规定标准为职工缴纳的生育保险费用。

⑤ 工伤保险费。工伤保险费是指企业按照规定标准为职工缴纳的工伤保险费用。

（2）住房公积金。住房公积金是指企业按规定标准为职工缴纳的住房储金。

（3）工程排污费。工程排污费是指按规定缴纳的施工现场工程排污费。

其他应列而未列入的规费按实际发生计取。

7）税金

税金是指国家税法规定的应计入建筑安装工程造价内的增值税、城市维护建设税、教育费附加以及地方教育附加。

增值税是对商品生产、流通、劳务服务中多个环节的新增价值或商品的附加值征收的一种流转税。增值税是价外税，也就是由消费者负担，有增值才征税。自 2016 年 5 月 1 日起，在全国范围内全面推开营业税改征增值税试点。建筑业、房地产业、金融业、生活服务业等全部营业税纳税人，纳入试点范围，其中建筑业的征增值税税率自 2019 年开始下降至 11%。

【知识拓展】

对于建筑业的一般纳税人来说，提供建筑服务一般都是适用 9% 的税率的。建筑服务主要包括各类建筑物、构筑物及其附属设施的建造、修缮、装饰，线路、管道、设备、设施等的安装以及其他工程作业的业务活动，包括工程服务、安装服务、修缮服务、装饰服务和其他建筑服务。

建筑业一般纳税人签署合同属于这个范围内，一般适用 9% 的税率。在一些特殊情况下，也可能采用 3% 的简易征收。

最典型的几个简易征收是：以清包工方式提供的建筑服务；为甲供工程提供的建筑服务；为建筑工程老项目提供的建筑服务；建筑工程总承包单位为房屋建筑的地基与基础、主体结构提供工程服务，建设单位自行采购全部或部分钢材、混凝土、砌体材料、预制构件。

值得注意的是，同一个施工项目不可以同时选择一般计税和简易计税。一旦选择了简易计税，原则上 36 个月不得变更。建筑企业需要考虑好实际的税负和需求进行合理选择。

2. 按造价形成划分

建筑安装工程费按照造价形成划分为分部分项工程费、措施项目费、其他项目费、规费、税金，如图 1-4 所示。其中分部分项工程费、措施项目费、其他项目费包含人工费、材料费、施工机具使用费、企业管理费和利润。

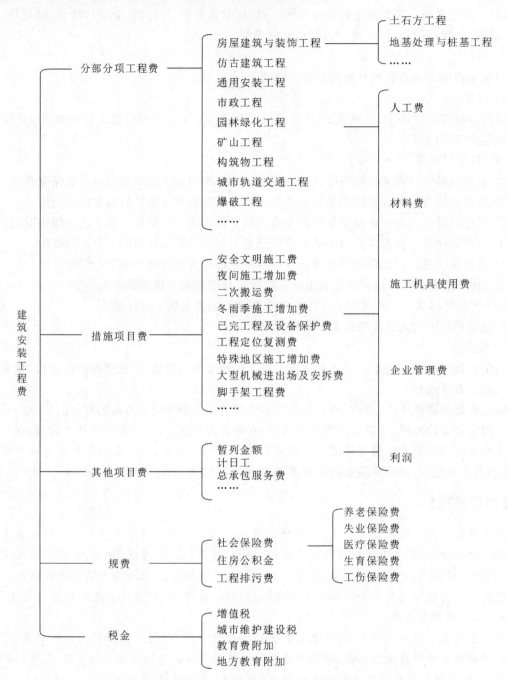

图 1-4　建筑安装工程费用项目（按造价形成划分）组成

1）分部分项工程费

分部分项工程费是指各专业工程的分部分项工程应予列支的各项费用。

（1）专业工程。专业工程是指按现行国家计量规范划分的房屋建筑与装饰工程、仿古建筑工程、通用安装工程、市政工程、园林绿化工程、矿山工程、构筑物工程、城市轨道交通工程、爆破工程等各类工程。

（2）分部分项工程。分部分项工程指按现行国家计量规范对各专业工程划分的项目，如房屋建筑与装饰工程划分为土石方工程、地基处理与桩基工程、砌筑工程、钢筋及钢筋混凝土工程等。

各类专业工程的分部分项工程划分见现行国家或行业计量规范。

2）措施项目费

措施项目费是指为完成建设工程施工，发生于该工程施工前和施工过程中的技术、生活、安全、环境保护等方面的费用。它的内容包括以下九个方面。

（1）安全文明施工费。

① 环境保护费。环境保护费是指施工现场为达到环保部门要求所需要的各项费用。

② 文明施工费。文明施工费是指施工现场文明施工所需要的各项费用。

③ 安全施工费。安全施工费是指施工现场安全施工所需要的各项费用。

④ 临时设施费。临时设施费是指施工企业为进行建设工程施工所必须搭设的生活和生产用的临时建筑物、临时构筑物和其他临时设施的费用，包括临时设施的搭设费、维修费、拆除费、清理费或摊销费等。

安全文明施工费的主要内容如表1-1所示。

表 1-1 安全文明施工费的主要内容

项 目 名 称	工 作 内 容
环境保护	现场施工机械设备降低噪声、防扰民措施费用
	水泥和其他易飞扬细颗粒建筑材料密闭存放或采取覆盖措施等的费用
	工程防扬尘洒水费用
	土石方、建渣外运车辆防护措施费用
	现场污染源控制、生活垃圾清理外运、场地排水排污措施费用
	其他环境保护措施费用
文明施工	"五牌一图"费用
	现场围挡的墙面美化（包括内外粉刷、刷白、标语等）、压顶装饰费用
	现场厕所便槽刷白、贴面砖费用，水泥砂浆地面或地砖费用，建筑物内临时便溺设施费用
	其他施工现场临时设施的装饰装修、美化措施费用
	现场生活卫生设施费用
	符合卫生要求的饮水设备、淋浴设施、消毒设施等设施费用
	生活用洁净燃料费用
	防煤气中毒、防蚊虫叮咬等措施费用
	施工现场操作场地的硬化费用
	现场绿化费用、治安综合治理费用
	现场配备医药保健器材、物品费用和急救人员培训费用
	现场工人的防暑降温设备和用电费用
	其他文明施工措施费用

项目名称	工 作 内 容
安全施工	安全资料、特殊作业专项方案的编制费用,安全施工标志的购置及安全宣传费用
	"三宝"(安全帽、安全带、安全网)、"四口"(楼梯口、电梯井口、通道口、预留洞口)、"五临边"(阳台围边、楼板围边、屋面围边、槽坑围边、卸料平台两侧),水平防护架、垂直防护架、外架封闭等防护费用
	施工安全用电的费用,包括配电箱三级配电、两级保护装置要求、外电防护措施费用
	起重机、塔吊等起重设备(含井架、门架)及外用电梯的安全防护措施(含警示标志)费用,以及卸料平台的临边防护设施、层间安全门、防护棚等设施费用
	建筑工地起重机械的检验检测费用
	施工机具防护棚及其围栏的安全保护设施费用
	施工安全防护通道费用
	工人的安全防护用品、用具购置费用
	消防设施与消防器材的配置费用
	电气保护、安全照明设施费用
	其他安全防护措施费用
临时施工	施工现场采用彩色定型钢板、砖、混凝土墙体等围挡的安砌、维修、拆除费用
	施工现场临时建筑物、构筑物,如临时宿舍、办公室、食堂、厨房、厕所、诊疗所、临时文化福利用房、临时仓库、加工场、搅拌台、临时简易水塔、水池等的搭设、维修、拆除费用
	施工现场临时设施,如临时供水管道、临时供电管线、小型临时设施等的搭设、维修、拆除费用
	施工现场规定范围内临时简易道路铺设费用,临时排水沟、排水设施安砌、维修、拆除费用
	其他临时设施搭设、维修、拆除费用

(2)夜间施工增加费。夜间施工增加费是指因夜间施工所发生的夜班补助费、夜间施工降效费、夜间施工照明设备摊销费及照明用电费等。

(3)二次搬运费。二次搬运费是指因施工场地条件限制,材料、构配件、半成品等一次运输不能到达堆放地点,必须进行二次或更多次搬运所发生的费用。

(4)冬雨季施工增加费。冬雨季施工增加费是指在冬季、雨季施工需增加的临时设施、防滑、排除雨雪,人工及施工机械效率降低等费用。

(5)已完工程及设备保护费。已完工程及设备保护费是指竣工验收前,对已完工程及设备采取覆盖、包裹、封闭、隔离等必要的保护措施所发生的费用。

(6)工程定位复测费。工程定位复测费是指工程施工过程中进行全部施工测量放线和复测工作所发生的费用。

(7)特殊地区施工增加费。特殊地区施工增加费是指工程在沙漠或其边缘地区、高海拔地区、高寒地区、原始森林等特殊地区施工增加的费用。

(8)大型机械设备进出场及安拆费。大型机械设备进出场及安拆费是指机械整体或分体从停放场地运至施工现场或从一个施工地点运至另一个施工地点,所发生的机械进出场运输和转移费用及机械在施工现场进行安装、拆卸所需的人工费、材料费、施工机械使用费、试运转费和安装所需的辅助设施所发生的费用。

（9）脚手架工程费。脚手架工程费是指施工需要的各种脚手架搭、拆、运输费用以及脚手架购置费的摊销（或租赁）费用。

措施项目及其包含的内容详见各类专业工程的现行国家或行业计量规范。

3）其他项目费

（1）暂列金额。暂列金额是指建设单位在工程量清单中暂定并包括在工程合同价款中的一笔款项。它用于施工合同签订时尚未确定或者不可预见的所需材料、工程设备、服务的采购，施工中可能发生的工程变更、合同约定调整因素出现时的工程价款调整以及发生的索赔、现场签证确认等。

（2）计日工。计日工是指在施工过程中，施工企业完成建设单位提出的施工图纸以外的零星项目或工作所需的费用。

（3）总承包服务费。总承包服务费是指总承包人为配合、协调建设单位进行的专业工程发包，对建设单位自行采购的材料、工程设备等进行保管以及施工现场管理、竣工资料汇总整理等服务所需的费用。

4）规费

定义与内容同前文。

5）税金

定义与内容同前文。

《住房城乡建设部 财政部
关于印发〈建筑安装工程
费用项目组成〉的通知》
（建标〔2013〕44 号）

《财政部 国家税务总局
关于全面推开营业税改
征增值税试点的通知》
（财税〔2016〕36 号）

《国家税务总局关于进一
步明确营改增有关征管问
题的公告》（国家税务总
局公告 2017 年第 11 号）

1.3 设备及工器具购置费

设备及工器具购置费分为设备购置费和工具、器具及生产家具购置费两个部分。在生产性建设中，设备及工器具购置费占工程造价的比重与生产技术的进步和资本有机构成的提高有关，是生产性建设项目投资中的积极部分。

1.3.1 设备购置费的构成和计算

设备购置费是指购置或自制达到固定资产标准的设备、工器具及生产家具等所需的费用。它由设备原价和设备运杂费构成。

$$设备购置费＝设备原价＋设备运杂费 \tag{1-1}$$

设备原价根据产品的来源分为国产设备原价和进口设备原价。

设备运杂费是指除了设备原价之外，设备在采购、运输、途中包装及仓库保管方面支出的费用总和。

1. 国产设备原价的构成及计算

国产设备原价是指设备制造厂的交货价或订货合同价。它一般根据生产厂或供应商的询价、报价、合同价确定。国产设备原价分为国产标准设备原价和国产非标准设备原价。

1）国产标准设备原价

国产标准设备是指按照主管部门颁布的标准图纸和技术要求，由国内的设备生产厂家批量生产的，符合国家质量检测标准，可以大量供应市场的设备。国产标准设备原价有带有备件的原价和不带有备件的原价，计算时一般采用带有备件的原价。国产标准设备价格可通过查询市场交易价格或向设备生产厂家询价获知。

2）国产非标准设备原价

国产非标准设备是指国家尚无定型标准，厂家不可能批量生产，只能按客户订货要求和根据专门设计图纸制造的少量非量产设备。由于国产非标准设备非批量生产、无定型标准，所以无法获知其市场交易价格，只能按其成本构成或相关技术参数估算其价格。国产非标准设备原价有多种不同的计算方法，如成本计算估价法、系列设备插入估价法、分部组合估价法、定额估价法等。成本计算估价法是一种比较常用的估算国产非标准设备原价的方法。根据成本计算估价法，国产非标准设备原价由以下各项组成。

（1）材料费。

$$材料费＝材料净重×（1＋加工损耗系数）×每吨材料综合价 \qquad (1-2)$$

（2）加工费。加工费包括生产工人工资和工资附加费、燃料动力费、设备折旧费、车间经费等。

$$加工费＝设备总重量（吨）×设备每吨加工费 \qquad (1-3)$$

（3）辅助材料费。辅助材料费包括焊条、焊丝、氧气、氩气、氮气、油漆、电石等的费用。

$$辅助材料费＝设备总重量×辅助材料费指标 \qquad (1-4)$$

（4）专用工具费。专用工具费按以上第（1）～（3）项之和乘以一定百分比计算。

（5）废品损失费。废品损失费按以上第（1）～（4）项之和乘以一定百分比计算。

（6）外购配套件费。外购配套件费按设备设计图纸所列的外购配套件的名称、型号、规格、数量、重量，根据相应的价格加运杂费计算。

（7）包装费。包装费按以上（1）～（6）项之和乘以一定百分比计算。

（8）利润。利润可按以上第（1）～（5）项与第（7）项之和乘以一定利润率计算。

（9）税金。税金主要指增值税，计算公式如下：

$$增值税＝当期销项税额－进项税额 \qquad (1-5)$$

$$当期销项税额＝销售额×适用增值税税率 \qquad (1-6)$$

销售额等于以上第（1）～（8）项之和。

（10）国产非标准设备设计费。国产非标准设备设计费按国家规定的设计费收费标准计算。

综上所述，单台国产非标准设备原价可用下面的公式计算：

$$单台国产非标准设备原价＝\{[（材料费＋加工费＋辅助材料费）×（1＋专用工具费费率）$$

$$×（1＋废品损失费费率）＋外购配套件费]×（1＋包装费费率）－外购配套件费\}×$$

$$（1＋利润率）＋销项税额＋国产非标准设备设计费＋外购配套件费 \qquad (1-7)$$

2. 进口设备原价的构成及计算

进口设备原价是指进口设备的抵岸价，即设备抵达买方边境港口或边境车站，缴纳完各种手续费、税费后形成的价格。

抵岸价通常由进口设备到岸价(CIF)和进口从属费构成。

进口设备到岸价是指设备抵达买方边境港口或边境车站的价格。在国际贸易中,交易双方所使用的交货类别不同,交易价格的构成内容有所差异。

进口从属费包括银行财务费、外贸手续费、进口关税、消费税、进口环节增值税等。另外,进口车辆还需缴纳车辆购置税。

1)进口设备交易价格

(1)FOB(free on board),意为装运港船上交货价,也称为离岸价。

FOB术语是指当货物在指定的装运港越过船舷,卖方即完成交货义务。

在FOB交货条件下,卖方的基本义务有:把货物装到买方指定的船只上,并及时通知买方;承担货物在装运港越过船舷之前的一切费用和风险;向买方提供商业发票和证明货物已交至船上的装运单据或具有同等效力的电子单证。

在FOB交货条件下,买方的基本义务有:负责租船订舱,按时派船到合同约定的装运港接运货物,支付运费,并将船期、船名及装船地点及时通知卖方;负担货物在装运港越过船舷后的各种费用,承担货物灭失或损坏的一切风险;负责获取进口许可证或其他官方文件,以及办理货物入境手续;受领卖方提供的各种单证,按合同规定支付货款。

(2)CFR(cost and freight),意为成本加运费,也称为运费在内价。

CFR是指在装运港货物越过船舷,卖方即完成交货,卖方必须支付将货物运至指定的目的港所需的运费和费用。

在CFR交货方式下,卖方的基本义务有:提供合同规定的货物,负责订立运输合同,并租船订舱,在合同规定的装运港和规定的期限内,将货物装上船并及时通知买方,支付运至目的港的运费;负责办理出口清关手续,提供出口许可证或其他官方批准的文件;承担货物在装运港越过船舷之前的一切费用和风险;按合同规定提供正式有效的运输单据、发票或具有同等效力的电子单证。

在CFR交货条件下,买方的基本义务有:承担货物在装运港越过船舷以后的一切风险及运输途中因遭遇风险所引起的额外费用;在合同规定的目的港受领货物,办理进口清关手续,缴纳进口税;受领卖方提供的各种约定的单证,并按合同规定支付货款。

(3)CIF(cost insurance and freight),意为成本加保险费、运费,习惯称到岸价。

在CIF术语中,卖方除负有与在CFR交货条件下相同的义务外,还应办理货物在运输途中最低险别的海运保险,并应支付保险费。如果买方需要更高的保险险别,则需要与卖方明确地达成协议,或者自行做出额外的保险安排。除保险这项义务之外,买方的义务与在CFR交货条件下买方的义务相同。

2)进口设备到岸价

$$进口设备到岸价(CIF) = 货价 + 国际运费 + 运输保险费 \quad\quad (1-8)$$
$$= 运费在内价(CFR) + 运输保险费 \quad\quad (1-9)$$

(1)货价。货价一般指装运港船上交货价(FOB)。设备货价分为原币货价和人民币货价。原币货价一律折算为美元,人民币货价按原币货价乘以外汇市场美元兑换人民币汇率中间价确定。进口设备货价按有关生产厂商询价、报价、订货合同价计算。

(2)国际运费。国际运费即从装运港(站)到达我国目的港(站)的运费。在我国,大部分进口设备采用铁路运输,个别进口设备采用航空运输。进口设备国际运费计算公式为

$$国际运费（海、陆、空）＝原币货价（FOB）×运费费率 \tag{1-10}$$

$$国际运费（海、陆、空）＝单位运价×运量 \tag{1-11}$$

其中，运费率或单位运价参照有关部门或进出口公司的规定执行。

（3）运输保险费。对外贸易货物运输保险是由保险人（保险公司）与被保险人（出口人或进口人）订立保险契约，在被保险人交付议定的保险费后，保险人根据保险契约的规定对货物在运输过程中发生的承保责任范围内的损失给予经济上的补偿。它是财产保险的一种，保险费费率按保险公司规定的进口货物保险费费率计算。运输保险费的计算公式为

$$运输保险费＝\frac{原币货价（FOB）＋国际运费}{1－保险费费率}×保险费费率 \tag{1-12}$$

3. 进口从属费的构成及计算

进口从属费的计算公式如下：

进口从属费＝银行财务费＋外贸手续费＋关税＋消费税＋进口环节增值税＋车辆购置税

$$\tag{1-13}$$

（1）银行财务费。银行财务费一般是指在国际贸易结算中，中国银行为进出口商提供金融结算服务所收取的费用，可按下式简化计算：

$$银行财务费＝离岸价（FOB）×人民币外汇汇率×银行财务费费率 \tag{1-14}$$

（2）外贸手续费。外贸手续费是指按规定的外贸手续费费率计取的费用。外贸手续费费率一般取 1.5％。它的计算公式为

$$外贸手续费＝到岸价（CIF）×人民币外汇汇率×外贸手续费费率 \tag{1-15}$$

（3）关税。关税是指由海关对进出国境或关境的货物和物品征收的一种税。它的计算公式为

$$关税＝到岸价（CIF）×人民币外汇汇率×进口关税税率 \tag{1-16}$$

作为关税的计征基数时，到岸价通常又可称为关税完税价。进口关税税率分为优惠和普通两种。优惠进口关税税率适用于与我国签订有关税互惠条款的贸易条约或协定的国家的进口设备；普通进口关税税率适用于与我国未签订有关税互惠条款的贸易条约或协定的国家的进口设备。进口关税税率按我国海关总署发布的进口关税税率计取。

（4）消费税。消费税仅对部分进口设备（如轿车、摩托车等）征收，税率根据规定的税率计取。

$$消费税额＝\frac{（到岸价×人民币外汇汇率＋关税）×消费税税率}{1－消费税税率} \tag{1-17}$$

（5）进口环节增值税。进口环节增值税对从事进口贸易的单位和个人，在进口商品报关进口后征收。进口应税产品均按组成计税价格和增值税税率直接计算应纳税额。

$$进口环节增值税额＝组成计税价格×增值税税率 \tag{1-18}$$

$$组成计税价格＝关税完税价格＋关税＋消费税 \tag{1-19}$$

增值税税率根据规定的税率计取。

（6）车辆购置税。

$$车辆购置税＝（关税完税价格＋关税＋消费税）×车辆购置税税率 \tag{1-20}$$

【课堂练习】

某进口建筑设备通过国际海洋运输，到岸价为 972 万元，国际运费为 88 万元，海上运输保险

费费率为 3‰,则离岸价为(　　)万元。

    A.881.08   B.883.74   C.1 063.18   D.1 091.90

【分析】

$$进口设备到岸价(CIF)=离岸价(FOB)+国际运费+运输保险费=972\ 万元$$

$$运输保险费=\frac{FOB+国际运费}{1-保险费费率}\times 保险费费率=\frac{FOB+88\ 万元}{1-3‰}\times 3‰$$

$$离岸价(FOB)=972\times(1-3‰)万元-88\ 万元=881.084\ 万元$$

【答案】　A。

4.设备运杂费的构成及计算

1) 设备运杂费的构成

设备运杂费是指国内采购设备从来源地、国外采购设备从到岸港口或边境车站运至工地仓库或指定堆放地点发生的采购、运输、运输保险、保管、装卸等费用。它通常由下列各项构成。

(1) 运费和装卸费。

运费和装卸费是指国产设备从设备制造厂交货地点运至工地仓库(或施工组织设计指定的需要安装设备的堆放地点)所发生的运费和装卸费,进口设备从我国到岸港口或边境车站运至工地仓库(或施工组织设计指定的需安装设备的堆放地点)所发生的运费和装卸费。

(2) 包装费。包装费是指在设备原价中没有包含的,为运输而进行包装所支出的各种费用。

(3) 设备供销部门的手续费。设备供销部门的手续费按有关部门规定的统一费率计算。

(4) 采购与仓库保管费。采购与仓库保管费指采购、验收、保管和收发设备所发生的各种费用,包括设备采购人员、保管人员和管理人员的工资、工资附加费、办公费、差旅交通费,设备供应部门办公和仓库所占固定资产使用费、工具用具使用费、劳动保护费、检验试验费等。采购与仓库保管费按主管部门规定的采购与仓库保管费费率计算。

2) 设备运杂费的计算

$$设备运杂费=设备原价\times 设备运杂费费率 \tag{1-21}$$

式(1-21)中,设备运杂费费率按各部门及省、市有关规定计取。

【课堂练习】

下列关于设备运杂费的构成及计算的说法中,正确的有(　　)。

A.运费和装卸费是指从设备制造厂交货地点至施工安装作业面所发生的费用

B.进口设备运杂费是指从我国到岸港口或边境车站至工地仓库所发生的费用

C.原价中没有包含的、为运输而进行包装所支出的各种费用应计入包装费

D.采购与仓库保管费不含采购人员和管理人员的工资

E.设备运杂费为设备原价与设备运杂费费率的乘积

【分析】　设备运杂费由采购、运输、运输保险、保管、装卸等费用构成,选项 D 错误;国外采购设备从到岸港口或边境车站运至工地仓库或指定堆放地点发生费用,A 选项没有说清楚是否为国产设备,且至施工安装作业面不正确。

【答案】　BCE。

1.3.2　工具、器具及生产家具购置费的构成及计算

工具、器具及生产家具购置费是指新建或扩建建设项目初步设计规定的,保证初期正常生产

必须购置的没有达到固定资产标准的设备、仪器、工卡模具、器具、生产家具和备品备件等的购置费用。它一般以设备购置费为计算基数,按照部门或行业规定的工具、器具及生产家具购置费费率(定额费率)计算。它的计算公式为

$$\text{工具、器具及生产家具购置费}=\text{设备购置费}\times\text{定额费率} \tag{1-22}$$

1.4 建筑安装工程费

1.4.1 建筑安装工程费的内容

建筑安装工程费是指为完成工程项目建造、生产性设备及配套工程安装所需的费用,是建筑工程费用和安装工程费用的总称。

1. 建筑工程费用

(1) 各类房屋建筑工程和列入房屋建筑工程预算的供水、供暖、卫生、通风、煤气等设备费用及其装饰、油饰工程的费用,列入建筑工程预算的各种管道、电力和电缆导线敷设工程的费用。

(2) 设备基础、支柱、工作台、烟囱、水塔、水池、灰塔等建筑工程以及各种炉窑的砌筑工程和金属结构工程的费用。

(3) 为施工而进行的场地平整,工程和水文地质勘察,原有建筑物和障碍物的拆除以及施工临时用水、电、气、路和完工后的场地清理,环境绿化、美化等工作的费用。

(4) 矿井开凿、井巷延伸、露天矿剥离,石油、天然气钻井,修建铁路、公路、桥梁、水库、堤坝、灌渠及防洪等工程的费用。

2. 安装工程费用

(1) 生产、动力、起重、运输、传动和医疗、实验等各种需要安装的机械设备的装配费用,与设备相连的工作台、梯子、栏杆等设施的工程费用,附属于被安装设备的管线敷设工程费用,以及被安装设备的绝缘、防腐、保温、油漆等工作的材料费和安装费。

(2) 为测定安装工程质量,对单台设备进行单机试运转、对系统设备进行系统联动无负荷试运转工作的调试费。

1.4.2 建筑安装工程费用项目计算

根据《住房城乡建设部 财政部关于印发〈建筑安装工程费用项目组成〉的通知》(建标〔2013〕44 号),我国现行建筑安装工程费用项目按两种不同的方式划分,即按费用构成要素划分和按造价形成划分,详见本章第 2 节。

1. 按费用构成要素划分

按照费用构成要素划分,建筑安装工程费包括人工费、材料费 、施工机具使用费、企业管理费、利润、规费和税金。

1) 人工费

建筑安装工程费中的人工费,是指按照工资总额构成规定,支付给直接从事建筑安装工程施工作业的生产工人和附属生产单位工人的各项费用。计算人工费的基本要素有两个,即人工工

日消耗量和人工日工资单价。

人工费的基本计算公式为

$$人工费 = \sum(人工工日消耗量 \times 人工日工资单价) \tag{1-23}$$

2）材料费

建筑安装工程费中的材料费，是指工程施工过程中耗费的各种原材料、辅助材料、构配件、零件、半成品或成品、工程设备的费用。计算材料费的基本要素是材料消耗量和材料单价。

（1）材料消耗量。材料消耗量是指在合理使用材料的条件下，生产建筑安装产品（分部分项工程或结构构件）必须消耗的一定品种、规格的原材料、辅助材料、构配件、零件、半成品或成品等的数量。它包括材料净用量和材料不可避免的损耗量。

（2）材料单价。材料单价是指建筑材料从其来源地运到施工工地仓库直至出库形成的综合平均单价。其内容包括材料原价（或供应价格）、材料运杂费、运输损耗费、采购及保管费等。

材料费的基本计算公式为

$$材料费 = \sum(材料消耗量 \times 材料单价) \tag{1-24}$$

（3）工程设备费。工程设备是指构成或计划构成永久工程一部分的机电设备、金属结构设备、仪器装置及其他类似的设备和装置。工程设备费的计算公式为

$$工程设备费 = \sum(工程设备量 \times 工程设备单价) \tag{1-25}$$

3）施工机具使用费

建筑安装工程费中的施工机具使用费，是指施工作业所发生的施工机械、仪器仪表使用费或租赁费。

（1）施工机械使用费。施工机械使用费是指施工机械作业发生的使用费或租赁费。构成施工机械使用费的基本要素是施工机械台班消耗量和施工机械台班单价。施工机械使用费的基本计算公式为

$$施工机械使用费 = \sum(施工机械台班消耗量 \times 施工机械台班单价) \tag{1-26}$$

施工机械台班单价通常由折旧费、大修理费、经常修理费、安拆费及场外运费、人工费、燃料动力费和税费组成。

（2）仪器仪表使用费。仪器仪表使用费是指工程施工所需使用的仪器仪表的摊销和维修费用。仪器仪表使用费的基本计算公式为

$$仪器仪表使用费 = 工程使用的仪器仪表摊销费 + 维修费 \tag{1-27}$$

4）企业管理费

建筑安装工程中的企业管理费，是指建筑安装企业组织施工生产和经营管理所需的费用。

企业管理费一般采用取费基数乘以费率的方法计算，取费基数有三种，分别是以分部分项工程费为计算基础、以人工费和施工机械使用费合计为计算基础及以人工费为计算基础。企业管理费费率计算方法如下。

（1）以分部分项工程费为计算基础。

$$企业管理费费率 = \frac{生产工人年平均管理费}{年有效施工天数 \times 人工单价} \times 人工费占分部分项工程费比例 \tag{1-28}$$

（2）以人工费和施工机械使用费合计为计算基础。

$$企业管理费费率 = \frac{生产工人年平均管理费}{年有效施工天数 \times (人工单价 + 每一工日施工机械使用数)} \times 100\%$$

$$\tag{1-29}$$

(3) 以人工费为计算基础。

$$企业管理费费率 = \frac{生产工人年平均管理费}{年有效施工天数 \times 人工单价} \times 100\% \qquad (1-30)$$

工程造价管理机构在确定计价定额中的企业管理费时,应以定额人工费或定额人工费与定额施工机械使用费之和作为计算基数;企业管理费费率根据历年积累的工程造价资料,辅以调查数据确定。企业管理费应计入分部分项工程费和措施项目费中。

5) 利润

建筑安装工程费中的利润,是指施工企业完成所承包工程获得的盈利,由施工企业根据企业自身需求并结合建筑市场实际自主确定。工程造价管理机构在确定计价定额中的利润时,应以定额人工费或定额人工费与定额施工机械使用费之和作为计算基数;利润率根据历年积累的工程造价资料,并结合建筑市场实际确定,以单位(单项)工程测算。利润应列入分部分项工程费和措施项目费中。

6) 规费

建筑安装工程费中的规费,是指按国家法律、法规规定,由省级政府和省级有关权力部门规定必须缴纳或计取的费用,主要包括社会保险费、住房公积金和工程排污费。

社会保险费和住房公积金的计算应以定额人工费为基础,根据工程所在地省、自治区、直辖市或行业建设主管部门规定费率计算。工程排污费应按工程所在地环境保护等部门规定的标准缴纳,按实计取列入。其他应列而未列入的规费,按实际发生计取列入。

7) 税金

建筑安装工程费中的税金是指国家税法规定的应计入建筑安装工程费用的增值税、城市维护建设税、教育费附加及地方教育费附加。

(1) 增值税。增值税是以商品(含应税劳务)在流转过程中产生的增值额作为计税依据而征收的一种流转税。从计税原理上说,增值税是对销售货物或者提供加工、修理修配劳务以及进口货物的单位和个人就其实现的增值额征收的一个税种。营业税是价内税,全额征收;增值税是价外税,差额征收。

$$增值税应纳税额 = 当期销项税额 - 当期进项税额$$

当期进项税额为纳税人当期购进货物或者接受应税劳务支付或者负担的增值税额。

按照建办标〔2016〕4 号文,为适应建筑业营改增的需要,形成了以下工程造价构成各项费用调整和税金计算方法。

$$工程造价 = 税前工程造价 \times (1 + 11\%) \qquad (1-31)$$

公式中 11% 为建筑业拟征增值税税率。

营改增下的计价规则为"价税分离",全部采用裸价,在计算工程造价前必须首先把可抵扣的增值税从价格之中剥离出来。公式中的税前工程造价为人工费、材料费、施工机具使用费、企业管理费、利润和规费之和,各费用项目均以不包含增值税可抵扣进项税额的价格计算。例如人工费含税价格为 10 万元,则税前工程造价中人工费为 $100\,000$ 元 $\div (1 + 11\%) = 90\,090$ 元。

(2) 城市维护建设税。城市维护建设税是为筹集城市维护和建设资金,稳定和扩大城市、乡镇维护建设的资金来源,而对有经营收入的单位和个人征收的一种税。城市维护建设税是按本期应纳增值税额乘以适用税率确定,计算公式为

$$城市维护建设税 = 应纳增值税额 \times 适用税率 \qquad (1-32)$$

城市维护建设税的纳税地点在市区的,其适用税率为增值税的 7%;纳税地点在县镇的,其

适用税率为增值税的5%;纳税地点在农村的,其适用税率为增值税的1%。城市维护建设税在营改增后实行"就地预缴,机构地申报"的办法,针对跨区域经营可能税率不同的情况,按照机构所在地的规定税率执行。

(3)教育费附加。教育费附加按应纳增值税额乘以3%确定,计算公式为

$$教育费附加=应纳增值税额×3\%　　　　　　(1-33)$$

建筑安装企业的教育费附加要与其营业税同时缴纳。建筑安装企业即使办有职工子弟学校,也应当先缴纳教育费附加,教育部门可根据企业的办学情况,酌情将教育费附加返还给企业,作为对办学经费的补助。

(4)地方教育附加。地方教育附加通常按应纳增值税额乘以2%确定,计算公式为

$$地方教育附加=应纳增值税额×2\%　　　　　　(1-34)$$

对于地方教育附加,若地方有不同规定,应遵循规定。

地方教育附加应专项用于发展教育事业,不得从地方教育附加中提取或者列支征收或代征手续费。

【知识拓展】

营业税改征增值税

财政部、国家税务总局于2016年3月23日发布《财政部 国家税务总局关于全面推开营业税改征增值税试点的通知》,对房地产营改增税率做出具体规定。自2016年5月1日起,在全国范围内全面推开营业税改征增值税试点。建筑业、房地产业、金融业、生活服务业等全部营业税纳税人,纳入试点范围,其中建筑业的增值税税率为11%。这些行业的税收改革将会为中国迎来统一的增值税税制,中国首次将货物和服务全部纳入增值税征税范围中来。

国家税务总局和
中国建设工程造价
信息网网站

此外,《营业税改征增值税试点实施办法》还规定了可抵扣项目与不可抵扣项目,以及房地产、建筑业、金融业应税行为、纳税义务发生时间。根据《营业税改征增值税试点实施办法》,从销售方取得的增值税专用发票(含税控机动车销售统一发票)上注明的增值税额、从海关取得的海关进口增值税专用缴款书上注明的增值税额等四项进项税额准予从销项税额中抵扣。《营业税改征增值税试点实施办法》也详细列举了七类不得从销项税额中抵扣的情形,未来房地产业、建筑业、金融业、生活服务业对发票等抵扣凭证的管理应在公司管理中应提到更加重要的层面。

中国建设工程造价
管理协会网站

《财政部 税务总局关于调整增值税税率的通知》(财税〔2018〕32号),根据2018年3月28日国务院常务会议决定,从2018年5月1日起,将制造业等行业增值税税率从17%降至16%,将交通运输、建筑、基础电信服务等行业及农产品等货物的增值税税率从11%降至10%。

住房和城乡
建设部网站

2.按造价形成划分

建筑安装工程费按照工程造价形成划分为分部分项工程费、措施项目费、其他项目费、规费和税金。

1)分部分项工程费

分部分项工程费是指各专业工程的分部分项工程应予列支的各项费用。各类专业工程的分

部分项工程划分应遵循现行国家或行业计量规范的规定。分部分项工程费通常用分部分项工程量乘以综合单价进行计算。

$$分部分项工程费 = \sum（分部分项工程量 \times 综合单价） \tag{1-35}$$

综合单价包括人工费、材料费、施工机具使用费、企业管理费和利润，以及一定范围的风险费用。

2）措施项目费

措施项目费是指为完成建设工程施工，发生于该工程施工前和施工过程中的技术、生活、安全、环境保护等方面的费用。措施项目及其包含的内容应遵循各类专业工程的现行国家或行业计量规范。以《房屋建筑与装饰工程工程量计算规范》（GB 50854—2013）中的规定为例，措施项目费可以归纳为以下几项。

（1）安全文明施工费。安全文明施工费是指工程施工期间按照国家现行的环境保护、建筑施工安全、施工现场环境与卫生标准和有关规定，购置和更新施工安全防护用具及设施、改善安全生产条件和作业环境所需要的费用。它通常由环境保护费、文明施工费、安全施工费、临时设施费组成。

（2）夜间施工增加费。夜间施工增加费是指因夜间施工所发生的夜班补助费、夜间施工降效费、夜间施工照明设备摊销费及照明用电费等。它由以下各项组成。

① 夜间固定照明灯具和临时可移动照明灯具的设置、拆除费用。

② 夜间施工时，施工现场交通标志、安全标牌、警示灯的设置、移动、拆除费用。

③ 夜间照明设备摊销及照明用电、施工人员夜班补助、夜间施工劳动效率降低等费用。

（3）非夜间施工照明费。非夜间施工照明费是指为保证工程施工正常进行，在地下室等特殊施工部位施工时所采用的照明设备的安拆、维护及照明用电等费用。

（4）二次搬运费。二次搬运费是指由于施工场地条件限制，材料、成品、半成品等一次运输不能达到堆放地点，必须进行二次或更多次搬运所发生的费用。

（5）冬雨季施工增加费。冬雨季施工增加费是指在冬季、雨季施工需增加的临时设施、防滑、排除雨雪，人工及施工机械效率降低等费用。它由以下各项组成。

① 冬雨（风）季施工时增加的临时设施（防寒保温、防雨、防风设施）的搭设、拆除费用。

② 冬雨（风）季施工时，对砌体、混凝土等采用的特殊加温、保温和养护措施费用。

③ 冬雨（风）季施工时，施工现场的防滑处理费用、对影响施工的雨雪的清除费用。

④ 冬雨（风）季施工时增加的临时设施、施工人员的劳动保护用品、冬雨（风）季施工劳动效率降低等费用。

（6）地上设施、地下设施、建筑物的临时保护设施费。地上设施、地下设施、建筑物的临时保护设施费是指在工程施工过程中，对已建成的地上设施、地下设施和建筑物采取遮盖、封闭、隔离等必要保护措施所发生的费用。

（7）已完工程及设备保护费。已完工程及设备保护费是指竣工验收前，对已完工程及设备采取覆盖、包裹、封闭、隔离等必要的保护措施所发生的费用。

（8）脚手架工程费。脚手架工程费是指施工需要的各种脚手架搭、拆、运输费用以及脚手架购置费的摊销（或租赁）费用。它通常包括以下内容。

① 施工时可能发生的场内、场外材料搬运费用。

② 搭、拆脚手架、斜道、上料平台费用。

③ 安全网的铺设费用。

④ 拆除脚手架后材料的堆放费用。

(9) 混凝土模板及支架(撑)费。混凝土模板及支架(撑)费是指混凝土施工过程中需要的各种钢模板、木模板、支架等的支拆、运输费用及模板、支架的摊销(或租赁)费用。它由以下各项组成。

① 混凝土施工过程中需要的各种模板制作费用。

② 模板安装、拆除、整理堆放及场内外运输费用。

③ 清理模板黏结物及模内杂物、刷隔离剂等费用。

(10) 垂直运输费。垂直运输费是指现场所用材料、机具从地面运至相应高度以及职工人员上下工作面等所发生的运输费用。它由以下各项组成。

① 垂直运输机械的固定装置、基础制作、安装费。

② 行走式垂直运输机械轨道的铺设、拆除、摊销费。

(11) 超高施工增加费。当单层建筑物檐口高度超过 20 m,多层建筑物超过 6 层时,可计算超高施工增加费。它由以下各项组成。

① 建筑物超高引起的人工工效降低费以及由于人工工效降低引起的机械降效费。

② 高层施工用水加压水泵的安装、拆除及工作台班费。

③ 通信联络设备的使用及摊销费。

(12) 大型机械设备进出场及安拆费。大型机械设备进出场及安拆费是指机械整体或分体从停放场地运至施工现场或从一个施工地点运至另一个施工地点,所发生的机械进出场运输和转移费用及机械在施工现场进行安装、拆卸所需的人工费、材料费、施工机械使用费、试运转费和安装所需的辅助设施的费用。它由安拆费和进出场费组成。

① 安拆费包括施工机械、设备在现场进行安装拆卸所需人工、材料、机械和试运转费用以及机械辅助设施的折旧、搭设、拆除等费用。

② 进出场费包括施工机械、设备整体或分体从停放地点运至施工现场或从一个施工地点运至另一个施工地点所发生的运输、装卸、辅助材料等费用。

(13) 施工排水、降水费。施工排水、降水费是指将施工期间有碍施工作业和影响工程质量的水排到施工场地以外,以及防止在地下水位较高的地区开挖深基坑出现基坑浸水,地基承载力下降,在动水压力作用下还可能引起流砂、管涌和边坡失稳等现象而必须采取有效的降水和排水措施费用。该项费用由成井和排水、降水两个独立的费用项目组成。

(14) 其他。根据项目的专业特点或所在地区不同,可能会出现其他的措施项目费,如工程定位复测费和特殊地区施工增加费等。

按照计量规范规定,措施项目分为应予计量的措施项目和不宜计量的措施项目两类。

应予计量的措施项目与分部分项工程费的计算方法相同。不宜计量的措施项目通常用计算基数乘以费率的方法予以计算。

$$措施项目费 = \sum(措施项目工程量 \times 综合单价) \tag{1-36}$$

3) 其他项目费

(1) 暂列金额。暂列金额是指建设单位在工程量清单中暂定并包括在工程合同价款中的一笔款项。它用于施工合同签订时尚未确定或者不可预见的所需材料、工程设备、服务的采购,施工中可能发生的工程变更、合同约定调整因素出现时的工程价款调整以及发生的索赔、现场签证确认等。

暂列金额由建设单位根据工程特点,按有关计价规定估算,施工过程中由建设单位掌握使

用、扣除合同价款调整后如有余额,归建设单位。

（2）计日工。计日工是指在施工过程中,施工企业完成建设单位提出的施工图纸以外的零星项目或工作所需的费用。计日工由建设单位和施工企业按施工过程中的签证计价。

（3）总承包服务费。总承包服务费是指总承包人为配合、协调建设单位进行的专业工程发包,对建设单位自行采购的材料、工程设备等进行保管以及施工现场管理、竣工资料汇总整理等服务所需的费用。

总承包服务费由建设单位在招标控制价中根据总包服务范围和有关计价规定编制,施工企业投标时自主报价,施工过程中按签约合同价执行。

4）规费和税金

建设单位和施工企业均应按照省、自治区、直辖市或行业建设主管部门发布的标准计算规费和税金,不得将规费和税金作为竞争性费用。

1.5 工程建设其他费用

工程建设其他费用是指在从工程筹建到竣工交付使用的整个建设期,除建筑安装工程费和设备及工器具购置费以外的,属于建设项目建设投资开支,为保证工程建设顺利完成和交付使用后能够正常发挥效用而发生的各项费用。

1.5.1 建设用地费

建设项目需固定于某一地点、与地面相连接,必定会占用一定量的土地,为获得建设用地支付的费用称为建设用地费,它是指为获得工程项目建设用地的使用权而在建设期内发生的各项费用。

1. 建设用地取得的基本方式

取得建设用地获取的是国有土地的使用权。根据我国房地产管理的相关法规规定,获取国有土地使用权的基本方式有两种,一是出让方式,二是划拨方式。

1）通过出让方式获取国有土地使用权

国有土地使用权出让,是指将国有土地一定年限内的使用权出让给土地使用者,由土地使用者向国家支付国有土地使用权出让金的行为。

通过出让方式获取国有土地使用权又可以分成两种具体方式,一是通过招标、拍卖、挂牌等竞争出让方式获取国有土地使用权,二是通过协议出让方式获取国有土地使用权。

2）通过划拨方式获取国有土地使用权

通过划拨方式获取土地使用权需要支付土地征用及迁移补偿费。国有土地使用权划拨有着严格的规定,需经县级以上人民政府依法批准。国有土地使用权划拨,是指在土地使用者缴纳补偿、安置等费用后将该幅土地交付其使用,或者将国有土地使用权无偿交付给土地使用者使用的行为。

依法以划拨方式取得国有土地使用权的,除法律、行政法规另有规定外,没有使用期限的限制。因企业改制、国有土地使用权转让或者改变土地用途的,应当实行有偿使用。

按照国家相关规定,工业（包括仓储用地,但不包括采矿用地）、商业、旅游、娱乐和商品住宅等各类经营性用地,必须以招标、拍卖或者挂牌方式出让。上述规定以外用途的国有土地的供地计划公布后,同一幅地有两个以上意向用地者的,也应当采用招标、拍卖或者挂牌方式出让。

除按照法律、法规和规章的规定应当采取招标、拍卖或者挂牌方式外,可采取协议方式。以协议方式出让国有土地使用权的出让金不得低于按国家规定所确定的最低价,协议出让底价不得低于拟出让地块所在区域的协议出让最低价。

【知识拓展】

1.下列建设用地,可以通过划拨方式取得。

(1)国家机关用地和军事用地。

(2)城市基础设施用地和公益事业用地。

(3)国家重点扶持的能源、交通、水利等基础设施用地。

(4)法律、行政法规规定的其他用地。

2.国有土地使用权出让最高年限按下列用途确定。

(1)居住用地70年。

(2)工业用地50年。

(3)教育、科技、文化、卫生、体育用地50年。

(4)商业、旅游、娱乐用地40年。

(5)综合或者其他用地50年。

2.建设用地取得的费用支出

通过行政划拨方式取得建设用地,须承担征地补偿费用或对原用地单位或个人的拆迁补偿费用;通过市场机制取得建设用地,除去以上费用支出,还须向土地所有者支付有偿使用费,即国有土地使用权出让金。

1)征地补偿费用

征地补偿费用由以下几个部分构成。

(1)土地补偿费。土地补偿费是对农村集体经济组织因土地被征用而造成的经济损失的一种补偿。征用耕地的补偿费为该耕地被征前3年平均年产值的6~10倍,土地补偿费归农村集体经济组织所有。征用其他土地的补偿费标准,由省、自治区、直辖市参照征用耕地的补偿费标准规定。

(2)青苗补偿费和地上附着物补偿费。青苗补偿费是对因征地时正在生长的农作物受到的损害做出的一种赔偿。农民自行承包土地的青苗补偿费应付给其本人,属于集体种植的青苗补偿费可纳入当年集体收益。地上附着物是指房屋、水井、树木、涵洞、桥梁、公路、水利设施、林木等地面建筑物、构筑物、附着物等。如果地上附着物的产权属于个人,则该项补偿费付给个人。地上附着物的补偿费标准由省、自治区、直辖市规定。

(3)安置补助费。安置补助费应支付给被征地单位和安置劳动力的单位,作为劳动力安置与培训的支出,以及作为不能就业人员的生活补助。征收耕地的安置补助费,按照需要安置的农业人口数计算。农业人口的安置补助费标准,为该耕地被征收前3年平均年产值的4~6倍,最高不得超过该耕地被征收前3年平均年产值的15倍。土地补偿费和安置补助费,尚不能使需要安置的农民保持原有生活水平的,经省、自治区、直辖市人民政府批准,可增加安置补助费。土地补偿费和安置补助费的总和不得超过耕地被征收前3年平均年产值的30倍。

（4）新菜地开发建设基金。新菜地开发建设基金是指征用城市郊区商品菜地时支付的费用。这项费用交给地方财政，作为开发建设新菜地的投资。菜地是指城市郊区为供应城市居民蔬菜、鱼、虾等，连续 3 年以上常年种菜或者养殖鱼、虾等的商品菜地和精养鱼塘。征用尚未开发的规划菜地，不缴纳新菜地开发建设基金。在蔬菜和鱼、虾等产销放开后，能够满足供应，不再需要开发新菜地的市，不收取新菜地开发建设基金。

（5）耕地占用税。耕地占用税是对占用耕地建房或者从事其他非农业建设的单位和个人征收的一种税收。征收耕地占用税的目的是合理利用土地资源、节约用地，保护农用耕地。占用耕地，以及园地、菜地及其他农业用地建房或者从事其他非农业建设，均按实际占用的面积和规定的税额一次性征收耕地占用税。耕地是指用于种植农作物的土地，占用前 3 年曾用于种植农作物的土地也视为占用耕地。

（6）土地管理费。土地管理费主要作为征地工作中所发生的办公费用、会议费用、培训费用、宣传费用、差旅费用、借用人员工资等必要的费用。土地管理费的收取标准，一般是在土地补偿费、青苗补偿费、地上附着物补偿费、安置补助费四项费用之和的基础上提取 2％～4％。如果是征地包干，则应在四项费用之和后再加上粮食价差、副食补贴、不可预见费等费用，在此基础上提取 2％～4％作为土地管理费。

2）拆迁补偿费用

在城市规划区内的国有土地上实施房屋拆迁，拆迁人应当补偿、安置被拆迁人。

（1）拆迁补偿。拆迁补偿可以实行货币补偿，也可以实行房屋产权调换。货币补偿的金额根据被拆迁房屋的区位、用途、建筑面积等因素，以房地产市场评估价格确定，具体办法由省、自治区、直辖市人民政府制定。

（2）搬迁补助费、提前搬家奖励费和临时安置补助费。拆迁人应当向被拆迁人或者房屋承租人支付搬迁补助费；对于在规定的搬迁期限届满前搬迁的，拆迁人可以付给被拆迁人或者房屋承租人提前搬家奖励费。在过渡期限内，被拆迁人或者房屋承租人自行安排住处的，拆迁人应当支付临时安置补助费；被拆迁人或者房屋承租人使用拆迁人提供的周转房的，拆迁人不支付临时安置补助费。搬迁补助费和临时安置补助费的标准，由省、自治区、直辖市人民政府规定。

3）国有土地使用权出让金

国有土地使用权出让金为用地单位向国家支付的国有土地所有权收益，国有土地使用权出让金标准参考所在城市基准地价并结合其他因素制定。基准地价由市土地管理局会同市物价局、市国有资产管理局、市房地产管理局等部门综合平衡后报市级人民政府审定通过。它在城市土地综合定级的基础上，用某一地价或地价幅度表示某一类别用地在某一土地级别范围的地价，以此作为国有土地使用权出让金的基础。

1.5.2　与项目建设有关的其他费用

1. 建设管理费

建设管理费是指建设单位为组织完成工程项目建设，在建设期内发生的各类管理性费用。

建设管理费的内容如下。

1）建设单位管理费

建设单位管理费是指建设单位发生的管理性质的开支。

建设单位管理费的内容包括工作人员工资、工资性补贴、施工现场津贴、职工福利费、住房基金、基本养老保险费、基本医疗保险费、失业保险费、工伤保险费、办公费、差旅交通费、劳动保护费、工具用具使用费、固定资产使用费、必要的办公及生活用品购置费、必要的通信设备及交通工具购置费、零星固定资产购置费、招募生产工人费、技术图书资料费、业务招待费、设计审查费、工程招标费、合同契约公证费、法律顾问费、咨询费、完工清理费、竣工验收费、印花税和其他管理性质开支。

建设单位管理费的计算按照工程费用（包括设备及工器具购置费和建筑安装工程费）乘以建设单位管理费费率计算。建设单位管理费费率按照建设项目的不同性质、不同规模确定，不同省、直辖市、地区应根据各地情况计取建设单位管理费。

$$建设单位管理费＝工程费用×建设单位管理费费率 \quad\quad (1-37)$$

2）工程监理费

工程监理费是指建设单位委托工程监理单位实施工程监理所发生的费用。此项费用应按国家发展改革委、住房和城乡建设部联合发布的《国家发展改革委、建设部关于印发〈建设工程监理与相关服务收费管理规定〉的通知》（发改价格〔2007〕670 号）计算。

2. 可行性研究费

可行性研究费是指在工程项目投资决策阶段，根据调研报告对有关建设方案、技术方案或生产经营方案进行技术经济论证，以及编制、评审可行性研究报告所需的费用。

3. 研究试验费

研究试验费是指为建设项目提供或验证设计数据、资料等进行必要的研究试验及按照相关规定在建设过程中必须进行试验、验证所需的费用。它包括自行或委托其他部门研究试验所需的人工费、材料费、试验设备及仪器使用费等。在计算研究试验费时要注意不应包括以下项目。

（1）应由科技三项费用（即新产品试制费、中间试验费和重要科学研究补助费）开支的项目。

（2）应在建筑安装工程费中列支的施工企业对建筑材料、构件和建筑物进行一般鉴定、检查所发生的费用及技术革新的研究试验费。

（3）应在勘察设计费或工程费用中开支的项目。

4. 勘察设计费

勘察设计费是指对工程项目进行工程水文地质勘察、工程设计所发生的费用。它包括工程勘察费、初步设计费（基础设计费）、施工图设计费（详细设计费）、设计模型制作费。

5. 环境影响评价费

环境影响评价费是指按照《中华人民共和国环境保护法》《中华人民共和国环境影响评价法》等规定，在工程项目投资决策过程中，对其进行环境污染或影响评价所需的费用。它包括编制环境影响报告书和环境影响报告表以及对环境影响报告书和环境影响报告表进行评估等所需的费用。

6. 劳动安全卫生评价费

劳动安全卫生评价费是指按照相关规定，在工程项目投资决策过程中，编制劳动安全卫生评价报告所需的费用。它包括编制建设项目劳动安全卫生预评价大纲和劳动安全卫生预评价报告书以及为编制上述文件进行工程分析和环境现状调查等所需的费用。

7. 场地准备费和临时设施费

场地准备费是指为使工程项目的建设场地达到开工条件，由建设单位组织进行的场地平整

等准备工作而发生的费用。如果存在建设场地的大型土石方工程,则大型土石方工程费用应计入工程费用中的总图运输费用中。

临时设施费是指建设单位为满足工程项目建设、生活、办公的需要,用于临时设施建设、维修、租赁、使用所发生或摊销的费用。场地准备及临时设施应尽量与永久工程统一考虑。此项临时设施费不包括已列入建筑安装工程费中的施工单位临时设施费。

新建建设项目的场地准备费和临时设施费应根据实际工程量估算,或按工程费用的比例计算。改扩建建设项目一般只计拆除清理费。

$$场地准备费和临时设施费＝工程费用×费率＋拆除清理费 \tag{1-38}$$

8. 引进技术和引进设备其他费

引进技术和引进设备其他费是指引进技术和设备发生的但未计入设备购置费中的费用。它包括:引进项目图纸资料翻译复制费、备品备件测绘费;出国人员费用,包括买方人员出国设计联络、出国考察、联合设计、监造、培训等所发生的差旅交通费、生活费等;来华人员费用,包括卖方来华工程技术人员的现场办公费用、往返现场交通费用、接待费用等;银行担保及承诺费(指引进项目由国内外金融机构出面承担风险和责任担保所发生的费用,以及支付给贷款机构的承诺费用)。

9. 工程保险费

工程保险费是指为转移工程项目建设的意外风险,在建设期内对建筑工程、安装工程、机械设备和人身安全进行投保而发生的费用。它包括建筑安装工程一切险、引进设备财产保险和人身意外伤害保险等。

10. 特殊设备安全监督检验费

特殊设备安全监督检验费是指安全监察部门对在施工现场组装的锅炉及压力容器、压力管道、消防设备、燃气设备、电梯等特殊设备和设施实施安全检验收取的费用。此项费用按照建设项目所在省(市、自治区)安全监察部门的规定标准计算。

11. 市政公用设施费

市政公用设施费是指使用市政公用设施的建设项目,按照项目所在地省级人民政府有关规定缴纳的市政公用设施建设配套费用,以及绿化工程补偿费用。此项费用按项目所在地人民政府规定标准计列。

1.5.3 与未来生产经营有关的其他费用

1) 联合试运转费

联合试运转费是指对于新建或新增加生产能力的工程项目,在交付生产前按照设计文件规定的工程质量标准和技术要求,对整个生产线或装置进行负荷联合试运转所发生的费用净支出,即试运转支出大于试运转收入的差额部分费用。试运转支出包括试运转所需原材料的费用、燃料及动力消耗费用、低值易耗品费用、其他物料消耗费用、工具用具使用费、机械使用费、保险金、施工单位参加试运转人员的工资以及专家指导费等;试运转收入包括试运转期间的产品销售收入和其他收入。联合试运转费不包括应由设备安装工程费用开支的调试和试车费用,以及在试运转中因施工原因或设备缺陷等发生的处理费用。

2) 专利及专有技术使用费

专利及专有技术使用费的主要内容包括国外设计及技术资料费,引进有效专利、专有技术使用费和技术保密费,国内有效专利、专有技术使用费,商标权、商誉和特许经营权费等。

3）生产准备及开办费

生产准备及开办费是指在建设期内,建设单位为保证项目正常生产而发生的人员培训费、提前进场费以及投产使用必备的办公、生活家具用具及工器具等的购置费用。生产准备及开办费的计算可以按设计定员为基数计算或采用综合的生产准备费指标进行计算。

1.6 预备费与建设期利息

1.6.1 预备费

预备费是指在建设期内为各种不可预见因素的变化而预留的可能增加的费用。根据我国现行规定,预备费包括基本预备费和价差预备费。

1）基本预备费

基本预备费是指针对在项目实施过程中可能发生难以预料的支出而需要预留的费用,又称为工程建设不可预见费。它一般由以下内容构成。

（1）在批准的初步设计范围内,技术设计、施工图设计及施工过程中所增加的工程费用,以及设计变更、工程变更、材料代用、局部地基处理等所增加的费用。

（2）对一般自然灾害造成的损失和预防自然灾害所采取的措施费用。具有工程保险的建设项目,该费用应适当降低。

（3）竣工验收时为鉴定工程质量对隐蔽工程进行必要的挖掘和修复的费用。

（4）超规超限设备运输增加的费用。

基本预备费的计算公式为

$$基本预备费＝（工程费用＋工程建设其他费用）×基本预备费费率 \tag{1-39}$$

2）价差预备费

价差预备费一般根据国家规定的投资综合价格指数,以估算年份价格水平的投资额为基数,采用复利方法计算。

$$PF = \sum_{t=1}^{n} I_t \left[(1+f)^m (1+f)^{0.5} (1+f)^{t-1} - 1 \right] \tag{1-40}$$

式中：PF——价差预备费;

n——建设期年份数;

I_t——建设期中第 t 年的投资计划额,包括工程费用、工程建设其他费用及基本预备费,即第 t 年的静态投资额;

f——年均投资价格上涨率;

m——建设前期年限（自编制估算到开工建设的间隔时间,单位为年）。

【课堂练习】

某建设项目建筑安装工程费为 4 000 万元,设备购置费为 2 500 万元,工程建设其他费用为 1 500 万元,基本预备费费率 5%,项目建设前期年限为 1 年,建设期为 3 年,各年计划投资额为第一年 30%、第二年 50%、第三年 20%,年均投资价格上涨率为 10%,试计算建设期价差预备费。

【解】

基本预备费＝(4 000＋2 500＋1 500)万元×5％＝400 万元

静态投资额： $I_t=4\ 000$ 万元＋2 500 万元＋1 500 万元＋400 万元＝8 400 万元

第一年计划投资额： $I_{t1}=8\ 400$ 万元×30％＝2 520 万元

第二年计划投资额： $I_{t2}=8\ 400$ 万元×50％＝4 200 万元

第三年计划投资额： $I_{t3}=8\ 400$ 万元×20％＝1 680 万元

价差预备费 PF 为

$$PF_1=2\ 520\ 万元×[(1+10\%)^1×(1+10\%)^{0.5}×(1+10\%)^0-1]=387.30\ 万元$$

$$PF_2=4\ 200\ 万元×[(1+10\%)^1×(1+10\%)^{0.5}×(1+10\%)^{2-1}-1]=1\ 130.05\ 万元$$

$$PF_3=1\ 680\ 万元×[(1+10\%)^1×(1+10\%)^{0.5}×(1+10\%)^{3-1}-1]=665.22\ 万元$$

$$PF=PF_1+PF_2+PF_3=2\ 182.57\ 万元$$

1.6.2 建设期利息

建设期利息包括向国内银行和其他非银行金融机构贷款、出口信贷、向外国政府贷款、向国际商业银行贷款以及在境内外发行债券等在建设期间应计的借贷利息。

当总贷款是分年均衡发放时,建设期利息的计算可按当年借款年中支用考虑,即当年贷款按半年计息,以前年度贷款按全年计算。建设期利息的计算公式如下:

$$q_j=\left(p_{j-1}+\frac{A_j}{2}\right)×i \tag{1-41}$$

式中： q_j ——建设期第 j 年应计贷款利息;

　　 p_{j-1} ——建设期第 $j-1$ 年年末累计贷款本金与利息之和;

　　 A_j ——第 j 年贷款金额;

　　 i ——建设期贷款利率。

在国外贷款利息的计算中,还应包括国外贷款银行根据贷款协议向贷款单位以年利率的方式收取的手续费、管理费、承诺费,以及国内代理机构经国家主管部门批准的以年利率的方式向贷款单位收取的转贷费、担保费、管理费等。

【课堂练习】

某新建项目,建设期为 3 年,分年均衡进行贷款,第一年贷款 300 万元,第二年贷款 600 万元,第三年贷款 400 万元,年利率为 12％,建设期内利息只计息不支付,计算建设期利息。

【解】 在建设期,各年利息如下。

$$q_1=\frac{1}{2}A_1×i=\frac{1}{2}×300\ 万元×12\%=18\ 万元$$

$$q_2=\left(p_1+\frac{1}{2}A_2\right)×i=\left(300+18+\frac{1}{2}×600\right)万元×12\%=74.16\ 万元$$

$$q_3=\left(p_2+\frac{1}{2}A_3\right)×i=\left(318+600+74.16+\frac{1}{2}×400\right)万元×12\%=143.06\ 万元$$

所以,

建设期利息＝ $q_1+q_2+q_3$ ＝18 万元＋74.16 万元＋143.06 万元＝235.22 万元

本章小结

通过本章学习,使学生初步认识建筑工程造价的基本理论,了解我国现行工程造价的构成。

本章的重点内容有:我国现行工程造价中各项费用的构成;设备及工器具购置费,学生应掌握国产非标准设备原价和进口设备原价的计算;建筑安装工程费的构成及计算,税金中增值税、城市维护建设税、教育费附加的计算基础;工程建设其他费用的构成;基本预备费和价差预备费,学生应掌握基本预备费的构成和计算基数,重点掌握价差预备费的计算;建设期利息的含义和计算方法。

【实践案例】

某公司拟投资一个工业建设项目。经过测算,该项目主厂房主要设备购置投资为 3 600 万元。已建类似项目资料:主厂房其他专业工程投资占工艺设备投资的比例表如表 1-2 所示,项目其他各系统工程及工程建设其他费用占主厂房投资的比例表如表 1-3 所示。该项目建设资金来源为自有资金和贷款,贷款本金为 8 000 万元,分年度按投资比例发放,贷款利率为 8%(按年计息)。建设期为 3 年,第一年投入 30%,第二年投入 50%,第三年投入 20%。预计建设期物价平均上涨率为 3%,投资估算到开工的时间按 1 年考虑,基本预备费费率为 10%,流动资金初步预计为 2 000 万元。

表 1-2　已建类似项目主厂房其他各专业工程投资占工艺设备投资的比例表

专业工程	加热炉	汽化冷却	余热锅炉	自动化仪表	起重设备	供电传动	建筑安装工程
投资比例	0.12	0.01	0.04	0.02	0.09	0.18	0.40

表 1-3　已建类似项目其他各系统工程及工程建设其他费用占主厂房投资的比例表

专业工程	动力系统	机修系统	总图运输系统	行政及生活福利设施比例	工程建设其他费用
投资比例	0.30	0.12	0.20	0.30	0.20

问题:

(1)用系数估算法估算项目主厂房投资和项目的工程费用与工程建设其他费用。

(2)估算项目的建设投资和建设项目的总投资。

(3)若该项目在运营期扩大经营,打算加购 1 台进口设备,经询价该进口设备的离岸价为 800 万美元,现行国际运输公司海运费费率为 6%、海运保险费费率为 3.5‰,外贸手续费费率、银行手续费费率、关税税率和增值税税率分别是 1.5%、5‰、17%、17%。国内供销手续费费率为 0.4%,运输、装卸和包装费费率为 0.1%,采购及保管费费率 1%。美元兑换汇率按照 1 美元 =6.2 元人民币计算,设备的安装费费率为设备原价的 10%,计算进口设备购置费和安装工程费。

分析要点:

由于该项目设计深度不够使用系数估算法,先估算主厂房的建设投资,再运用本章所讲知识点——基本预备费、价差预备费、建设期利息和主体专业系数估算费来估算项目建设总投资。所使用公式如下:

$$拟建建设项目主厂房投资 = 工艺设备投资 \times (1 + \sum K_i)$$

Chapter 1　第 1 章　工程造价的构成

31

拟建建设项目工程费用与工程建设其他费用 = 拟建建设项目主厂房投资 $\times (1 + \sum K_j)$

式中：K_i——主厂房其他专业工程投资占工艺设备投资的比例；

K_j——该项目其他系统工程及工程建设其他费用占主厂房投资的比例。

解答：

（1）拟建建设项目主厂房投资 $= 3\ 600$ 万元 $\times (1 + 12\% + 1\% + 4\% + 2\% + 9\% + 18\% + 40\%)$

$= 3\ 600$ 万元 $\times 1.86 = 6\ 696$ 万元

其中，　　　　建筑安装工程投资 $= 3\ 600$ 万元 $\times 0.4 = 1\ 440$ 万元

设备购置投资 $= 3\ 600$ 万元 $\times 1.46 = 5\ 256$ 万元

拟建建设项目工程费用与工程建设其他费用 $= 6\ 696$ 万元 $\times (1 + 30\% + 12\% + 20\% + 30\% + 20\%)$

$= 6\ 696$ 万元 $\times (1 + 1.12) = 14\ 195.52$ 万元

（2）　　　　基本预备费 $= 14\ 195.52$ 万元 $\times 10\% = 1\ 419.55$ 万元

由此得

静态投资额 $= 14\ 195.52$ 万元 $+ 1\ 419.55$ 万元 $= 15\ 615.07$ 万元

建设期各年的静态投资额如下：

第 1 年：　　　　$15\ 615.07$ 万元 $\times 30\% = 4\ 684.52$ 万元

第 2 年：　　　　$15\ 615.07$ 万元 $\times 50\% = 7\ 807.54$ 万元

第 3 年：　　　　$15\ 615.07$ 万元 $\times 20\% = 3\ 123.01$ 万元

$PF_1 = 4\ 684.85$ 万元 $\times [(1 + 3\%)^1 \times (1 + 3\%)^{0.5} \times (1 + 3\%)^{1-1} - 1] = 212.38$ 万元

$PF_2 = 7\ 807.54$ 万元 $\times [(1 + 3\%)^1 \times (1 + 3\%)^{0.5} \times (1 + 3\%)^{2-1} - 1] = 598.81$ 万元

$PF_3 = 3\ 123.01$ 万元 $\times [(1 + 3\%)^1 \times (1 + 3\%)^{0.5} \times (1 + 3\%)^{3-1} - 1] = 340.40$ 万元

由此得

预备费 $= 1\ 419.55$ 万元 $+ 212.38$ 万元 $+ 598.81$ 万元 $+ 340.40$ 万元 $= 2\ 571.14$ 万元

拟建建设项目的建设投资 $= 14\ 195.52$ 万元 $+ 2\ 571.14$ 万元 $= 16\ 766.66$ 万元

建设期利息计算如下。

第 1 年贷款利息 $= (0 + 8\ 000 \times 30\% \div 2)$ 万元 $\times 8\% = 96$ 万元

第 2 年贷款利息 $= [(96 + 8\ 000 \times 30\%) + (8\ 000 \times 50\% \div 2)]$ 万元 $\times 8\% = 359.68$ 万元

第 3 年贷款利息 $= [(2\ 400 + 4\ 000 + 96 + 359.68) + (8\ 000 \times 20\% \div 2)]$ 万元 $\times 8\% = 612.45$ 万元

建设期利息 $= 96$ 万元 $+ 359.68$ 万元 $+ 612.45$ 万元 $= 1\ 068.13$ 万元

拟建建设项目总投资 $=$ 建设投资 $+$ 建设期利息 $+$ 流动资金

$= 16\ 766.66$ 万元 $+ 1\ 068.13$ 万元 $+ 2\ 000$ 万元

$= 19\ 834.79$ 万元

（3）　　　　进口设备购置费 $=$ 进口设备原价 $+$ 设备运杂费

设备货价 $= 800$ 万元 $\times 6.2 = 4\ 960$ 万元

国际运费 $= 4\ 960$ 万元 $\times 6\% = 297.60$ 万元

运输保险费 $= (4\ 960 + 297.60)$ 万元 $\times 3.5\text{‰} \div (1 - 3.5\text{‰}) = 18.47$ 万元

进口关税 $= (4\ 960 + 297.60 + 18.47)$ 万元 $\times 17\% = 896.93$ 万元

增值税 $= (4\ 960 + 297.60 + 18.47 + 896.93)$ 万元 $\times 17\% = 1049.41$ 万元

银行财务费 $= 4\ 960.00$ 万元 $\times 5\text{‰} = 24.80$ 万元

外贸手续费 $= (4\ 960.00 + 297.60 + 18.47)$ 万元 $\times 1.5\text{‰} = 79.14$ 万元

合计：7 326.35 万元。

进口设备国内运杂费＝国内供销、运输、装卸和包装费＋引进设备采购及保管费

国内供销、运输、装卸和包装费＝进口设备原价×费率

$$＝7\ 326.35\ 万元×(0.4\%＋0.1\%)＝36.63\ 万元$$

引进设备采购及保管费＝（进口设备原价＋国内供销、运输、装卸和包装费）×费率

$$＝(7\ 326.35＋36.63)万元×1\%＝73.63\ 万元$$

进口设备购置费＝进口设备原价＋进口设备运杂费

$$＝7\ 326.35\ 万元＋36.63\ 万元＋73.63\ 万元$$

$$＝7\ 436.61\ 万元$$

进口设备安装工程费＝进口设备原价×安装费费率

$$＝7\ 326.35\ 万元×10\%$$

$$＝732.64\ 万元$$

课后练习

一、单项选择题

1. 从投资者角度，一项工程的工程造价是（　　）。

A. 工程价格　　　　　　　　　　　　　B. 施工成本加利润

C. 全部固定资产投资费用　　　　　　　D. 招标控制造价

2. 概算造价是指在初步设计阶段，根据设计意图，通过编制工程概预算文件来预先测算和确定工程造价，主要受到（　　）的控制。

A. 投资估算　　　　B. 概算造价　　　　C. 合同价　　　　D. 实际造价

3. 对外贸易运输保险费的计算公式（　　）。

A. 运输保险费＝（CFR＋国际运费）/（1－保险费费率）×保险费费率

B. 运输保险费＝（CIF＋国际运费）/（1－保险费费率）×保险费费率

C. 运输保险费＝（FOB＋国际运费）/（1＋保险费费率）×保险费费率

D. 运输保险费＝（FOB＋国际运费）/（1－保险费费率）×保险费费率

4. 已知某进口设备到岸价为 80 万美元，关税税率为 15%，增值税税率为 17%，银行外汇牌价为 1 美元＝6.30 元人民币。按以上条件计算的进口环节增值税是（　　）万元人民币。

A. 72.83　　　　　B. 98.53　　　　　C. 95.68　　　　　D. 118.71

5. 单台设备安装后的试车费用属于（　　）。

A. 设备购置费　　　B. 联合试运转费　　　C. 设备安装费　　　D. 生产准备费

6. 根据我国现行建设项目投资构成，建设投资中不包括（　　）。

A. 工程费用　　　　　　　　　　　　　B. 工程建设其他费用

C. 建设期利息　　　　　　　　　　　　D. 预备费

7. 为保证工程项目顺利实施，避免在难以预料的情况下造成投资不足而预先安排的费用是（　　）。

A. 预备费　　　　B. 建设期利息　　　　C. 其他资产费　　　　D. 流动资金

8.根据《建筑安装工程费用项目组成》的规定,机械设备进出场及安拆费中的辅助设施费用应计入( )。

A.设备运杂费 B.施工企业管理费

C.施工机具使用费 D.措施项目费

9.根据《建设工程工程量清单计价规范》规定,在工程量清单计价中,综合单价包括( )。

A.人工费、材料费、施工机械使用费、企业管理费

B.人工费、材料费、施工机械使用费、企业管理费、规费

C.人工费、材料费、施工机械使用费、税金、利润

D.人工费、材料费、施工机械使用费、企业管理费和利润

10.根据《建筑安装工程费用项目组成》的规定,以下属于规费的是( )。

A.工程排污费 B.材料测定费

C.文明施工费 D.夜间施工增加费

11.在我国建设项目总投资构成中,超规超限设备运输增加的费用属于( )。

A.设备及工器具购置费 B.基本预备费

C.工程建设其他费用 D.建筑安装工程费

12.某建设项目建筑安装工程费为 6 000 万元,设备购置费为 1 000 万元,工程建设其他费用为 2 000 万元,建设期利息为 500 万元。若基本预备费费率为 5%,则该建设项目的基本预备费为( )万元。

A.350 B.400 C.450 D.475

13.某建设项目建设期为 2 年,建设期内第一年贷款 400 万元,第二年贷款 500 万元,贷款在年内均衡发放,年利率为 10%。建设期内只计息不支付,则该项目建设期利息为( )万元。

A.85.0 B.85.9 C.87.0 D.109.0

二、多项选择题

1.进口设备交易价格中,以到岸价(CIF)为计算基数的是( )。

A.海关监管手续费 B.国际运费 C.银行财务费

D.外贸手续费 E.关税

2.在下列费用中,属于建筑安装工程的企业管理费的有( )。

A.检验试验费 B.劳动保险费 C.固定资产使用费

D.劳动保护费 E.程排污费

3.下列各项中不属于建设项目基本预备费组成内容的是( )。

A.鉴定工程质量对隐蔽工程进行必要的挖掘和修复所发生的费用

B.筹措工程项目资金发生的费用

C.利率、汇率调整所增加的费用

D.预防自然灾害所采取的措施费用

E.局部地基处理增加的费用

4. 根据《建筑安装工程费用项目组成》的规定,规费包括(   )。

A. 工程排污费　　　　　　B. 工程定额测定费　　　　　C. 文明施工费

D. 住房公积金　　　　　　E. 社会保障费

5. (   )属于建筑工程费。

A. 场地平整费　　　　　　B. 室外管道铺设费　　　　　C. 仪表安装费

D. 供电外线安装工程费　　E. 设备购置与试运行费

6. 关于建设用地取得及费用,下列说法中正确的有(   )。

A. 通过出让获得国有土地使用权的方式有招标、拍卖、挂牌和协议

B. 工业、商业、旅游、娱乐用地的土地使用权出让最长年限为 40 年

C. 以划拨方式取得的国有土地使用权,因企业改制不再符合划拨用地目录,应实行有偿使用

D. 通过市场机制获得的国有土地使用权,不再承担征地补偿费或拆迁补偿费

E. 搬拆补助费的标准由各省、自治区、直辖市人民政府规定

三、简答题

1. 现行工程造价包括的内容有哪些? 工程造价的含义是什么?

2. 简述工程造价与工程计价的特点。

3. 简述按费用要素建筑安装工程费的组成有哪些?

4. 基本预备费包括哪些内容? 如何计算价差预备费?

四、综合实训题

1. 某建设项目总投资构成中,设备购置费为 900 万元,建筑工程费为 6 000 万元,安装工程费为 600 万元,工程建设其他费用为 150 万元,基本预备费为 200 万元,流动资金为 300 万元。建设前期期限为半年,建设期限为 2 年,第一年投资 60%,第二年投资 40%,建设期人工、材料和机械使用的平均价格变动预测是 10%,建设期贷款 1 000 万元,建设期利息为 105 万元。试计算该项目的工程造价。

2. 某生产性建设项目,设备购置费为 1 500 万元,建筑安装工程费为 4 200 万元,措施项目费为 120 万元,工程建设其他费用为 800 万元,基本预备费为 180 万元,建设期为 2 年,每年投资额度相同,建设前期期限为 1 年,建设期每年价格综合调整系数为 10%,建设期每年贷款 600 万元,年贷款利率为 7%,流动资金为 450 万元。试计算该项目建设期利息和建设项目总投资。

3. 从某国进口大型设备,质量为 800 吨,装运港船上交货价为 1 200 万美元,工程建设项目位于国内中部某省会城市。如果国际运费标准为 200 美元/吨,国内内陆运费为 180 元/吨,海上运输保险费费率为 2‰,银行财务费费率为 1.5‰,外贸手续费费率为 1.0‰,关税税率为 20%,增值税税率为 17%,消费税税率不计取,银行当前外汇牌价为 1 美元＝6.70 人民币,估算该进口设备原价。

Chapter 2

第2章 工程造价计价

能力目标

了解工程造价的定额和清单两种计价模式,熟悉工程定额的基本内容和体系,熟悉建筑安装工程人工、材料及机械台班定额消耗量的测算,掌握建筑安装工程人工、材料及机械台班单价包含的内容和计算方法,掌握工程造价计价基本程序和工程量清单的编制方法。

学习要求

学 习 目 标	能 力 要 求	权 重
工程定额体系	熟悉工程定额的分类和相互关系	15%
人工、材料及机械台班定额消耗量和单价	了解工程计价定额的编制方法和使用,熟悉建筑安装工程人工、材料及机械台班定额消耗量的测算及单价包含的内容和计算	30%
工程造价计价	熟悉工程造价计价的依据、模式、程序,熟悉工程量清单计价与定额计价的区别	20%
工程量清单计价	掌握工程清单计价规范规定的具体内容,掌握编制工程量清单的方法,可以计算具体项目的综合单价	35%

章节导入

某市滨江区审计局日前在实施工程量清单绩效审计调查中发现,存在大量工程量清单中漏项、增项问题,工程量清单错项情况普遍以及工程量清单内容描述不清楚而经常增加投资等工程量清单编制质量问题,导致政府投资项目预算总造价误差率较大。

上述问题的产生原因有三个。首先,编制人员计算失误、审图不仔细、内部复核不到位,以及编制人员对施工工艺不熟悉而漏掉必需的施工措施费用。其次,建设单位因为变更建设标准、赶工期等影响了清单质量,一些投资几亿元甚至几十亿元的项目,留给工程量清单编制单位的时间仅仅只有半个多月时间,为了能在规定时间内出具编制成果,编制单位有时也不得不"抓大放小"。最后,设计单位出具的施工图纸是工程量清单编制的主要依据,施工图纸设计深度不足或者不够完善,直接导致工程量清单编制的错项、漏项及描述错误。

作为建设项目招标文件的重要组成部分,工程量清单的准确性和完整性对合理确定工程造价、有效控制投资乃至维持整个建筑招投标市场秩序起着重要作用。工程量清单的质量直接影响工程投资控制目标的达成。

2.1 工程造价计价概述 ···

2.1.1 工程造价计价的标准和依据

工程造价计价是指按照规定的程序、方法和依据,对工程造价及其构成内容进行估计或确定的行为。工程造价计价的标准和依据主要包括计价活动的相关规章规程、工程量清单计价和计量规范、工程定额和相关的工程造价信息等。

工程造价计价依据是指在工程造价计价活动中,所要依据的与计价内容、计价方法和价格标准相关的工程计量计价标准及工程计价定额和工程造价信息等。它是从事工程造价工作,用于计算和确定工程造价的各类基础资料的总称。

1. 计价活动的相关规章规程

计价活动的相关规章规程包括国家颁布的规范标准和行业协会颁布的推荐性标准。现行计价活动的相关规章规程主要包括《建筑工程施工发包与承包计价管理办法》,建设项目投资估算、建设项目设计概算、建设项目施工图预算、建设工程招标控制价、建设项目工程结算的编审规程,《建设项目全过程造价咨询规程》《建设工程造价咨询成果文件质量标准》《建设工程造价鉴定规范》等。

2. 工程量清单计价和计量规范

工程量清单计价和计量规范由《建设工程工程量清单计价规范》《房屋建筑与装饰工程工程量计算规范》(GB 50854—2013)、《仿古建筑工程工程量计算规范》(GB 50855—2013)、《通用安装工程工程量计算规范》(GB 50856—2013)、《市政工程工程量计算规范》(GB 50857—2013)、《园林绿化工程工程量计算规范》(GB 50858—2013)、《矿山工程工程量计算规范》(GB 50859—2013)、《构筑物工程工程量计算规范》(GB 50860—2013)、《城市轨道交通工程工程量计算规范》(GB 50861—2013)、《爆破工程工程量计算规范》(GB 50862—2013)等组成。

3. 工程定额

工程定额主要是指国家、省、有关行业专业部门制定的各种定额,包括工程消耗量定额和工程计价定额等。

4. 工程造价信息

工程造价信息主要包括价格信息(如人工单价、材料单价、机械台班单价)、工程造价指数和已完工程信息,以及涉外项目需要考虑的利率和汇率等。

5. 工程量计算资料

工程量计算资料具体到建设项目本身的前期资料(如可行性研究资料),初步设计、技术设计和施工图设计图纸和资料,以及建设项目管理过程中涉及工程量变化的工程变更和施工现场签证等。

6. 相关政策法规

相关政策法规主要指的是包含在造价计价中的税种和税率规定,以及与国家或者当地的环境、能源、技术和产业政策有关的取费标准。

2.1.2 工程造价计价的方法

建设项目是兼具单件性与多样性的集合体,每一个建设项目都需要按业主的特定要求单独进行设计和施工。一个建设项目可分解为一个或几个单项工程,任何一个单项工程都是由一个或几个单位工程组成的。单位工程可以按照结构部位、施工特点或施工任务分解为分部工程。从工程造价计价的角度还需把分部工程按照不同的施工方法、材料、工序等,进行更细致的分解,划分为更为简单细小的部分,即分项工程。分项工程之后还可以根据需要进一步划分或组合为基本构造单元。

工程造价计价的主要思路是将建设项目划分成基本构造单元,找到适当的计量单位和单价,采取一定的计价方法,最后进行分部组合汇总,计算出相应的工程造价。

$$分部分项工程费 = \sum[基本构造单元工程量(定额项目或清单项目) \times 相应单价] \quad (2\text{-}1)$$

工程造价计价可分为工程计量和工程计价两个环节。

1. 工程计量

工程计量包括工程项目的划分和工程量的计算。

1) 工程项目的划分

工程项目划分,即确定单位工程基本构造单元。编制工程概算、预算时,主要是按照工程定额进行工程项目的划分;编制工程量清单时,主要是按照工程量清单计量规范规定的清单项目进行工程项目的划分。

2) 工程量的计算

按照工程项目的划分和工程量计算规则,就施工图设计文件和施工组织设计对分项工程实物量进行计算。分项工程实物量是计价的基础,不同的计价依据有不同的工程量计算规则。目前,工程量计算规则包括以下两大类。

(1) 各类工程定额规定的计算规则。

(2) 国家标准《建设工程工程量清单计价规范》及各专业工程工程量计算规范附录中规定的计算规则。

2. 工程计价

工程计价包括工程单价的确定和工程总价的计算。

1) 工程单价的确定

工程单价是指完成单位工程基本构造单元的工程量所需要的基本费用。工程单价包括工料单价和综合单价。

(1) 工料单价的确定。工料单价也称直接工程费单价,包括人工费、材料费、机械台班费,是各种人工消耗量、各种材料消耗量、各类机械台班消耗量与其相应单价的乘积。工料单价用下式进行计算:

$$工料单价 = \sum(人材机消耗量 \times 人材机单价) \quad (2\text{-}2)$$

(2) 综合单价的确定。综合单价不仅包括人工费、材料费、机械台班费,还包括企业管理费、利润和风险费用。综合单价根据国家、地区、行业定额或企业定额消耗量和相应生产要素的市场价格来确定。

2）工程总价的计算

经过规定的程序或使用规定的办法逐级汇总形成的工程造价,采用单价形式不同,工程总价计算程序有区别。

（1）采用工料单价。在工料单价确定后,乘以相应定额项目工程量,汇总得出相应工程直接工程费,再按照相应的取费程序计算其他各项费用,汇总后形成工程造价。

（2）采用综合单价。在综合单价确定后,乘以相应项目工程量,汇总即可得出分部分项工程费,再按相应方法计取措施项目费、其他项目费、规费和税金,各项费用汇总后得到工程造价。

2.1.3 工程造价计价的程序

工程造价的计价模式是指根据计价依据计算工程造价的程序和方法。目前我国工程造价的计价模式正从传统的工程定额计价模式转变为与国际惯例接轨的工程量清单计价模式。

1.工程定额计价的基本程序

工程定额计价的过程是:使用国家或所在地区颁布的统一计价定额和指标,按概预算定额规定的分部分项子目逐项计算工程量,套用概预算定额单价(或单位估价表)确定直接工程费,然后按规定的取费标准确定措施项目费、间接费、利润和税金,经汇总后即形成工程预概算或标底。工程定额计价的方法和基本程序如图 2-1 所示。

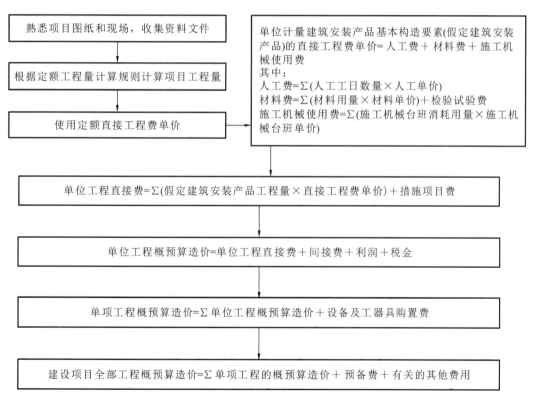

图 2-1 工程定额计价的方法和基本程序

2. 工程量清单计价的基本程序

工程量清单计价的过程为：按照工程量清单计价规范规定，在各相应专业工程计量规范规定的工程量清单项目设置和工程量计算规则的基础上，针对具体工程的施工图纸和施工组织设计计算出各个清单项目的工程量，根据规定的方法计算出综合单价，并汇总各清单合价得到工程造价。

工程量清单计价的过程可以分为两个阶段，即工程量清单的编制阶段和使用工程量清单报价阶段。工程量清单编制阶段的重点是编制和提供项目清晰和计量准确的工程量清单，同时根据国家或地区、行业主管部门颁布的统一计价依据，按照施工设计图纸计算工程的招标控制价，也就是限定的最高工程造价。使用工程量清单报价阶段的重点是在业主所提供的工程量清单的基础上，根据所获得的市场信息和工程资料，结合企业定额，计算出综合单价及措施项目费、规费和税金，编制出企业投标阶段的工程造价。其中综合单价是指完成一个规定清单项目所需的人工费、材料和工程设备费、施工机具使用费和企业管理费、利润，以及一定范围内的风险费用。风险费用是指隐含于已标价工程量清单综合单价中，用于化解发承包双方在工程合同中约定内容和范围内的市场价格波动风险的费用。工程量清单计价活动涵盖施工招标、合同管理，以及竣工交付全过程，主要包括编制招标工程量清单、招标控制价、投标报价，确定合同价，进行工程计量与价款支付、合同价款调整、工程结算和工程计价纠纷处理等。工程量清单计价的基本计算方法和程序如图 2-2 所示。

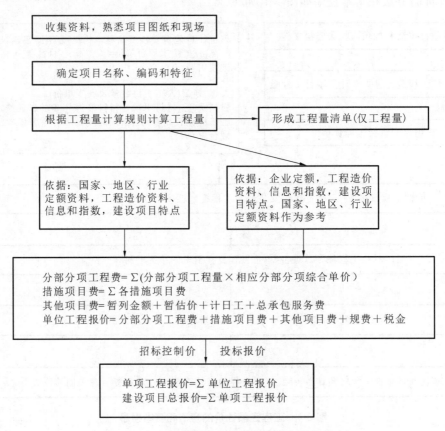

图 2-2　工程量清单计价的基本计算方法和程序

2.2 工程定额 ....

2.2.1 工程定额体系

工程定额是指完成规定计量单位合格的建筑安装产品所消耗资源的数量标准。工程定额是一个综合概念,是建设工程造价计价和管理中各类定额的总称,可以按照不同的原则和方法对它进行分类。

1. 按生产要素消耗内容分类

按生产要素消耗内容,可以把工程定额划分为劳动消耗定额、机械消耗定额和材料消耗定额三种。

(1) 劳动消耗定额。劳动消耗定额简称劳动定额(也称为人工定额),是指在正常的施工技术和组织条件下,完成规定计量单位合格的建筑安装产品所消耗的人工工日的数量标准。劳动消耗定额的主要表现形式是时间定额,同时也表现为产量定额。时间定额与产量定额互为倒数。

(2) 材料消耗定额。材料消耗定额简称材料定额,是指在正常的施工技术和组织条件下,完成规定计量单位合格的建筑安装产品所消耗的原材料、成品、半成品、构配件、燃料,以及水、电等动力资源的数量标准。

(3) 机械消耗定额。机械消耗定额以一台机械一个工作班为计量单位,所以又称为机械台班定额。机械消耗定额是指在正常的施工技术和组织条件下,完成规定计量单位合格的建筑安装产品所消耗的施工机械台班的数量标准。机械消耗定额的主要表现形式是时间定额,同时也以产量定额表现。

2. 按编制程序和用途分类

按编制程序和用途,可以把工程定额分为施工定额、预算定额、概算定额、概算指标、投资估算指标五种。

(1) 施工定额。施工定额是指完成一定计量单位的某一施工过程或基本工序所需消耗的人工、材料和机械台班的数量标准。施工定额是施工企业(建筑安装企业)为组织生产和加强管理在企业内部使用的一种定额,具有企业定额的性质。施工定额是以某一施工过程或基本工序作为研究对象,为了表示生产产品数量与生产要素消耗综合关系而编制的定额。为了适应组织生产和管理的需要,施工定额的项目划分很细,施工定额是工程定额中分项最细、定额子目最多的一种定额,也是工程定额中的基础性定额。在工程量清单计价模式下,一般企业需要编制高于社会一般水平的企业定额,以满足市场竞争要求。

(2) 预算定额。预算定额是指在正常的施工条件下,完成一定计量单位合格的分项工程和结构构件所需消耗的人工、材料、机械台班的数量及相应费用标准。预算定额是一种计价定额。从编制程序上看,预算定额是以施工定额为基础综合扩大编制的,同时它也是编制概算定额的基础。

(3) 概算定额。概算定额是指完成单位合格的扩大的分项工程或扩大的结构构件所需消耗的人工、材料和机械台班的数量及相应费用标准,是一种计价定额。概算定额是编制扩大初步设计概算、确定建设项目投资额的依据。概算定额项目划分的粗细与扩大初步设计的深度相适应,

一般是在预算定额的基础上综合扩大而成的,每一综合分项概算定额都包含数项预算定额。

(4)概算指标。概算指标是指以单位工程为对象,反映完成一个规定计量单位的建筑安装产品的经济消耗指标。概算指标是概算定额的扩大与合并,是以更为扩大的计量单位来编制的。概算指标包括人工定额、机械台班定额、材料定额三个基本部分,同时还列出了各结构分部的工程量及单位建筑工程(以体积计或面积计)的造价,是一种计价定额。

(5)投资估算指标。投资估算指标具有较强的综合性、概括性,往往以独立的单项工程或完整的工程项目为计算对象,是编制项目建议书和可行性研究阶段的投资估算使用的一种扩大的技术经济指标,它的编制基础为之前的预算定额、概算定额。投资估算指标可分为建设项目综合指标、单项工程指标和单位工程指标三个层次。

按编制程序和用途分类各种工程定额间的比较如表 2-1 所示。

表 2-1　按编制程序和用途分类各种工程定额间的比较

名称	施工定额	预算定额	概算定额	概算指标	投资估算指标
对象	施工过程或基本工序	分项工程和结构构件	扩大的分项工程和扩大的结构构件	单位工程	建设项目 单项工程 单位工程
用途	编制施工预算	编制施工图预算	编制扩大初步设计概算	编制初步设计概算	编制投资估算
项目划分	最细	细	较粗	粗	很粗
定额水平	平均先进	平均			
定额性质	生产定额	计价定额			

3. 按专业对象分类

由于工程建设涉及众多的专业,而不同的专业所含的内容不同,因此对于确定人工、材料和机械台班消耗数量标准的工程定额,也需按不同的专业分别进行编制和执行。

(1)建筑工程定额。建筑工程定额按专业对象分为建筑及装饰工程定额、房屋修缮工程定额、市政工程定额、铁路工程定额、公路工程定额、矿山井巷工程定额。

(2)安装工程定额。安装工程定额按专业对象分为电气设备安装工程定额、机械设备安装工程定额、热力设备安装工程定额、通信设备安装工程定额、化学工业设备安装工程定额、工业管道安装工程定额、工艺金属结构安装工程定额等。

4. 按主编单位和管理权限分类

按主编单位和管理权限,可以把工程定额分为全国统一定额、行业统一定额、地区统一定额、企业定额、补充定额五种。

(1)全国统一定额。全国统一定额是指由国家建设行政主管部门综合全国工程建设中技术和施工组织管理的情况编制,并在全国范围内适用的定额。

(2)行业统一定额。行业统一定额是指考虑到各行业部门专业工程技术特点,以及施工生产和管理水平编制的定额。它一般是只在本行业和具有相同专业性质的范围内使用。

(3)地区统一定额。地区统一定额包括省、自治区、直辖市定额。地区统一定额主要是考虑地区性特点,对全国统一定额水平做适当调整和补充而编制的。

(4)企业定额。企业定额是指施工单位根据本企业的施工技术、机械装备和管理水平编制的人工、机械台班和材料等的消耗标准。企业定额在企业内部使用,是企业综合素质的一个标志。企业定额水平应高于国家现行定额，只有这样才能满足生产技术发展、企业管理和市场竞争的需要。

（5）补充定额。补充定额是指随着设计、施工技术的发展，在现行定额不能满足需要的情况下，为了补充缺陷所编制的定额。补充定额只能在指定的范围内使用，可以作为以后修订定额的基础。

虽然上述各种工程定额适用于不同的情况、具有不同的用途，但是它们构成一个互相联系的、有机的整体，在实际工作中配合使用。

2.2.2　定额消耗量的确定

1.确定人工定额消耗量的基本方法

时间定额和产量定额是人工定额的两种表现形式。拟定出时间定额，也就可以计算出产量定额。在全面分析各种影响因素的基础上，通过计时观察资料，可以获得定额的各种必须消耗时间，将这些时间进行归纳，经过换算，或根据不同的工时规范附加，最后把各种定额时间加以综合和类比，就得到整个工作过程人工消耗的时间定额。

《建设工程定额管理办法》

1）确定工序作业时间

根据对计时观察资料的分析和选择，可以获得各种产品的基本工作时间和辅助工作时间，将这两种时间合并，得到工序作业时间。工序作业时间是产品主要的必须消耗的工作时间，是各种因素的集中反映，决定着整个产品的定额时间。

基本工作时间在必须消耗的工作时间中所占的比重最大。在确定基本工作时间时，必须细致、精确。基本工作时间一般应根据计时观察资料来确定。具体的做法是，首先确定工作过程每一组成部分的工时消耗，然后综合出工作过程的工时消耗。

辅助工作时间的确定方法与基本工作时间相同。如果在计时观察时不能取得足够的资料，则可采用工时规范或根据经验数据来确定辅助工作时间。如果具有现行的工时规范，可以直接利用工时规范中规定的辅助工作时间的百分比来计算辅助工作时间。

2）确定规范时间

规范时间包括除工序作业时间以外的准备与结束工作时间、不可避免的中断时间以及拟定休息时间。

（1）确定准备与结束工作时间。准备与结束工作时间分为工作日和任务两种。任务的准备与结束工作时间通常不能集中在某一个工作日中，而要采取分摊计算的方法，将其分摊在单位产品的时间定额里。如果在计时观察资料中不能取得足够的准备与结束工作时间的资料，也可根据工时规范或经验数据来确定准备与结束工作时间。

（2）确定不可避免的中断时间。在确定不可避免的中断时间的定额时必须注意，由工艺特点所引起的不可避免中断才可列入工作过程的时间定额。不可避免的中断时间可以根据计时观察资料通过整理和分析获得；也可以根据工时规范或经验数据，以占工作日（1工作日＝8小时）的百分比表示此项工时消耗的时间定额。

（3）确定拟定休息时间。拟定休息时间应根据工作班作息制度、经验资料、计时观察资料，以及对工作的疲劳程度做全面分析来确定。同时，应考虑尽可能利用不可避免的中断时间作为拟定休息时间。

3）拟定时间定额

确定的基本工作时间、辅助工作时间、准备与结束工作时间、不可避免的中断时间与拟定休

息时间之和,就是人工定额的时间定额。根据时间定额可计算出产量定额,时间定额和产量定额互成倒数。利用工时规范,可以计算人工定额的时间定额,计算公式如下:

$$工序作业时间=基本工作时间+辅助工作时间 \qquad (2-3)$$

$$规范时间=准备与结束工作时间+不可避免的中断时间+拟定休息时间 \qquad (2-4)$$

$$工序作业时间=基本工作时间+辅助工作时间=\frac{基本工作时间}{(1-辅助工作时间占工序作业时间的百分比)} \qquad (2-5)$$

$$时间定额=\frac{工序作业时间}{(1-规范时间占工作日或任务的百分比)} \qquad (2-6)$$

【课堂练习】

由计时观察资料得知:人工挖二类土 1 m³ 的基本工作时间为 6 h,辅助工作时间占工序作业时间的 2%,准备与结束工作时间、不可避免的中断时间、拟定休息时间分别占工作日的 3%、2%、18%,则该人工挖二类土的时间定额是多少?

【解】

$$基本工作时间=6\ h=0.75\ 工日$$

$$工序作业时间=\frac{0.75}{1-2\%}\ 工日=0.765\ 工日$$

$$时间定额=\frac{0.765}{1-3\%-2\%-18\%}\ 工日/m^3=0.994\ 工日/m^3$$

2. 确定材料定额消耗量的基本方法

确定实体材料的净用量定额和损耗定额的计算数据,是通过现场技术测定法、实验室试验法、现场统计法和理论计算法等方法获得的。

1)现场技术测定法

现场技术测定法又称为观测法,是指根据对材料消耗过程的测定与观察,通过完成产品数量和材料消耗量的计算,来确定各种材料定额的一种方法。现场技术测定法主要用于确定材料损耗量,因为该部分数值用现场统计法或其他方法较难得到。通过现场观察,还可以区别出哪些是可以避免的损耗,哪些是属于难以避免的损耗。材料定额中不应列入可以避免的损耗。

2)实验室试验法

实验室试验法主要用于编制材料净用量定额。通过试验,能够对材料的结构、化学成分和物理性能以及按强度等级控制的混凝土、砂浆、沥青、油漆等配比做出科学的结论,为编制材料定额提供有技术根据的、比较精确的计算数据。实验室试验法的缺点在于无法估计到施工现场某些因素对材料消耗量的影响。

3)现场统计法

现场统计法以施工现场积累的分部分项工程使用材料数量、完成产品数量、完成工作原材料的剩余数量等统计资料为基础,经过整理与分析,获得材料消耗的数据。由于采用这种方法不能分清材料消耗的性质,因而它不能用于确定材料净用量定额和材料损耗定额,只能作为编制定额的辅助方法使用。

上述三种方法的选择必须符合国家有关标准规范,即材料的产品标准,计量要使用标准容器和称量设备,质量要符合施工验收规范要求,以保证获得可靠的定额编制依据。

4）理论计算法

理论计算法运用一定的数学公式计算材料消耗定额。

材料的损耗一般以材料损耗率表示。材料损耗率可以通过观察法或统计法确定。材料损耗率及材料消耗量的计算通常采用以下公式：

$$材料损耗率=\frac{材料损耗量}{材料净用量}\times100\%\tag{2-7}$$

$$材料消耗量=材料净用量+材料损耗量=材料净用量\times(1+材料损耗率)\tag{2-8}$$

【课堂练习】

1.标准砖用量的计算。

对于每立方米砖墙的砖净用量 A 和砌筑砂浆的净用量 B，可分别用下列理论计算公式计算：

砖净用量 A：

$$A=\frac{k}{墙厚\times(砖长+灰缝)\times(砖厚+灰缝)}\tag{2-9}$$

式中：k——等于墙厚的砖数乘以2。

砌筑砂浆的净用量 B：

$$B=1-砖数\times1砖块体积\tag{2-10}$$

试计算 1 m³ 标准砖-砖外墙砌体的砖净用量和砌筑砂浆的净用量。

【解】

$$砖净用量=\frac{1\times2}{0.24\times(0.24+0.01)\times(0.053+0.01)}块=529 块$$

$$砌筑砂浆净用量=1-529\times(0.24\times0.115\times0.053) m^3=0.226 m^3$$

2.块料面层的材料用量计算。

每 100 m² 面层块料净用量、灰缝材料净用量及结合层材料净用量的计算公式如下：

$$100 m^2 面层块料净用量=\frac{100}{(块料长+灰缝宽)\times(块料宽+灰缝宽)}\tag{2-11}$$

$$100 m^2 面层灰缝材料净用量=[100-(块料长\times块料宽\times100 m^2 块料用量)]\times灰缝深\tag{2-12}$$

$$100 m^2 面层结合层材料净用量=100 m^2\times结合层厚度\tag{2-13}$$

用 1∶1 水泥砂浆贴 150 mm×150 mm×5 mm 瓷砖墙面，结合层厚度为 10 mm，试计算每 100 m² 瓷砖墙面中瓷砖和水泥砂浆的消耗量（灰缝宽为 2 mm）。假设瓷砖损耗率为 1.5%，砂浆损耗率为 1%。

【解】

$$每 100 m^2 瓷砖墙面中瓷砖的净用量=\frac{100}{(0.15+0.002)\times(0.15+0.002)}块=4 328.25 块$$

$$每 100 m^2 瓷砖墙面中瓷砖的总消耗量=4 328.25\times(1+1.5\%) 块=4 393.17 块$$

$$每 100 m^2 瓷砖墙面中结合层水泥砂浆净用量=100\times0.01 m^3=1 m^3$$

$$每 100 m^2 瓷砖墙面中灰缝水泥砂浆净用量=[100-(4 328.25\times0.15\times0.15)]\times0.005 m^3$$
$$=0.013 m^3$$

$$每 100 m^2 瓷砖墙面中水泥砂浆总消耗量=(1+0.013)\times(1+1\%)m^3=1.02 m^3$$

3. 确定机械台班定额消耗量的基本方法

1) 确定机械 1 h 纯工作正常生产率

机械纯工作时间是指机械的必须消耗时间。机械 1 h 纯工作正常生产率是指在正常施工组织条件下,具有必需的知识和技能的技术工人操纵机械 1 h 的生产率。

2) 确定机械的正常利用系数

机械的正常利用系数是指机械在工作班内对工作时间的利用率。机械的正常利用系数与机械在工作班内的工作状况有着密切的关系。要确定机械工作班的正常工作状况,以保证合理利用工时。

$$机械的正常利用系数 = \frac{机械在一个工作班内的纯工作时间}{一个工作班延续时间(8 \text{ h})} \tag{2-14}$$

3) 计算机械台班定额

在确定了机械的工作正常条件、机械的纯工作正常生产率和机械的正常利用系数之后,采用下列公式计算机械的产量定额和时间定额:

$$机械台班产量定额 = 机械 1 \text{ h} 纯工作正常生产率 \times 机械在 1 个工作班内的纯工作时间 \tag{2-15}$$

$$机械台班产量定额 = 机械 1 \text{ h} 纯工作正常生产率 \times 1 个工作班延续时间 \times 机械的正常利用系数 \tag{2-16}$$

$$机械台班时间定额 = \frac{1}{机械台班产量定额} \tag{2-17}$$

【课堂练习】

某工程现场采用出料容量为 500 L 的混凝土搅拌机,在每一次循环中,装料、搅拌、卸料、中断需要的时间分别为 1 min、3 min、1 min、1 min,机械的正常利用系数为 0.9,求该机械台班产量定额。

【解】 该搅拌机一次循环的正常延续时间 = 1 min + 3 min + 1 min + 1 min = 6 min = 0.1 h

该搅拌机 1 h 纯工作循环次数 = 10 次

该搅拌机 1 h 纯工作正常生产率 = 10 × 500 L = 5 000 L = 5 m³

该搅拌机台班产量定额 = 5 × 8 × 0.9 m³/台班 = 36 m³/台班

2.2.3 人工、材料及机械台班单价的确定

1. 人工日工资单价的组成和确定

人工日工资单价是指施工企业中平均技术熟练程度的生产工人在每工作日(国家法定工作时间内)按规定从事施工作业应得的日工资总额,由计时工资或计件工资、奖金、津贴补贴以及特殊情况下支付的工资组成。合理确定人工日工资单价是正确计算人工费和工程造价的前提和基础。

施工企业在投标报价时自主确定人工费,同时各地的工程造价管理机构也需要确定人工日工资单价以作为政策性指导。工程造价管理机构通过市场调查,根据工程项目的技术要求,参考实物工程量人工单价综合分析确定人工日工资单价,发布的最低人工日工资单价不得低于按项目所在地人力资源和社会保障部门所发布的最低工资标准(普工 1.3 倍,一般技工 2 倍,高级技

工 3 倍)确定的人工日工资单价。

影响人工日工资单价的因素有社会平均工资水平、生活消费指数、人工日工资单价的组成内容、劳动力市场供需变化、政府推行的社会保障和福利政策。例如,《住房城乡建设部 财政部关于印发〈建筑安装工程费用项目组成〉的通知》(建标〔2013〕44 号)将职工福利费和劳动保护费从人工日工资单价中删除,以及各地社保缴费基数调整等,都会影响人工日工资单价的确定。

2.材料单价的组成和确定方法

在建筑工程造价中,工程的材料费一般占到总工程造价的 60%～70%甚至更多,是直接工程费的重要组成部分。工程的材料费不仅包括主材和辅材费用,而且包括构件、成品和半成品费用及工程设备费用。合理确定材料价格的构成,正确计算材料单价,是合理确定和有效控制工程造价的有效途径。

$$材料费 = \sum (材料消耗量 \times 材料单价) \tag{2-18}$$

材料单价是指材料从其来源地(交货地点、供应者仓库提货地点)到达施工工地仓库后出库的综合平均价格。

按适用范围划分,材料单价有区域材料单价和具体项目工程使用的材料单价两种。材料单价是由材料原价(或供应价格)、材料运杂费、材料运输损耗费、采购及保管费合计而成的。

材料单价＝[(材料原价＋材料运杂费)×(1＋材料运输损耗费费率)]×[1＋采购及保管费费率]

$$\tag{2-19}$$

工程设备是指构成或计划构成永久工程一部分的机电设备、金属结构设备、仪器装置及其类似的设备和装置。工程设备单价应是达到施工现场指定地点的落地价格,计算公式如下:

工程设备单价＝(设备原价＋设备运杂费)×(1＋采购及保管费费率) （2-20）

(1) 材料原价(或供应价格)。材料原价又称为供应价格,具体是指国内采购材料的出厂价格或者国外采购材料抵达买方边境港口或边境车站并缴纳完各种手续费、税费后形成的价格。在确定材料原价时,凡同一种材料因来源地、交货地、供货单位、生产厂家不同,而有几种价格(原价)时,根据不同来源地供货数量比例,采取加权平均的方法确定其综合原价,计算公式如下:

$$加权平均原价 = \frac{K_1 C_1 + K_2 C_2 + K_3 C_3 + \cdots + K_n C_n}{K_1 + K_2 + K_3 + \cdots + K_n} \tag{2-21}$$

式中:$K_1, K_2, \cdots, K_n$——各供应地点的供应量或各使用地点的需要量;

$C_1, C_2, \cdots, C_n$——各供应地点的原价。

(2) 材料运杂费。材料运杂费是指国内采购材料从来源地、国外采购材料从到岸港运至工地仓库或指定堆放地点发生的费用。材料运杂费含外埠中转运输过程中所发生的一切费用和过境过桥费用,包括调车和驳船费、装卸费、运输费及附加工作费等。同一品种的材料有若干个来源地,应采用加权平均的方法计算材料运杂费。计算公式如下:

$$加权平均运杂费 = \frac{K_1 T_1 + K_2 T_2 + K_3 T_3 + \cdots + K_n T_n}{K_1 + K_2 + K_3 + \cdots + K_n} \tag{2-22}$$

式中:$K_1, K_2, \cdots, K_n$——各不同供应地点的供应量或各不同使用地点的需求量;

$T_1, T_2, \cdots, T_n$——各不同运距的运费。

(3) 材料运输损耗费。在材料的运输中应考虑一定的场外运输损耗费用,这是材料在运输装卸过程中不可避免的。材料运输损耗费的计算公式如下:

材料运输损耗费＝(材料原价＋材料运杂费)×相应材料损耗率 （2-23）

(4) 采购及保管费。采购及保管费是指在组织材料采购、检验、供应和保管的过程中发生的

费用,包括采购费、仓储费、工地保管费和仓储损耗费。采购及保管费计算公式如下:

$$采购及保管费=材料运到工地仓库价格×采购及保管费费率 \quad (2-24)$$

或

$$采购及保管费=(材料原价+材料运杂费+材料运输损耗费)×采购及保管费费率 \quad (2-25)$$

【课堂练习】

某工地商品混凝土从 A、B 两地采购,A 地采购量及材料单价分别为 400 m³、350 元/m³,B 地采购量及有关费用信息如表 2-2 所示,则该工地商品混凝土的材料单价应为多少?

表 2-2　第 2 章课堂练习表(一)

采购量/m³	材料原价/(元/m³)	材料运杂费/(元/m³)	材料运输损耗率/(%)	采购及保管费费率/(%)
600	300	20	1	4

【解】

B 地采购混凝土单价$=(300+20)×(1+1\%)×(1+4\%)$ 元/m³$=336.128$ 元/m³

该工地商品混凝土的材料单价$=\dfrac{400×350+600×336.128}{400+600}$ 元/m³$=341.68$ 元/m³

3. 施工机械台班单价的组成和确定

施工机械使用费是根据施工中耗用的机械台班数量和机械台班单价确定的。根据《全国统一施工机械台班费用编制规则》的规定,施工机械台班单价由七项费用——折旧费、大修理费、经常修理费、安拆费及场外运费、人工费、燃料动力费、其他费用组成。

施工机械台班消耗量按有关定额规定计算;施工机械台班单价是指一台施工机械在正常运转条件下一个工作班中所发生的全部费用;每台班按 8 小时工作制计算。

1) 折旧费

折旧费是指在施工机械规定使用期限内,陆续收回其原值的费用。它的计算公式为

$$施工机械台班折旧费=\frac{施工机械预算价格×(1-残值率)×时间价值系数}{耐用总台班} \quad (2-26)$$

2) 大修理费

大修理费是指施工机械按规定的大修理间隔台班进行必要的大修理,以恢复其正常功能所需的费用。施工机械台班大修理费是施工机械使用期限内全部大修理费之和在施工机械台班费用中的分摊额,取决于一次大修理费用、大修理次数和耐用总台班的数量。施工机械台班大修理费的计算公式为

$$施工机械台班大修理费=\frac{一次大修理费×寿命期内大修理次数}{耐用总台班} \quad (2-27)$$

$$施工机械大修理次数=\frac{耐用总台班}{大修理间隔台班}-1=大修理周期-1 \quad (2-28)$$

3) 经常修理费

经常修理费是指施工机械进行除大修理以外的各级保养和临时故障排除所需的费用。它包括为保障施工机械正常运转所需替换设备与随机配备工具附具的摊销和维护费用、施工机械运转及日常保养所需润滑与擦拭的材料费及施工机械停滞期间的维护和保养费用等。各项费用分

48

摊到施工机械台班中,即为施工机械台班经常修理费。施工机械台班经常修理费的计算公式为

$$施工机械台班经常修理费=施工机械台班大修理费\times K \tag{2-29}$$

式中:K——施工机械台班经常修理费系数。

4) 安拆费及场外运费

安拆费是指施工机械(大型机械除外)在现场进行安装与拆卸所需的人工、材料、机械和试运转费用,以及机械辅助设施的折旧、搭设、拆除等费用。场外运费是指施工机械整体或分体从停放地点运至施工现场或从一个施工地点运至另一个施工地点的运输、装卸、辅助材料及架线等费用。

安拆费及场外运费根据施工机械不同分为计入施工机械台班单价、单独计算和不计算三种类型。对于工地间移动较为频繁的小型机械及部分中型机械,其安拆费及场外运费应计入施工机械台班单价,运输距离均应按 25 km 计算。施工机械台班安拆费及场外运费应按下列公式计算:

$$施工机械台班安拆费及场外运费=\frac{1次安拆费及场外运费\times年平均安拆次数}{年工作台班} \tag{2-30}$$

此外,对于移动有一定难度的特、大型机械(包括少数中型机械),其安拆费及场外运费应单独计算;对于不需要安装、拆卸且自身又能开行的机械和固定在车间不需要安装、拆卸、运输的机械,其安拆费及场外运费不计算。

5) 人工费

人工费是指机上司机和其他操作人员的工作日人工费及上述人员在施工机械规定的年工作台班以外的人工费。

6) 燃料动力费

燃料动力费是指施工机械在运转作业中所消耗的固体燃料、液体燃料及水、电等的费用。

7) 其他费用

其他费用是指施工机械按照国家和有关部门规定应缴纳的养路费、车船使用税、保险费及年检费用等。

施工企业可以参考工程造价管理机构发布的施工机械台班单价,根据工程项目实际情况自主确定施工机械使用费的报价,对租赁的施工机械的报价参考其租赁价格。

【课堂练习】

某施工机械原值为 250 000 元,耐用总台班为 2 500 台班,一次大修理费为 3 000 元,大修理周期为 4 年,台班经常修理费系数为 30%,施工机械需配机上司机、机上操作人员各 1 名,若年度工作日为 250 天,年工作台班为 200 台班,人工日工资单价均为 100 元/工日,每台班发生的燃料动力费和其他费用合计为 50 元/台班,忽略残值和资金时间价值,试计算该施工机械的台班单价。

【解】

$$施工机械台班折旧费=\frac{250\,000}{2\,500}\ 元/台班 = 100\ 元/台班$$

$$施工机械台班大修理费=\frac{5\,000\times(4-1)}{2\,500}\ 元/台班 = 6\ 元/台班$$

$$施工机械台班经常修理费=6\ 元/台班\times30\%=1.8\ 元/台班$$

$$施工机械台班人工费=2\times\frac{250\times100}{200}\ 元/台班=250\ 元/台班$$

施工机械台班单价＝100 元/台班＋6 元/台班＋1.8 元/台班＋250 元/台班＋50 元/台班
＝407.8 元/台班

2.2.4　工程计价定额的编制

工程计价定额是指工程定额中直接用于工程计价的定额或指标，包括预算定额、概算定额和概算指标等。工程计价定额主要用来在建设项目的不同阶段作为确定和计算工程造价的依据。

1. 预算定额

预算定额是指在正常的施工条件下，完成一定计量单位合格的分项工程和结构构件所需消耗的人工、材料、机械台班的数量及相应费用标准。

1) 预算定额的编制原则

(1) 按社会平均水平确定预算定额的原则。预算定额是确定和控制建筑安装工程造价的主要依据，必须按生产过程中所消耗的社会必要劳动时间确定定额水平。预算定额的平均水平，是指在正常的施工条件——合理的施工组织和工艺条件、平均劳动熟练程度和劳动强度下，完成单位工程基本构造要素所需要的劳动时间。

(2) 简明适用的原则。首先，在编制预算定额时，对于主要的、常用的、价值量大的项目，分项工程划分宜细；对于次要的、不常用的、价值量相对较小的项目，分项工程划分可以粗一些。其次，在编制预算定额时，项目要齐全，要注意补充那些因采用新技术、新结构、新材料而出现的新的定额项目。项目不全、缺项多，会使计价工作缺少充足的、可靠的依据。最后，在编制预算定额时，要合理确定预算定额的计算单位，简化工程量的计算，尽可能避免对同一种材料用不同的计量单位和一量多用，尽量减少定额附注和换算系数。

2) 预算定额的编制依据

(1) 现行劳动定额和施工定额。预算定额是在现行劳动定额和施工定额的基础上编制的，预算定额中的人工、材料、机械台班消耗水平需要根据劳动定额和施工定额取定。

(2) 现行设计规范、施工及验收规范，质量评定标准和安全操作规程。

(3) 具有代表性的典型工程施工图及有关标准图。对这些图纸进行仔细分析研究，计算出工程数量，作为编制定额时选择施工方法确定定额含量的依据。

(4) 新技术、新结构、新材料和先进的施工方法等。这类资料是调整定额水平和增加新的定额项目所必需的依据。

(5) 有关科学实验、技术测定、统计和经验资料。这类资料是确定定额水平的重要依据。

(6) 现行的预算定额、材料预算价格及有关文件规定等。过去定额编制过程中积累的基础资料，也是编制预算定额的依据和参考资料。

3) 预算定额消耗量的编制

确定预算定额人工、材料、机械台班消耗指标时，必须先按施工定额的分项逐项计算出消耗指标，然后按预算定额的项目加以综合，在综合过程中增加两种定额之间的适当的水平差。

(1) 预算定额中人工工日消耗量的计算。预算定额中的人工工日消耗量是指在正常施工条件下，生产单位合格产品所必须消耗的人工工日数量。它是由分项工程所综合的各个工序劳动定额所包括的基本用工、其他用工两个部分组成的。

① 基本用工。基本用工是指完成一定计量单位的分项工程或结构构件的各项工作过程中的施工任务所必须消耗的技术工种用工。它按技术工种相应劳动定额工时定额计算，以不同工

种列出定额工日。

② 其他用工。其他用工是指辅助基本用工消耗的工日,包括超运距用工、辅助用工和人工幅度差用工。

a. 超运距用工。超运距是指劳动定额中已包括的材料、半成品场内水平运输距离与预算定额所考虑的现场材料、半成品从堆放地点到操作地点的水平运输距离之差。实际工程现场运距超过预算定额取定运距时,可另行计算现场二次运输费。超运距用工的计算公式如下:

$$超运距用工 = \sum (超运距材料数量 \times 时间定额) \tag{2-31}$$

b. 辅助用工。辅助用工是指技术工种劳动定额内不包括而在预算定额内又必须考虑的用工,如机械土方工程配合用工、材料加工(筛砂、洗石、淋化石膏)、电焊点火用工等。它的计算公式如下:

$$辅助用工 = \sum (材料加工数量 \times 相应的加工劳动定额) \tag{2-32}$$

c. 人工幅度差用工。人工幅度差即预算定额与劳动定额的差额,主要是指在劳动定额中未包括而在正常施工情况下不可避免但又很难准确计量的用工和各种工时损失。人工幅度差用工系数一般为 10%~15%。人工幅度差用工包括的内容如下。

(a) 各工种间的工序搭接及交叉作业相互配合或影响所发生的停歇用工。

(b) 施工机械在单位工程之间转移及临时水电线路移动所造成的停工。

(c) 质量检查和隐蔽工程验收工作的影响用工。

(d) 班组操作地点转移用工。

(e) 工序交接时对前一工序不可避免的修整用工。

(f) 施工中不可避免的其他零星用工。

人工幅度差用工计算公式如下:

$$人工幅度差用工 = (基本用工 + 辅助用工 + 超运距用工) \times 人工幅度差用工系数 \tag{2-33}$$

【课堂练习】

在正常施工条件下,完成 10 m³ 混凝土梁浇捣需 4 个基本用工、0.5 个辅助用工、0.3 个超运距用工,若人工幅度差用工系数为 10%,则该混凝土浇捣预算定额人工消耗量为多少?

【解】 人工幅度差用工 = (基本用工 + 辅助用工 + 超运距用工) × 人工幅度差用工系数

$$= (4 + 0.5 + 0.3) 工日/10 m³ \times 10\% = 0.48 工日/10 m³$$

预算定额人工消耗量 = 基本用工 + (超运距用工 + 辅助用工 + 人工幅度差用工)

$$= 4 工日/10 m³ + (0.5 + 0.3 + 0.48) 工日/10 m³ = 5.28 工日/10 m³$$

(2) 预算定额中材料消耗量的计算。材料消耗量的计算方法主要有以下几种。

① 对于标准规格的材料,如砖、防水卷材、块料面层等,按规范要求计算定额计量单位耗用量。

② 凡设计图纸标注尺寸及下料要求的,如门窗制作用材料、方、板料等,按设计图纸尺寸计算材料净用量。

③ 换算法。各种胶结材料、涂料等的配合比用料,可以根据要求条件换算,得出材料用量。

④ 测定法。测定法包括实验室试验法和现场测定法。实验室试验法是指对于各种强度等级的混凝土及砌筑砂浆配合比的耗用原材料数量的计算,按照规范要求试配,经过试压合格以后并经过必要的调整后得出水泥、砂子、石子、水的用量。新材料、新结构不能用其他方法计算定额

消耗用量时,用现场测定法来确定,根据不同条件可以采用写实记录法和观察法,得出定额的消耗量。

$$材料消耗量=材料净用量+材料损耗量 \tag{2-34}$$

或

$$材料消耗量=材料净用量×(1+材料损耗率) \tag{2-35}$$

材料损耗量是指在正常条件下不可避免的材料损耗,如现场内材料运输及施工操作过程中的损耗等。

$$材料损耗率=\frac{材料损耗量}{材料净用量}×100\% \tag{2-36}$$

$$材料损耗量=材料净用量×材料损耗率 \tag{2-37}$$

(3) 预算定额中机械台班消耗量的计算。预算定额中的机械台班消耗量是指在正常施工条件下,生产单位合格产品工程或结构构件所必须消耗的某种型号施工机械的台班数量。一般根据施工定额进行机械台班消耗量的计算,这种方法用施工定额中的机械台班产量加机械台班幅度差计算预算定额中的机械台班消耗量。如果遇到施工定额缺项者,则需以现场测定资料为基础确定预算定额中的机械台班消耗量。

机械台班幅度差是指在施工定额中所规定的范围内没有包括,而在实际施工中又不可避免产生的影响机械或使机械停歇的时间。它内容包括以下几个方面。

① 施工机械转移工作面及配套机械相互影响损失的时间。

② 在正常施工条件下,机械在施工中不可避免的工序间歇。

③ 工程开工或收尾时工作量不饱满所损失的时间。

④ 检查工程质量影响机械操作的时间。

⑤ 临时停机、停电影响机械操作的时间。

⑥ 机械维修引起的停歇时间。

大型机械台班幅度差系数为:土方机械,25%;打桩机械,33%;吊装机械,30%;其他分部工程中的各项专用机械,10%。

综上所述,预算定额中的机械台班消耗量按下式计算:

预算定额中的机械台班消耗量=施工定额中的机械台班消耗量×(1+机械台班幅度差系数)

$$\tag{2-38}$$

【课堂练习】

已知某挖土机挖土,一次正常循环工作时间是 40 s,每次循环平均挖土量 0.3 m³,机械的正常利用系数为 0.8,机械台班幅度差系数为 25%,求该机械挖土方 1 000 m³ 时预算定额中的机械台班消耗量。

【解】
$$机械 1 h 纯工作循环次数=\frac{3\ 600}{40} 次=90 次$$

$$施工机械 1 h 纯工作正常生产率=90×0.3 \ m³=27 \ m³$$

$$施工机械台班产量定额=27×8×0.8 \ m³/台班=172.8 \ m³/台班$$

$$机械台班时间定额=\frac{1}{172.8} 台班/m³=0.005\ 79 \ 台班/m³$$

$$预算定额中的机械台班消耗量=0.005\ 79 \ 台班/m³×(1+25\%)=0.007\ 23 \ 台班/m³$$

$$挖土方 1\ 000 \ m³ 时预算定额中的机械台班消耗量=1\ 000 \ m³×0.007\ 23 \ 台班/m³=7.23 \ 台班$$

（4）预算定额基价的编制。预算定额基价就是预算定额分项工程或结构构件的单价,包括人工费、材料费和施工机械使用费,也称工料单价或直接工程费单价。预算定额基价一般通过编制单位估价表、地区单位估价表及设备安装项目表确定单价,用于编制施工图预算。在预算定额中列出的"预算价值"或"基价",应视作该定额编制时的工程单价。

预算定额基价的编制过程,简单说就是工、料、机的消耗量和工、料、机单价的结合过程。其中,人工费通过预算定额中每一分项工程人工工日消耗量,乘以地区人工日工资单价算出;材料费通过预算定额中每一分项工程的各种材料消耗量,乘以地区相应材料单价之和算出;施工机械使用费通过预算定额中每一分项工程的各种施工机械台班消耗量,乘以地区相应施工机械台班单价之和算出。分项工程预算定额基价的计算公式为

$$分项工程预算定额基价 = 人工费 + 材料费 + 施工机械使用费 \qquad (2\text{-}39)$$

$$人工费 = \sum(现行预算定额中人工工日消耗量 \times 人工日工资单价) \qquad (2\text{-}40)$$

$$材料费 = \sum(现行预算定额中各种材料消耗量 \times 相应材料单价) \qquad (2\text{-}41)$$

$$施工机械使用费 = \sum(现行预算定额中施工机械台班消耗量 \times 施工机械台班单价) \qquad (2\text{-}42)$$

2. 概算定额

概算定额是指在预算定额的基础上,确定完成单位合格的扩大分项工程或扩大结构构件所需消耗的人工、材料和施工机械台班的数量及相应费用标准。概算定额又称扩大结构定额。

概算定额是预算定额的扩大与合并。它将预算定额中有联系的若干个分项工程项目综合为一个概算定额项目。例如砖基础概算定额项目,它以砖基础为主,综合了平整场地、挖地槽、铺设垫层、砌砖基础、铺设防潮层、回填土及运土等预算定额中分项工程项目。概算定额与预算定额都是以建(构)筑物各个结构部分和分部分项工程为单位表示的。概算定额也包括人工消耗量、材料消耗量和机械台班消耗量三个基本部分,并列有基准价。概算定额主要用于设计概算的编制,由于概算定额综合了若干分项工程的预算定额,因此概算工程量计算和概算表的编制比施工图预算编制简化了一些。

概算定额的主要作用如下。

（1）是初步设计阶段编制概算、扩大初步设计阶段编制修正概算的主要依据。

（2）是对设计项目进行技术经济分析比较的基础资料之一。

（3）是建设项目主要材料计划编制的依据。

（4）是控制施工图预算的依据。

（5）是施工企业在准备施工期间编制施工组织总设计或总规划时,对生产要素提出需要量计划的依据。

（6）是工程结束后进行竣工决算和评价的依据。

（7）是编制概算指标的依据。

概算定额编制应该贯彻按社会平均水平确定概算定额的原则和简明适用的原则。由于概算定额同预算定额一样是工程计价的依据,所以它应符合价值规律和反映现阶段大多数企业的设计、生产和施工管理水平。概算定额的内容和深度是以预算定额为基础的扩大与合并。在合并中不得遗漏和增加项目,以保证其严密性和正确性。概算定额务必达到简化、准确和适用的要求。

3. 概算指标

建筑安装工程概算指标通常是以单位工程为对象,以建筑面积、体积或者成套设备装置的台或组为计量单位规定的人工、材料、机械台班的消耗量标准和造价指标。

概算定额以单位扩大分项工程或单位扩大结构构件为对象,而概算指标以单位工程为对象,因此概算指标比概算定额更加综合。概算定额以现行预算定额为基础,通过计算之后才综合确定出各种消耗量指标;而概算指标中各种消耗量指标主要根据各种预算或结算资料确定。与概算定额、预算定额一样,概算指标也是与各个设计阶段相适应的多次性计价的产物,主要用于投资估价、初步设计阶段。

4. 投资估算指标

工程建设投资估算指标是编制建设项目建议书、可行性研究报告等前期工作阶段投资估算的依据,也可以作为编制固定资产长远规划投资额的参考。

投资估算指标以独立的建设项目、单项工程或单位工程为对象,综合项目全过程投资和建设中的各类成本和费用,反映出其扩大的技术经济指标,既是定额的一种表现形式,又不同于其他的计价定额。投资估算指标为完成项目建设的投资估算提供依据和手段,在固定资产的形成过程中起着投资预测、投资控制、投资效益分析的作用,是合理确定项目投资的基础。投资估算指标中的主要材料消耗量也是一种扩大材料消耗量指标,可以作为计算建设项目主要材料消耗量的基础。

2.3 工程量清单计价

2.3.1 工程量清单概述

工程量清单是载明建设工程分部分项工程项目、措施项目和其他项目的名称和相应数量以及规费和税金项目等内容的明细清单。其中由招标人或者其委托的工程造价咨询人或招标代理人根据国家标准、招标文件、设计文件,以及施工现场实际情况编制的工程量清单称为招标工程量清单,作为投标文件组成部分的、已标明价格并经承包人确认的工程量清单称为已标价工程量清单。招标工程量清单应由具有编制能力的招标人或者受其委托,具有相应资质的工程造价咨询人或招标代理人编制。采用工程量清单方式招标,招标工程量清单必须作为招标文件的组成部分,其准确性和完整性由招标人负责。

1. 工程量清单规范的组成和适用范围

工程量清单计价与计量规范由《建设工程工程量清单计价规范》、《房屋建筑与装饰工程工程量计算规范》(GB 50854—2013)、《仿古建筑工程工程量计算规范》(GB 50855—2013)、《通用安装工程工程量计算规范》(GB 50856—2013)、《市政工程工程量计算规范》(GB 50857—2013)、《园林绿化工程工程量计算规范》(GB 50858—2013)、《矿山工程工程量计算规范》(GB 50859—2013)、《构筑物工程工程量计算规范》(GB 50860—2013)、《城市轨道交通工程工程量计算规范》(GB 50861—2013)、《爆破工程工程量计算规范》(GB 50862—2013)组成。

《建设工程工程量清单计价规范》(简称《计价规范》)包括总则、术语、一般规定、工程量清单编制、招标控制价、投标报价、合同价款约定、工程计量、合同价款调整、合同价款期中支付、竣工结算与支付、合同解除的价款结算与支付、合同价款争议的解决、工程造价鉴定、工程计价资料与档案、工程计价表格及 11 个附录。各专业工程量计量规范包括总则、术语、工程计量、工程量清单编制、附录。

《建设工程工程量清单计价规范》适用于建设工程施工发承包的计价活动。使用国有资金投资的建设工程发承包,必须采用工程量清单计价;非国有资金投资的建设工程,宜采用工程量清单计价;不采用工程量清单计价的建设工程,应执行《建设工程工程量清单计价规范》中除工程量清单等专门性规定外的其他规定。

2. 工程量清单计价的作用

1)提供一个平等的竞争条件

工程量清单计价为投标人提供了一个平等竞争的条件,对于相同的工程量,由企业根据自身的实力来填报不同的单价。投标人的这种自主报价,将企业的优势体现到投标报价中,可在一定程度上规范建筑市场秩序,确保工程质量。

2)满足市场经济条件下竞争的需要

招投标过程就是竞争的过程,招标人提供工程量清单,投标人根据自身情况确定综合单价,利用综合单价与工程量逐项计算每个项目的合价,再分别填入工程量清单表内,计算出投标总价。综合单价的高低直接取决于企业管理水平和技术水平的高低,促进了建筑企业整体实力的竞争。

3)有利于提高工程计价效率,实现快速报价

采用工程量清单计价方式,避免了传统计价方式下招标人与投标人在工程量计算上的重复工作,各投标人以招标人提供的工程量清单为统一平台,结合自身的管理水平和施工方案进行报价,促进了各投标人企业定额的完善及工程造价信息的积累和整理,体现了现代工程建设中快速报价的要求。

4)有利于工程款的支付和工程造价最终结算

中标后,业主要与中标单位签订施工合同,中标价就是确定合同价的基础,投标清单上的单价就成了拨付工程款的依据。业主根据施工企业完成的工程量,可以很容易地确定进度款的拨付额。工程竣工后,根据设计变更、工程量增减等,业主也很容易确定工程的最终造价,从而在某种程度上减少了与施工单位之间的纠纷。

5)有利于业主对投资的控制

采用工程量清单计价的方式可使业主对投资变化一目了然,在要进行设计变更时,业主能马上知道它对工程造价的影响,从而能根据投资情况来决定是否变更或进行方案比较,以采取最恰当的处理方法。

2.3.2 工程量清单的组成

工程量清单应以单位(项)工程为单位编制,由分部分项工程项目清单、措施项目清单,其他项目清单、规费项目清单、税金项目清单组成。

工程量清单计价与
工程定额计价的区别

1. 分部分项工程项目清单

分部分项工程是分部工程和分项工程的总称。

分部工程是单位工程的组成部分,通常一个单位工程按结构部位、路段长度及施工特点或施工任务可划分为若干个分部工程。分项工程是分部工程的组成部分,通常一个分部工程按不同

施工方法、材料、工序及路段长度等可划分为若干个分项工程。

分部分项工程项目清单根据各专业工程计量规范规定的项目编码、项目名称、项目特征、计量单位和工程量计算规则进行编制。分部分项工程项目清单与计价表如表2-3所示。在分部分项工程项目清单的编制过程中，由招标人负责前六项内容填列，金额部分在编制招标控制价或投标报价时填列。

表 2-3　分部分项工程项目清单与计价表

工程名称：　　　　　　　　　标段：　　　　　　　　　　　　　第　页　共　页

序号	项目编码	项目名称	项目特征	计量单位	工 程 量	金额/元		
						综合单价	合　　价	其中：暂估价
本页小计								
合计								

1）项目编码

项目编码是分部分项工程项目清单和措施项目清单项目名称的阿拉伯数字标识。分部分项工程项目清单项目编码以五级编码设置，用十二位阿拉伯数字表示。第一、二、三、四级编码全国统一，即第一至九位应按《建设工程工程量清单计价规范》附录的规定设置；第五级即第十至十二位为清单项目编码，应根据拟建工程的工程量清单项目名称设置，不得有重号，这三位项目编码由招标人针对招标工程项目具体编制，并应自001起顺序编制。第一、二、三、四级编码代表的含义如下。

（1）第一级编码为工程分类码（二位）。

（2）第二级编码为专业工程顺序码（二位）。

（3）第三级编码为分部工程项目顺序码（二位）。

（4）第四级编码为分项工程项目名称顺序码（三位）。

项目编码示例如图2-3所示。

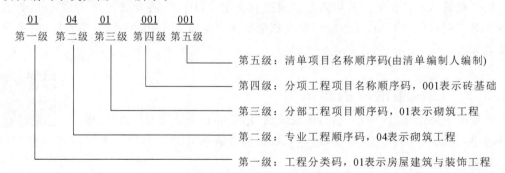

图 2-3　分部分项工程项目清单项目编码示例

当同一标段（或合同段）的一份工程量清单中含有多个单位工程且工程量清单是以单位工程

为编制对象时,在编制工程量清单时应特别注意对项目编码第十至十二位的设置不得有重码的规定。例如,一个标段(或合同段)的工程量清单中含有三个单位工程,每一个单位工程中都有项目特征相同的实心砖墙砌体,在工程量清单中需反映三个不同单位工程的实心砖墙砌体工程量时,第一个单位工程实心砖墙的项目编码应为 010401003001,第二个单位工程实心砖墙的项目编码应为 010401003002,第三个单位工程实心砖墙的项目编码应为 010401003003,并分别列出各单位工程实心砖墙的工程量。

2)项目名称

分部分项工程项目清单的项目名称应按各专业工程计量规范附录中的项目名称结合拟建工程的实际确定。各专业工程计量规范附录表中的"项目名称"为分项工程项目名称,是形成分部分项工程项目清单项目名称的基础,即在编制分部分项工程项目清单时,以附录中的分项工程项目名称为基础,考虑该项目的规格、型号、材质等特征要求,结合拟建工程的实际情况,使项目清单的项目名称具体化、细化,以反映影响工程造价的主要因素。项目名称应表达详细、准确,如果各专业工程计量规范中的分项工程项目名称有缺陷,则招标人可做补充,并报当地工程造价管理机构备案。

3)项目特征

项目特征是构成分部分项工程项目、措施项目自身价值的本质特征。项目特征是对项目的准确描述,是确定一个清单项目综合单价不可缺少的重要依据,是区分清单项目的依据,是履行合同义务的基础。分部分项工程项目清单的项目特征应按各专业工程计量规范附录中规定的项目特征,结合技术规范、标准图集、施工图纸,按照工程结构、使用材质及规格或安装位置等,予以详细而准确地表述和说明。凡项目特征中未描述到的其他独有特征,由清单编制人视项目具体情况确定,以准确描述清单项目为准。

在各专业工程计量规范附录中还有关于各清单项目"工作内容"的描述。工作内容是指完成清单项目可能发生的具体工作和操作程序。但应注意的是,在编制分部分项工程项目清单时,工作内容通常无须描述,因为在《建设工程工程量清单计价规范》中,工程量清单项目与工程量计算规则、工作内容有一一对应关系,《建设工程工程量清单计价规范》这一标准对工作内容均有规定。

4)计量单位

计量单位应采用基本单位。除各专业另有特殊规定外,均按以下单位计量。

(1)以质量计算的项目:吨或千克(t 或 kg)。

(2)以体积计算的项目:立方米(m^3)。

(3)以面积计算的项目:平方米(m^2)。

(4)以长度计算的项目:米(m)。

(5)以自然计量单位计算的项目:个、套、块、樘、组、台……

(6)没有具体数量的项目:宗、项……

各专业有特殊计量单位的,另外加以说明。当计量单位有两个或两个以上时,应根据所编工程量清单项目的项目特征要求,选择最适宜表现该项目特征并方便计量的单位。计量单位的有效位数应遵守下列规定:

(1)以 t 为单位,应保留小数点后三位数字,第四位小数四舍五入。

(2)以 m、m^2、m^3、kg 为单位,应保留小数点后两位数字,第三位小数四舍五入。

(3)以个、件、根、组、系统等为单位,应取整数。

5）工程量

工程量通过根据清单工程量计算规则计算得到。工程量计算规则是指对清单项目工程量的计算规定。除另有说明外，所有清单项目的工程量应以实体工程量为准，并以完成后的净值计算；投标人投标报价时，应在综合单价中考虑施工中的各种损耗和需要增加的工程量。

根据工程量清单计价与计量规范的规定，工程量计算规则可以分为房屋建筑与装饰工程、仿古建筑工程、通用安装工程、市政工程、园林绿化工程、矿山工程、构筑物工程、城市轨道交通工程、爆破工程九大类。

以房屋建筑与装饰工程为例，《房屋建筑与装饰工程工程量计量规范》（GB 50584—2013）中规定的实体项目包括土石方工程，地基处理与边坡支护工程，桩基工程，砌筑工程，混凝土及钢筋混凝土工程，金属结构工程，木结构工程，门窗工程，屋面及防水工程，保温、隔热、防腐工程，楼地面装饰工程，墙、柱面装饰与隔断、幕墙工程，天棚工程，油漆、涂料、裱糊工程，其他装饰工程，拆除工程等，分别制定了它们的项目设置和工程量计算规则。

当出现计量规范附录中未包括的清单项目时，清单编制人应做补充。清单编制人在编制清单时应注意以下三个方面。

（1）补充项目的编码由计量规范的代码、B 和三位阿拉伯数字组成，并应从 001 起顺序编制。例如，当房屋建筑与装饰工程需补充项目时，其补充项目的编码应从 01B001 开始顺序编制，同一招标工程的项目不得重码。

（2）在工程量清单中应附补充项目的项目名称、项目特征、计量单位、工程量计算规则和工作内容。

（3）将编制的补充项目报省级或行业工程造价管理机构备案。

【课堂练习】

1.关于分部分项工程项目清单的编制，下列说法中正确的是（　　　　）。

A.项目编码以五级全国统一编码设置，用十二位阿拉伯数字表示

B.编制分部分项工程项目清单时，必须对工作内容进行描述

C.补充项目的编码由计量规范的代码、B 和三位阿拉伯数字组成

D.按施工方案计算的措施项目费，必须写明计算基础、费率的数值

【分析】　本题考查的是分部分项工程项目清单。选项 A 错误，第一、二、三、四级编码全国统一，第五级编码为清单项目编码，应根据拟建工程的工程量清单项目名称设置；选项 B 错误，在编制分部分项工程项目清单时，工作内容通常无须描述；选项 D 错误，按施工方案计算的措施项目费，若无计算基础和费率的数值，也只可填金额数值，但应在备注栏说明施工方案出处或计算方法。

【答案】　C。

2.某项目基础土方工程，土壤为二类土，基础为钢筋混凝土大放脚带形基础，垫层宽度为 0.96 m，挖土深度为 1.8 m，根据施工要求各边留工作面宽度为 0.6 m，放坡系数为 0.7，弃土外运距离为 2.5 km，根据施工图计算出基础总长度为 205 m，编制挖基础土方的工程量清单。

【分析】　编制清单时，首先从《计价规范》中查出挖基础土方的建筑工程量清单项目及计算规则，如表 2-4 所示。

表 2-4　第 2 章课堂练习表（二）

项目编码	项目名称	项目特征	计量单位	工程量计算规则	工程内容
010101003	挖基础土方	① 土壤类别； ② 基础类型； ③ 垫层底宽、底面积； ④ 挖土深度； ⑤ 弃土运距	m³	按设计图示尺寸以基础垫层底面积乘以挖土深度计算	① 排地表水； ② 土方开挖； ③ 挡土板支撑； ④ 截桩头； ⑤ 基底钎探； ⑥ 运输

按照表 2-4 中的计算工程量的方法计算工程量，如下：

$$基础垫层面积 = 0.96\ m \times 205\ m = 196.8\ m^2$$

$$挖基础土方工程量 = 196.8\ m^2 \times 1.8\ m = 354.24\ m^3$$

计算清单工程量的规则为清单规范所示计算规则，工程量与施工过程和施工工艺无关，所以在本题中不考虑施工工作面和放坡。项目编码为十二位，前九位为国家规范规定的统一编码，后三位为顺序码，如表 2-5 所示。需要对项目特征进行分析，根据清单项目特征描述要求进行项目特征描述，以便于进行清单的计价。

表 2-5　第 2 章课堂练习表（三）

序号	项目编码	项目名称	项目特征	计量单位	工程量
1	010101003001	挖基础土方	土壤类别：二类土。 基础类型：钢筋混凝土大放脚带形基础。 垫层底宽：0.96 m。 底面积：196.8 m²。 挖土深度：1.8 m。 弃土运距：2.5 km	m³	354.24

2.措施项目清单

措施项目是指为完成工程项目施工，发生于该工程施工准备和施工过程中的技术、生活、安全、环境保护等方面的项目。措施项目清单应根据相关工程现行国家计量规范的规定编制，并应根据拟建工程的实际情况列项。措施项目包括脚手架工程，混凝土模板及支架（撑），垂直运输，超高施工增加，大型机械设备进出场及安拆，施工排水、降水，安全文明施工，以及其他措施项目。

措施项目费的发生与使用时间、施工方法或者两个以上的工序相关，如安全文明施工，夜间施工，非夜间施工照明，二次搬运，冬雨季施工，地上设施、地下设施、建筑物的临时保护设施，已完工程及设备保护等。这类措施项目清单以措施项目为单位报价，不需要计算具体工程量。

另外一类措施项目是可以计算工程量的项目，如脚手架工程，混凝土模板及支架（撑），垂直运输，超高施工增加，大型机械设备进出场及安拆，施工排水、降水等。这类措施项目按照分部分项工程项目清单的方式采用综合单价计价，更有利于措施项目费的确定和调整。

措施项目中可以计算工程量的项目清单宜采用分部分项工程项目清单的方式编制，列出项目编码、项目名称、项目特征、计量单位和工程量计算规则，如表 2-6 所示；措施项目中不能计算工程量的项目清单，以项为计量单位进行编制，如表 2-7 所示。

表 2-6 可计算工程量的措施项目清单

工程名称：　　　　　　　　　　　标段：　　　　　　　　　　　　　　　　第　页共　页

序号	项目编码	项目名称	项目特征	计量单位	工程量	金额/元	
						综合单价	合价
本页小计							
合计							

注：本表适用于以综合单价形式计价的措施项目。

表 2-7 不能计算工程量的措施项目清单

工程名称：　　　　　　　　　　　标段：　　　　　　　　　　　　　　　　第　页共　页

序号	项目名称	计算基础	费率/(%)	金额/元
1	安全文明施工			
2	夜间施工			
3	二次搬运			
4	冬雨季施工			
5	大型机械设备进出场及安拆			
6	施工排水			
7	施工降水			
8	地上设施、地下设施、建筑物的临时保护设施			
9	已完工程及设备保护			
10	各专业工程的措施项目			
11				
12				
合计				

注：①本表适用于以项计价的措施项目。
②根据住房和城乡建设部、财政部发布的《建筑安装工程费用项目组成》的规定，计算基础可为直接费、人工费或人工费＋施工机械使用费。

　　措施项目清单的编制需考虑多种因素，除工程本身的因素外，还涉及水文、气象、环境、安全等因素。措施项目清单应根据拟建工程的实际情况列项。若出现清单计价规范中未列的项目，可根据工程实际情况补充。措施项目清单的编制依据主要有以下几个。

　　(1) 施工现场情况、地勘水文资料、工程特点。

　　(2) 常规施工方案。

　　(3) 与建设工程有关的标准、规范、技术资料。

（4）拟定的招标文件。

（5）建设工程设计文件及相关资料。

能够根据计量规范的工程量计算规则精确计算的措施项目应填入上述表 2-6 中，按照分部分项工程项目清单的方式编制清单，如表 2-8 所示。

表 2-8　措施项目清单与计价表

工程名称：　　　　　　　标段：　　　　　　　　　　　　　　　　　　第　　页共　　页

序号	项目编码	项目名称	项目特征	计量单位	工程量	金额/元	
						综合单价	合　价
1	011702016001	现浇混凝土平板模板	矩形板，支模高度3.6 m	m²	1 000	39.8	39 800
2	011702014001	现浇混凝土有梁板模板	300 mm×600 mm 矩形梁，梁底支模高度 3 m，板底支模高度 3.6 m	m²	2 500	42.4	106 000
		本页小计					
		合计					

3. 其他项目清单

其他项目清单是指在分部分项工程项目清单、措施项目清单所包含的内容以外，因招标人的特殊要求而发生的与拟建工程有关的其他费用项目和相应数量的清单。工程建设标准的高低、工程的复杂程度、工程的工期长短、工程的组成内容、发包人对工程的管理要求等都直接影响其他项目清单的具体内容。

其他项目清单包括暂列金额、暂估价（包括材料暂估单价、专业工程暂估价）、计日工、总承包服务费。

其他项目清单宜按照表 2-9 所示的格式编制，出现未包含在表格中内容的项目时，可根据工程实际情况补充。

表 2-9　其他项目清单与计价汇总表

工程名称：　　　　　　　标段：　　　　　　　　　　　　　　　　　　第　　页共　　页

序　号	项目名称	计量单位	金额/元	备　注
1	暂列金额			详见明细表
2	暂估价			详见明细表
2.1	材料暂估单价			详见明细表
2.2	专业工程暂估价			详见明细表
3	计日工			详见明细表
4	总承包服务费			详见明细表
5				
	合计			—

注：材料（工程设备）暂估单价列入清单项目综合单价，此处不汇总。

1) 暂列金额

暂列金额是指招标人在工程量清单中暂定并包括在合同价款中的一笔款项。它用于工程合同签订时尚未确定或者不可预见的所需材料、工程设备、服务的采购,以及支付施工中可能发生的工程变更、合同约定调整因素出现时的合同价款调整,以及发生的索赔、现场签证确认等的费用。

我国规定对政府投资工程实行概算管理,经项目审批部门批复的设计概算是工程投资控制的刚性指标,即使是商业性开发项目,也有成本的预先控制问题,但工程建设自身的特性决定了工程的设计需要根据工程进展不断地进行优化和调整,业主需求可能会随工程建设进展发生变化,此外工程建设过程还会存在一些不能预见、不能确定的因素。暂列金额正是因这类不可避免的价格调整而设立的,以便达到合理确定和有效控制工程造价的目标。

设立暂列金额并不能保证合同结算价格不会再出现超过合同价格的情况,合同结算价格是否超出合同价格完全取决于工程量清单编制人对暂列金额预测的准确性,以及工程建设过程是否出现了其他事先未预测到的事件。

2) 暂估价

暂估价是指招标人在工程量清单中提供的用于支付必然发生但暂时不能确定价格的材料、工程设备的单价以及专业工程的金额,包括材料暂估单价和专业工程暂估价。暂估价类似于 FIDIC 合同条款中的 prime cost items,招标人在招标阶段预见肯定要发生,只是因为标准不明确或者需要由专业承包人完成,暂时无法确定价格。暂估价的数量和拟用项目应当结合工程量清单中的"暂估价表"予以补充说明。为方便合同管理,需要纳入分部分项工程项目清单项目综合单价中的暂估价应只是材料暂估单价,以方便投标人组价。

专业工程暂估价一般应是综合暂估价,同样包括人工费、材料费、施工机械使用费、企业管理费和利润,不包括规费和税金。总承包招标时,专业工程的设计深度往往是不够的,一般需要交由专业设计人进行设计。国际上,出于对提高可建造性的考虑,一般由专业承包人负责设计,以发挥其专业技能和专业施工经验的优势。专业工程交由专业分包人完成是国际工程的良好实践,目前在我国工程建设领域也已经比较普遍。公开、透明地合理确定这类暂估价的实际开支金额的最佳途径就是施工总承包人与工程建设项目招标人共同组织招标。

暂估价中的材料(工程设备)暂估单价应根据工程造价信息或参照市场价格估算,列出明细表(见表 2-10);专业工程暂估价应分不同专业,按有关计价规定估算,列出明细表(见表 2-11)。

表 2-10　材料(工程设备)暂估单价表

工程名称:		标段:		第　　页共　　页
序　　号	材料名称、规格、型号	计 量 单 位	单价/元	备　　注

注:① 此表由招标人填写,并在备注栏说明暂估单价的材料拟用在哪些清单项目上,投标人应将上述材料暂估单价计入工程量清单综合单价报价中。

② 材料包括原材料、燃料、构配件以及按规定应计入建筑安装工程造价的设备。

表 2-11　专业工程暂估价表

工程名称：　　　　　　　　标段：　　　　　　　　　第　页　共　页

序　号	工 程 名 称	工 程 内 容	金额/元	备　注
合计				

注：此表由招标人填写，投标人应将上述专业工程暂估价计入投标总价中。

3）计日工

计日工是指在施工过程中，承包人完成发包人提出的工程合同范围以外的零星项目或工作，按合同中约定的单价计价的一种方式。计日工是为了解决现场发生的零星项目或工作的计价而设立的。国际上常见的标准合同条款中，大多数都设立了计日工计价机制。计日工对完成零星项目或工作所消耗的人工工时、材料数量、施工机械台班进行计量，并按照计日工表中填报的适用项目的单价进行计价支付。计日工适用的所谓零星项目或工作一般是指合同约定之外的或者因变更而产生的、工程量清单中没有相应项目的额外工作，尤其是那些难以事先商定价格的额外工作。计日工应列出项目名称、计量单位和暂估数量。计日工可按照表 2-12 所示的格式列示。

表 2-12　计日工表

工程名称：　　　　　　　　标段：　　　　　　　　　第　页　共　页

编　　号	项 目 名 称	计量单位	暂估数量	综合单价	合　　价
一	人工				
1					
2					
⋮					
人工小计					
二	材料				
1					
2					
⋮					
材料小计					
三	施工机械				
1					
2					
⋮					
施工机械小计					
总计					

注：此表项目名称、暂估数量由招标人填写，编制招标控制价时，综合单价由招标人按有关计价规定确定；投标时，综合单价由投标人自主报价，并计入投标总价中。

4）总承包服务费

总承包服务费是指总承包人为配合协调发包人进行的专业工程发包，对发包人自行采购的材料等进行保管以及提供施工现场管理、竣工资料汇总整理等服务所需的费用。招标人应预计该项费用并按投标人的投标报价向投标人支付该项费用。

总承包服务费应列出服务项目及其内容等。总承包服务费按照表 2-13 所示的格式列示。

表 2-13　总承包服务费计价表

工程名称：　　　　　　　　　　　　　标段：　　　　　　　　　　　　　　　　第　页共　页

序　号	项 目 名 称	项目价值/元	服 务 内 容	费率/(%)	金额/元
1	发包人发包专业工程				
2	发包人供应材料				
⋮					
合计					

注：此表项目名称、服务内容由招标人填写，编制招标控制价时，费率及金额由招标人按照有关计价规定确定；投标时，费率及金额由投标人自主报价，并计入投标总价中。

4. 规费项目清单、税金项目清单

规费项目清单应按照下列内容列项：社会保险费，包括养老保险费、失业保险费、医疗保险费、工伤保险费、生育保险费；住房公积金；工程排污费。如果出现计价规范中未列的项目，则应根据省级政府或省级有关权力部门的规定列项。

税金项目清单应包括下列内容：增值税；城市维护建设税；教育费附加；地方教育附加。如果出现计价规范未列的项目，则应根据税务部门的规定列项。

规费项目清单、税金项目清单与计价表如表 2-14 所示。

表 2-14　规费项目清单、税金项目清单与计价表

工程名称：　　　　　　　　　　　　　标段：　　　　　　　　　　　　　　　　第　页共　页

序　号	项目名称	计 算 基 础	费率/(%)	金额/元
1	规费			
1.1	社会保障费			
（1）	养老保险费	人工费	14	
（2）	失业保险费	人工费	2	
（3）	医疗保险费	人工费	6	
（4）	工伤保险费	人工费	0.5	
（5）	生育保险费	人工费	0.5	
1.2	工程排污费	按环保部门规定		
1.3	住房公积金	人工费	6	
⋮				
2	税金	分部分项工程费＋措施项目费＋其他项目费＋规费		
合计				

【课堂练习】

关于工程量清单中的计日工,下列说法中正确的是( )。

A. 计日工是指零星项目或工作所消耗的人工工时

B. 计日工在投标时计入总价,其数量和单价由投标人填报

C. 计日工应按投标文件载明的数量和单价进行结算

D. 在编制招标工程量清单时,计日工暂估数量由招标人填写

【分析】 本题考查的是其他措施项目清单。选项 A 错误,计日工对完成零星项目或工作消耗的人工工时、材料数量、施工机械台班进行计量;选项 B 错误,投标时,单价由投标人自主报价,按暂估数量计算合价计入投标总价中;选项 C 错误,结算时,按发承包双方确认的实际数量计算合价。

【答案】 D。

2.3.3 编制工程量清单文件

工程量清单计价简单来说就是指投标人完成由招标人提供的工程量清单所需的全部费用,包括分部分项工程费、措施项目费、其他项目费和规费、税金。工程量清单计价是指在拟建工程招标投标活动中,按照国家有关法律、法规、文件及标准规范的规定要求,由业主或者业主委托招标公司按照统一的工程量计算规则编制工程量清单,投标单位自主报价,在市场竞争的条件下形成工程造价的计价方式。各投标单位由于管理水平、设备工艺、施工方法等有差异,最终提出报价不同。招标控制价和投标报价是工程量清单计价的两种表现形式。

1. 工程量清单计价规定

分部分项工程项目清单计价采用综合单价进行计算。措施项目清单计价应根据拟建工程的施工组织设计,可以计算工程量的措施项目,按分部分项工程项目清单计价的方式采用综合单价进行计价,其余的措施项目可以以"项"为单位的方式计价,包括除规费、税金外的全部费用。措施项目清单中的安全文明施工费、规费和税金项目不得作为竞争性费用,应该按照国家或省级、行业建设主管部门的规定进行计算。

2. 分部分项工程综合单价的确定和分析

按照《建设工程工程量清单计价规范》中的规定,综合单价是指完成一个规定清单项目所需的人工费、材料费、施工机械使用费、企业管理费和利润,以及一定范围内的风险费用。在进行投标报价提交的工程量清单计价文件中包含工程量清单综合单价分析表,如表 2-15 所示。工程量清单综合单价分析表的作用是对重要的综合单价组成进行详细说明。

分部分项工程综合单价的确定程序如下。

(1) 确定计算基础:根据各类定额,确定人材机消耗量和单价。

(2) 分析清单项目的工程内容:联系工程实际,确定项目的工作内容,查找对应的定额。

(3) 计算工程内容的工程数量与清单单位含量。

(4) 分部分项工程人工费、材料费、施工机械使用费的计算。

每计量单位清单项目某资源使用数量＝该资源的定额单位用量×相应定额条目的清单单位含量

(2-43)

(5) 计算综合单价。

表 2-15　工程量清单综合单价分析表

工程名称：　　　　　　　　　　标段：　　　　　　　　　　　　　　第　页共　页

项目编码		项目名称		计量单位	

清单综合单价组成明细

定额编号	定额名称	定额单位	数量	单　价				合　价			
				人工费	材料费	施工机械使用费	企业管理费和利润	人工费	材料费	施工机械使用费	企业管理费和利润
人工单价				小计							
元/工日				未计价材料费							
清单项目综合单价											

材料费明细	主要材料名称、规格、型号	单位	数量	单价/元	合价/元	暂估单价/元	暂估合价/元
	其他材料费			—		—	
	材料费小计			—		—	

注：① 如果不使用省级或行业建设主管部门发布的计价依据，可不填定额编号等。
　　② 招标文件提供了暂估单价的材料，按暂估单价填入表内"暂估单价"栏及"暂估合价"栏。

【课堂练习】

计算清单项目中 010302005 实心砖柱（柱截面 490 mm×490 mm，清水 M10 水泥砂浆）的综合单价。人工工日按 68 元/工日，人工基期价格为 30 元/工日，企业管理费与利润按表 2-16 计取，砌筑实心砖柱人材机消耗量及相应预算价如表 2-17 所示。

表 2-16　施工企业的企业管理费费率和利润率表

项 目 名 称		计 费 基 础	费率/（%）	
			企业管理费	利　润
建筑工程		人工费＋施工机械使用费	33.30	22.00
装饰装修工程		人工费	32.20	29.00
安装工程		人工费	37.90	39.00
园林（景观）绿化工程		人工费	28.60	19.00
仿古建筑		人工费	33.10	24.0
市政	给水、排水、燃气工程	人工费	35.20	34.00
	道路、桥涵、隧道	人工费＋施工机械使用费	31.00	21.00
机械土石方		人工费＋施工机械使用费	7.50	5.00
打桩工程		人工费＋施工机械使用费	14.40	12.00

表 2-17　砌筑实心砖柱人材机消耗量及相应预算价

序　　号	项 目 名 称	消 耗 量	预 算 单 价
1	人工工日	21.04 工日/10 m³	68 元/工日
2	标准砖	5.45 千块/10 m³	219 元/千块
3	M10 水泥砂浆	2.28 m³/10 m³	159.33 元/m³
4	水	1.09 m³/10 m³	1.44 元/m³
5	灰浆搅拌机（200 L）	0.38 台班/10 m³	38.84 元/台班

【分析】　查当地消耗量标准,得到柱截面 490 mm×490 mm、清水 M10 水泥砂浆砌筑的实心砖柱的人材机消耗量。

应注意清单项目与消耗量标准中相应子目的计算单位、工程名称、工程量计算规则、工程内容的一致性,尤其注意计量单位,清单工程量计量单位往往采用基本单位,消耗量标准往往使用扩大单位,要注意换算。

组成综合单价的人材机费用的计算均采取当地的预算价（或结算价）,而组成综合单价中的企业管理费和利润计算基数中所采用的人材机费用应为人材机相应的基期基价费用。

企业管理费与利润按建筑工程取费基数为人工费与施工机械使用费的和计算。

人工费：　　　　21.04 工日/10 m³×68 元/工日＝143.07 元/m³

标准砖：　　　　5.45 千块/10 m³×219 元/千块＝119.36 元/m³

M10 水泥砂浆：　2.28 m³/10 m³×159.33 元/m³＝36.33 元/m³

水：　　　　　　1.09 m³/10 m³×1.44 元/m³＝0.16 元/m³

灰浆搅拌机（200 L）:0.38 台班/10 m³×38.84 元/台班＝1.48 元/m³

企业管理费：　　（143.07×30/68＋1.48）元/m³×33.3%＝21.51 元/m³

利润：　　　　　（143.07×30/68＋1.48）元/m³×22%＝14.21 元/m³

综合单价＝人工费＋材料费＋施工机械使用费＋企业管理费＋利润

　　＝143.07 元/m³＋(119.36＋36.33＋0.16)元/m³＋1.48 元/m³＋(21.51＋14.21) 元/m³

　　＝336.12 元/m³

3. 工程量清单计价步骤

工程量清单计价文件由下列内容组成:封面、总说明、投标报价汇总表、分部分项工程项目清单计价表、措施项目清单计价表、其他项目清单计价表、规费项目清单计价表、税金项目清单计价表、工程量清单综合单价分析表、措施项目清单综合单价分析表。建设单位工程招标控制价计价程序、施工企业工程投标报价计价程序分别如表 2-18、表 2-19 所示。

表 2-18　建设单位工程招标控制价计价程序

工程名称:　　　　　　　　　　　　　　　　标段:

序　号	内　　容	计 算 方 法	金额/元
1	分部分项工程费	按计价规定计算	
1.1			
1.2			
1.3			
1.4			
1.5			
⋮			
2	措施项目费	按计价规定计算	
2.1	其中:安全文明施工费	按规定标准计算	
3	其他项目费		
3.1	其中:暂列金额	按计价规定估算	
3.2	其中:专业工程暂估价	按计价规定估算	
3.3	其中:计日工	按计价规定估算	
3.4	其中:总承包服务费	按计价规定估算	
4	规费	按规定标准计算	
5	税金(扣除不列入计税范围的工程设备金额)	(1＋2＋3＋4)×规定税率	

招标控制价合计＝1＋2＋3＋4＋5

表 2-19　施工企业工程投标报价计价程序

工程名称:　　　　　　　　　　　　　　　　标段:

序　号	内　　容	计 算 方 法	金额/元
1	分部分项工程费	自主报价	
1.1			
1.2			

序　号	内　　容	计　算　方　法	金额/元
1.3			
1.4			
1.5			
⋮			
2	措施项目费	自主报价	
2.1	其中:安全文明施工费	按规定标准计算	
3	其他项目费		
3.1	其中:暂列金额	按招标文件提供金额计列	
3.2	其中:专业工程暂估价	按招标文件提供金额计列	
3.3	其中:计日工	自主报价	
3.4	其中:总承包服务费	自主报价	
4	规费	按规定标准计算	
5	税金(扣除不列入计税范围的工程设备金额)	(1+2+3+4)×规定税率	

投标报价合计＝1+2+3+4+5

本 章 小 结

本章主要介绍了工程造价的计价依据和计价方法,包括工程定额体系和编制、工程量清单组成和编制、工程造价的计算方法等。

通过对本章的学习,学生应重点掌握工程建设定额的分类和联系,以及建筑安装工程中人工、材料、机械定额消耗量和单价的使用;应熟悉工程定额计价和工程量清单计价的区别,重点掌握工程量清单计价方法和综合单价组价、工程量清单计价和工程定额计价的基本程序。

【实践案例】

某项 M5 水泥砂浆砌筑毛石护坡工程,定额测定资料如下。

(1)完成每立方毛石砌体的基本工作时间 7.9 h。

(2)辅助工作时间、准备与结束工作时间、不可避免的中断时间和拟定休息时间等分别占毛石砌体定额时间的 3%、2%、2% 和 16%;普工、一般技工和高级技工的工日消耗比例测定为2:7:1。

(3)每 10 m³ 毛石砌体需要 M5 水泥砂浆 3.93 m³、毛石 11.22 m³、水 0.79 m³。

(4)每 10 m³ 毛石砌体需要 200 L 砂浆搅拌机 0.66 台班。

(5)该地区有关资源的现行价格如下。人工工日单价为普工 60 元/工日、一般技工 80 元/工日、高级技工 110 元/工日,M5 水泥砂浆单价为 120 元/m³,毛石单价为 58 元/m³,水单价为 4 元/m³。200 L 砂浆搅拌机台班单价为 88.50 元/台班。

问题:

(1)确定砌筑每立方米毛石护坡的人工时间定额和产量定额。

69

（2）若预算定额的其他用工占基本用工 12％，试编制该分项工程的预算定额单价。

分析要点：

考查劳动定额的编制、定额单价的组成和确定方法。

$$定额时间＝基本工作时间＋辅助工作时间＋准备与结束工作时间＋$$

$$不可避免的中断时间＋拟定休息时间$$

$$时间定额＝\frac{定额时间}{每工日工时数}$$

$$产量定额＝\frac{1}{时间定额}$$

$$定额单价＝人工费＋材料费＋施工机械使用费$$

$$预算定额的人工消耗量指标＝基本用工×(1＋其他用工占比例)×定额计量单位$$

$$人工费＝预算定额的人工消耗量指标×\sum(各人工工种所占比例×各自单价)$$

$$材料费＝\sum(材料消耗指标×相应材料的市场信息价格)$$

$$施工机械使用费＝\sum(机械台班消耗指标×相应机械的台班信息价格)$$

解答：

（1）假定每立方米毛石护坡的定额时间为 X：

$$X＝7.9\,工时＋(3\%＋2\%＋2\%＋16\%)X$$

$$X＝\frac{7.9}{(1－23\%)}\,工时＝10.26\,工时$$

$$砌筑毛石护坡的人工时间定额＝\frac{X}{8}＝\frac{10.26}{8}\,工日＝1.283\,工日$$

$$砌筑毛石护坡的人工产量定额＝\frac{1}{1.283}\,m^3/工日＝0.779\,4m^3/工日$$

（2）预算定额的人工消耗量指标＝基本用工＋其他用工

$$＝基本用工×(1＋其他用工占比例)×定额计量单位$$

$$基本用工＝人工时间定额$$

预算定额的人工消耗量指标＝基本用工×(1＋其他用工占比例)×定额计量单位

$$＝1.283×(1＋12\%)×10\,工日/10\,m^3$$

$$＝14.37\,工日/10\,m^3$$

$$预算人工费＝14.37×(0.2×60＋0.7×80＋0.1×110)元/10\,m^3$$

$$＝14.37×79\,元/10\,m^3$$

$$＝1\,135.23\,元/10\,m^3$$

$$预算材料费＝3.93×120\,元/10\,m^3＋11.22×58\,元/10\,m^3＋0.79×4\,元/10\,m^3$$

$$＝471.6\,元/10\,m^3＋650.76\,元/10\,m^3＋3.16\,元/10\,m^3$$

$$＝1\,125.52\,元/10\,m^3$$

$$预算施工机械使用费＝0.66×88.50\,元/10\,m^3＝58.41\,元/10\,m^3$$

分项工程预算定额单价＝预算人工费＋预算材料费＋预算施工机械使用费

$$＝1\,135.23\,元/10\,m^3＋1\,125.52\,元/10\,m^3＋58.41\,元/10\,m^3$$

$$＝2\,319.16\,元/10\,m^3$$

课后练习

一、单项选择题

1.根据《建设工程工程量清单计价规范》规定,在工程量清单计价中,综合单价包括(   )。

A.人工费、材料费、施工机械使用费、企业管理费

B.人工费、材料费、施工机械使用费、企业管理费、规费

C.人工费、材料费、施工机械使用费、税金、利润

D.人工费、材料费、施工机械使用费、企业管理费和利润

2.(   )是发包人与承包人之间从工程招标开始到竣工结算为止,双方进行经济核算、处理经济关系、进行工程管理等活动不可缺少的工程内容及数量依据。

A.工程量清单规范   B.工程量计算规则

C.工程量清单   D.工程量清单附录

3.分部分项工程项目清单是指表示拟建工程分项实体工程项目名称和相应数量的明细清单,应包括的要件是(   )。

A.项目编码、项目名称、计量单位和工程量

B.项目编码、项目名称、项目特征和工程量

C.项目编码、项目名称、项目特征、计量单位和工程单价

D.项目编码、项目名称、项目特征、计量单位和工程量

4.工程建设定额按其反映的生产要素内容分类可分为(   )。

A.施工定额、预算定额、概算定额

B.建筑工程定额、设备安装工程定额、费用定额

C.劳动消耗定额、机械消耗定额、材料消耗定额

D.时间定额、产量定额

5.某工地水泥从两个地方采购,采购量及有关费用如表2-20所示,则该工地水泥的基价为(   )元/t。

表2-20 第2章课后练习表(一)

采购处	采购量	原价	运杂费	运输损耗率	采购及保管费费率
来源一	300 t	240元/t	20元/t	0.5%	3%
来源二	200 t	250元/t	15元/t	0.4%	

A.244.0   B.262.0   C.271.1   D.271.6

6.在措施项目清单编制中,下列适用以项为单位计价的措施项目费是(   )。

A.已完工程及设备保护费

B.超高施工增加费

C.大型机械设备进出场及安拆费

D.施工排水、降水费

7.根据我国建设市场发展现状,工程量清单计价和计量规范主要用于(   )。

A.项目建设前期各阶段工程造价的估计

B.项目初步设计阶段概算的预测

C.项目施工图设计阶段预算的预测

D.项目合同价格的形成和后续合同价格的管理

8.依法必须采用工程量清单招标的建设项目,投标人需要而招标人不需要采用的计价依据是(   )。

A.国家、地区或行业定额资料   B.工程造价信息、资料和指数

C.计价活动相关规定课程   D.企业定额

9.用水泥砂浆砌筑 2 m^3 砖墙,标准砖(240 mm×115 mm×53 mm)的总耗用量为 1 113 块,已知砖的损耗率为 5%,标准砖、水泥砂浆的净用量分别为(   )。

A.1 057 块,0.372 m^3 B.1 057 块,0.454 m^3

C.1 060 块,0.449 m^3 D.1 060 块,0.372 m^3

10.关于总承包服务费的支付,下列说法中正确的是(   )。

A.建设单位向总承包单位支付   B.分包单位向总承包单位支付

C.专业承包单位向总承包单位支付   D.专业承包单位向建设单位支付

二、多项选择题

1.按定额的编制程序和用途,建设工程定额可划分为(   )。

A.施工定额   B.市政工程定额   C.预算定额

D.补充定额   E.投资估算指标

2.下列措施项目中,应按分部分项工程项目清单编制方式编制的有(   )。

A.超高施工增加   B.建筑物的临时保护设施   C.大型机械设备进出场及安拆

D.已完工程及设备保护 E.施工排水、降水

3.下列费用项目中,应计入工日工资单价的有(   )。

A.计件工资   B.奖金   C.劳动保护费

D.流动施工津贴   E.职工福利费

4.影响定额动态人工日工资单价的因素包括(   )。

A.人工日工资单价的组成内容   B.社会工资差额

C.劳动力市场供需变化   D.社会最低工资水平

E.政府推行的社会保障与福利政策

5.下列与施工机械工作相关的时间中,应包括在预算定额机械台班消耗量中但不包括在施工定额中的有(   )。

A.低负荷下工作时间

B.机械施工不可避免的工序间歇

C.机械维修引起的停歇时间

D.开工时工作量不饱满所损失的时间

E.不可避免的中断时间

6. 根据《建设工程工程量清单计价规范》，在其他项目清单中，应由投标人自主确定价格的有(　　)。

A. 暂列金额　　　　　B. 专业工程暂估价　　　　　C. 材料暂估单价

D. 计日工单价　　　　E. 总承包服务费

三、简答题

1. 工程定额按照编制程序和用途可分为哪几类？它们之间是什么关系？

2. 简述工程量清单的组成内容和编制程序。

3. 简述工程造价计价的基本方式和步骤。

4. 简述其他项目清单的内容和各自的特点。

四、综合实训题

1. 请列出表 2-21(工程量清单表格)中的错误之处，说明原因并进行改正。

表 2-21　第 2 章课后练习表(二)

序　号	项目编号	项目名称	项目特征	单　位	工　程　量
1	010101003	挖基础土方	(1) 土壤类别：三类土。 (2) 基础类型：条形基础。 (3) 挖土深度：2.0 m。 (4) 弃土运距：3 km。 (5) 垫层宽度：1.5 m。 (6) 基础总长：300 m	m	277.862 4

2. 某项目基础土方工程，基底土质均衡，为二类土，基础为钢筋混凝土大放脚带形基础，垫层宽度为 1.2 m，挖土深度为 2 m，无地下水影响，根据施工图计算出基础总长度为 400 m。根据施工要求，各边留工作面宽度为 0.6 m，放坡系数为 0.7，基坑回填后余土为挖土方量的 70%，采用汽车外运土，弃运距离为 5 km。

(1) 试计算该项目挖基础土方的清单工程量。

(2) 参照表 2-22 提供的定额，不考虑市场价格调整，工程施工方案为人工开挖基槽坑，余土采用自卸汽车运土，企业管理费与利润为人工费和施工机械使用费之和的 25%，补充表 2-22，并确定该基础土方开挖的综合单价。

表 2-22　第 2 章课后练习表(三)

定额编号	定额项目名称	定额单位	人工费	材料费	施工机械使用费	企业管理费和利润
G1-9	人工挖沟槽 二类土，深度 2 m 内	10 m³	206.2	—	—	

Chapter 3

第3章 建设项目决策阶段工程造价控制

能力目标

了解项目决策的概念、项目决策与工程造价的关系和项目决策阶段的工作内容,了解可行性研究的概念、作用、步骤和内容,掌握投资估算的编制,了解财务评价的含义、作用、内容;掌握财务评价指标,掌握不确定性分析的基本方法。

学习要求

学习目标	能力要求	权重
建设项目决策	了解项目决策的概念、项目决策与工程造价的关系、项目决策阶段影响工程造价的主要因素、项目决策阶段的工作内容	20%
建设项目可行性研究	了解可行性研究的概念、作用、步骤和内容	20%
建设项目投资估算	了解投资估算的含义、作用、特点及内容,掌握投资估算的编制	20%
建设项目财务评价	了解财务评价的含义、作用、内容,掌握财务评价指标,掌握不确定性分析的基本方法	40%

章节导入

现实中决策失败的案例可谓不胜枚举,决策失败给国家和人民造成了巨大的损失,下面一组案例可以揭示这一事实。

川东天然气氯碱工程是与长江三峡水利枢纽工程配套的大型移民开发项目,工程概算近 30 亿元,于 1994 年开工,1997 年底因资金缺乏停建,1998 年工程下马,但已耗资 13.2 亿元,清债还需 4.5 亿元。更让人痛心的是,难以解决离开了土地的 3 000 多三峡移民的生计问题。

被珠海市列为"一号政绩工程"、曾经号称"全国最大最先进最新潮"的珠海机场"仅基建拖欠就达 17 亿元",该机场建成后每月客流量为四五万人次,只相当于广州白云国际机场一天的客流量。机场设计客流量是 1 年 1 200 万人次,2000 年只有 57 万人次,利用率极低。

3.1 建设项目决策 ....

项目决策是指投资者在调查分析、研究的基础上,选择和决定投资行动方案的过程,是对拟建建设项目的必要性和可行性进行技术经济论证,对不同建设方案进行技术经济比较并做出判断和决定的过程。

3.1.1 项目决策与工程造价的关系

1.项目决策的正确性是工程造价合理性的前提

项目决策正确,意味着对项目建设做出了科学的决断,选出了最佳投资行动方案,达到了资源的合理配置。只有项目决策正确,才能合理地估计和计算工程造价,并且在实施最优投资行动方案的过程中有效地控制工程造价。项目决策失误,主要体现在对不该建设的项目进行投资建设,或者项目建设地点的选择错误,或者投资行动方案的确定不合理等。诸如此类的决策失误,会直接带来资金投入及人力、物力的浪费,甚至造成不可弥补的损失。在这种情况下,合理地进行工程造价的计价与控制已经毫无意义了。因此,要达到工程造价的合理性,首先要保证项目决策的正确性,避免决策失误。

2.项目决策的内容是决定工程造价的基础

工程造价的计价与控制贯穿项目建设全过程,但项目决策阶段各项技术经济决策对该项目的工程造价有重大影响,特别是建设标准的确定、建设地点的选择、工艺的评选、设备的选用等,直接关系到工程造价的高低。据有关资料统计,在项目建设各阶段中,项目决策阶段影响工程造价的程度最高,为80%~90%。因此,项目决策阶段是决定工程造价的基础阶段,是整个建设项目总投资控制的重中之重。

3.项目决策的深度影响投资估算的精确度

投资决策是一个由浅入深、不断深化的过程,不同阶段决策的深度不同,投资估算的精度也不同。例如,在投资机会和项目建议书阶段,投资估算的误差率在±30%左右;在详细可行性研究阶段,投资决策的误差率在±10%以内。在项目建设的各个阶段,通过工程造价的确定与控制,形成相应的投资估算、设计概算、施工图预算、合同价、结算价和竣工决算价,各工程造价形式之间存在着前者控制后者、后者补充前者的相互作用关系。因此,只有加强项目决策的深度,采用科学的估算方法和可靠的数据资料,合理地计算投资估算,才能保证其他阶段的工程造价被控制在合理范围,避免"三超"现象的发生,继而实现投资控制目标。

4.工程造价的数额影响项目决策的结果

项目决策影响着工程造价的高低以及拟投入资金的多少,项目投资估算的数额从某种程度上也影响着项目决策。

3.1.2 项目决策阶段影响工程造价的主要因素

在项目决策阶段,影响工程造价的主要因素包括建设规模、建设地区及建设地点(厂址)、技术方案、设备方案、工程方案、环境保护措施等。

1. 建设规模

建设规模也称项目生产规模,是指项目在其设定的正常生产运营年份可能达到的生产能力或者使用效益。在项目决策阶段应选择合理的建设规模,以达到建设规模经济的要求。但建设规模扩大所产生的效益不是无限的,它受到技术进步、管理水平、项目经济技术环境等多种因素的制约。制约建设规模合理化的主要因素包括市场因素、技术因素以及环境因素等。合理地处理好这几个制约因素间的关系,对确定项目合理的建设规模,从而控制好投资十分重要。

1)市场因素

市场因素是确定建设规模需考虑的首要因素。

(1)市场需求。市场需求状况是确定建设规模的前提。通过对产品市场需求的科学分析与预测,在准确把握市场需求状况、及时了解竞争对手情况的基础上,最终确定项目的最佳建设规模。在一般情况下,项目的建设规模应以市场预测的需求量为限,并根据项目产品市场的长期发展趋势做相应调整,确保所建项目在未来能够保持合理的盈利水平和持续发展的能力。

(2)原材料市场、资金市场、劳动力市场等对建设规模的选择起着不同程度的制约作用。例如原材料供应紧张和价格上涨造成项目所需投资资金的筹集困难和资金成本上升等,进而制约项目的规模。

(3)市场价格是影响营销策略和竞争力的主要因素。市场价格预测应综合考虑影响预期价格变动的各种因素,以便对市场价格做出合理的预测。

(4)市场风险分析是确定建设规模的重要依据。在可行性研究中,市场风险分析是指对未来某些重大不确定因素发生的可能性及其对项目可能造成的损失进行分析,并提出风险规避措施。市场风险分析可采用定性分析或定量分析的方法。

2)技术因素

先进、适用的生产技术及技术装备是项目规模效益赖以存在的基础,而相应的管理技术水平是实现项目规模效益的保证。与经济规模生产相适应的先进技术及其装备的来源没有保障,或获取技术的成本过高,或管理技术水平跟不上,不仅达不到预期的项目规模效益,还会给项目的生存和发展带来危机,导致项目投资效益低下、工程造价支出严重浪费。

3)环境因素

项目的建设、生产和经营都离不开一定的社会经济环境,项目建设规模确定需考虑的主要环境因素有政策因素、燃料动力供应、协作及土地条件、运输及通信条件。其中,政策因素包括产业政策、投资政策、技术经济政策,以及国家、地区和行业经济发展规划等。为了取得较好的项目规模效益,国家对部分行业的新建项目规模做了下限规定,确定项目建设规模时应予以遵照执行。

在对以上三方面进行充分考核的基础上,应确定相应的产品方案、产品组合方案和项目建设规模。可行性研究报告应根据经济合理性、市场容量、环境容量以及资金、原材料和主要外部协作条件等方面的研究,对项目建设规模进行充分论证,必要时进行多方案技术经济比较。大型、复杂项目的建设规模论证应研究合理、优化的工程分期,明确初期规模和远景规模。不同行业、不同类型项目在研究确定其建设规模时还应充分考虑其自身特点。

不同行业、不同类型项目确定建设规模时应考虑的因素如表 3-1 所示。

表 3-1　不同行业、不同类型项目确定建设规模时应考虑的因素

行　业	确定建设规模时应考虑的因素
煤炭、金属与非金属矿山、石油、天然气等矿产资源开发项目	资源合理开发利用要求和资源可采储量、赋存条件等因素
水利水电项目	水的资源量、水的可开发利用量、地质条件、建设条件、库区生态影响、占用土地以及移民安置等因素
铁路、公路项目	影响区域内一定时期运输量的需求预测、项目在综合运输系统和本系统中的作用确定、线路等级、线路长度和运输能力等因素
技术改造项目	建设项目生产规模与企业现有生产规模的关系,新建生产规模属于外延型还是外延-内涵复合型,以及利用现有场地、公用工程和辅助设施的可能性等因素

2. 建设地区及建设地点

在一般情况下,确定某个建设项目的具体地址,需要经过建设地区选择和建设地点选择(厂址选择)两个不同层次、相互联系又相互区别的工作阶段。二者之间是一种递进关系。其中,建设地区选择是指在几个不同地区之间对拟建建设项目适宜配置的区域范围的选择,建设地点选择是指对拟建建设项目具体坐落位置的选择。

1) 建设地区选择

建设地区选择得合理与否,在很大程度上决定着拟建建设项目的命运,影响着工程造价的高低、建设工期的长短、建设质量的好坏,还影响到项目建成后的运营状况。因此,建设地区选择要充分考虑各种因素的制约。建设地区选择具体要考虑以下制约因素。

(1) 要符合国民经济发展战略规划、国家工业布局总体规划和地区经济发展规划的要求。

(2) 要根据项目的特点和需要,充分考虑原材料条件、能源条件、水源条件、各地区对项目产品的需求及运输条件等。

(3) 要综合考虑气象、地质、水文等建厂的自然条件。

(4) 要充分考虑劳动力来源、生活环境、协作、施工力量、风俗文化等社会环境因素的影响。

2) 建设地点选择

遵照上述原则确定建设地区后,具体的建设地点(厂址)的选择又是一项极为复杂的技术经济综合性很强的系统工程,它不仅涉及项目建设条件、产品生产要素、生态环境和未来产品销售等重要问题,受社会、政治、经济、国防等多因素的制约,而且直接影响到项目建设投资、建设速度和施工条件,以及未来企业的经营管理和所在地点的城乡建设规划与发展。因此,必须从国民经济和社会发展的全局出发,运用系统观点和方法分析选择建设地点。

3. 技术方案

先进、适用的生产技术及技术装备是项目规模效益赖以存在的基础,而相应的管理技术水平是实现项目规模效益的保证。与经济规模生产相适应的先进技术及其装备的来源没有保障,或获取技术的成本过高,或管理技术水平跟不上,不仅达不到预期的项目规模效益,还会给项目的生存和发展带来危机,导致项目投资效益低下、工程造价支出严重浪费。

4. 设备方案

在确定生产工艺流程和生产技术后,应根据工厂生产规模和工艺过程的要求,选择设备的型

号和数量。设备的选择与技术密切相关,二者必须匹配。没有先进的技术,再好的设备也没用;没有先进的设备,技术的先进性无法体现。

设备方案选择应符合以下要求。

(1) 主要设备方案应与确定的建设规模、产品方案和技术方案相适应,并满足项目投产后生产或使用的要求。

(2) 主要设备之间、主要设备与辅助设备之间的生产或使用性能要相互匹配。

(3) 设备应安全可靠、性能成熟,保证生产和产品质量稳定。

(4) 在保证设备性能的前提下,力求经济合理。

(5) 选择的设备应符合政府部门或专门机构发布的技术标准要求。

5. 工程方案

工程方案构成项目的实体。工程方案选择是指在已选定项目建设规模、技术方案和设备方案的基础上,研究论证主要建筑物、构筑物的建造方案,包括对建筑标准的确定。

1) 所选择的工程方案应满足的基本要求

(1) 满足生产使用功能要求。确定项目的工程内容、建筑面积和建筑结构时,应满足生产和使用的要求。对于分期建设的项目,应留有适当的发展余地。

(2) 适应已选定的场址(线路走向)。在已选定的场址(线路走向)的范围内,合理布置建筑物、构筑物,以及确定地上、地下管网的位置。

(3) 符合工程标准规范要求。建筑物、构筑物的基础、结构和所采用的建筑材料,应符合政府部门或者专门机构发布的技术标准规范要求,确保工程质量。

(4) 经济合理。工程方案在满足使用功能、确保质量的前提下,力求降低造价、节约建设资金。

2) 工程方案的研究内容

(1) 一般工业建设项目的厂房、工业窑炉、生产装置等建筑物、构筑物的工程方案,主要研究其建筑特征(面积、层数、高度、跨度)、结构形式,以及特殊建筑要求(防火、防爆、防腐蚀、隔声、隔热等)、基础工程方案、抗震设防等。

(2) 矿产开采项目的工程方案主要研究开拓方式。矿产开采项目一般根据矿体分布、形态、地质构造等条件,结合矿产品位、可采资源量,确定井下开采或者露天开采的工程方案。这类项目的工程方案将直接转化为生产方案。

(3) 铁路项目工程方案的主要研究内容包括线路、路基、轨道、桥涵、隧道、站场以及通信信号等。

(4) 水利水电项目工程方案的主要研究内容包括防洪、治涝、灌溉、供水、发电等。水利水电枢纽和水库工程主要研究坝址、坝型、坝体建筑结构、坝基处理,以及各种建筑物、构筑物的工程方案。同时,还应研究提出库区移民安置的工程方案。

6. 环境保护措施

建设项目一般会引起项目所在地自然环境、社会环境和生态环境的变化,对环境状况、环境质量产生不同程度的影响。因此,在确定场址方案和技术方案时,需要对项目所在地的环境条件进行充分的调查研究,识别和分析拟建设项目影响环境的因素,并提出治理和保护环境的措施,比选和优化环境保护方案。

1) 环境保护的基本要求

建设项目应注意保护场址及其周围地区的水土资源、海洋资源、矿产资源、森林植被、文物古迹、风景名胜等自然环境和社会环境。建设项目的环境保护措施应坚持以下原则。

(1) 符合国家环境保护相关法律、法规以及环境功能规划的整体要求。

(2) 坚持污染物排放总量控制和达标排放的要求。

(3) 坚持"三同时原则",即环境治理措施应与项目的主体工程同时设计、同时施工、同时投产使用。

(4) 力求环境效益与经济效益相统一,工程建设与环境保护必须同步规划、同步实施、同步发展,全面规划,合理布局,统筹安排好工程建设和环境保护工作,力求环境保护治理方案技术可行和经济合理。

(5) 注重资源综合利用和再利用,对项目在环境治理过程中产生的废气、废水、固体废弃物等,应提出回水处理和再利用方案。

2) 环境治理措施方案

对于在项目建设过程中涉及的污染源和排放的污染物等,应根据其性质的不同,采用有针对性的治理措施。

(1) 废气污染治理可采用冷凝法、活性炭吸附法、催化燃烧法、催化氧化法、酸碱中和法、等离子法等方法。

(2) 废水污染治理可采用物理法(如重力分离法、离心分离法、过滤法、蒸发结晶法、磁分离法等)、化学法(如中和法、化学凝聚法、氧化还原法等)、物理化学法(如离子交换法、电渗析法、反渗透法、气泡浮上分离法、汽提吹脱法、吸附萃取法等)、生物法(如自然氧化法、生物滤化法、活性污泥法、厌氧发酵法)等方法。

(3) 固体废弃物污染治理:有毒废弃物可采用防渗漏池堆存法;放射性废弃物可采用封闭固化法;无毒废弃物可采用露天堆存法;生活垃圾可采用卫生填埋、堆肥、生物降解或者焚烧方式处理;可利用无毒害固体废弃物加工制作建筑材料或者将其作为建材添加物,对其进行综合利用。

(4) 粉尘污染治理可采用过滤除尘法、湿式除尘法、电除尘法等方法。

(5) 噪声污染治理,可采用吸声、隔声、减振、隔振等措施。

(6) 建设和生产运营引起环境破坏的治理。对岩体滑坡、植被破坏、地面塌陷、土壤劣化等,也应提出相应的治理方案。

3) 环境治理措施方案比选

对环境治理的各局部方案和总体方案进行技术经济比较,做出综合评价,并提出推荐方案。环境治理措施方案比选的主要内容如下。

(1) 技术水平对比,分析对比不同环境治理措施方案所采用的技术和设备的先进性、适用性、可靠性和可得性。

(2) 治理效果对比,分析对比不同环境治理措施方案在治理前及治理后环境指标的变化情况,以及能否满足环境保护法律法规的要求。

(3) 管理及监测方式对比,分析对比各环境治理措施方案所采用的管理和监测方式的优缺点。

(4) 环境效益对比,将环境治理保护所需投资和环保措施运行费用与所获得的收益相比较,并将分析结果作为环境治理措施方案比选的重要依据。效益费用比值较大的环境治理措施方案为优。

3.1.3 项目决策阶段的工作内容

1.编制项目建议书

项目建议书是拟建建设项目单位向国家提出的要求建设某一项目的建议文件,是对建设项目的轮廓设想。它的主要作用是推荐一个拟建建设项目,论述其建设的必要性、建设条件的可行性和获利的可能性,供国家选择并确定是否进行下一步工作。

对于政府投资项目,项目建议书按要求编制完成后,应根据建设规模和限额划分分别报送有关部门审批。项目建议书经批准后,可以进行详细的可行性研究工作,但这并不表明项目非上不可,批准的项目建议书不是项目的最终决策。

对于企业不使用政府资金投资建设的项目,政府不再进行投资决策性质的审批,项目实行核准制或登记备案制,企业不需要编制项目建议书而可直接编制可行性研究报告。

2.编制可行性研究报告

可行性研究是对建设项目在各个方面进行深入、细致、科学的调查研究,系统对建设项目在技术上是否可以落实、在经济上是否合理进行科学的分析和论证,对建设项目是否可行进行定性或定量的技术经济分析。可行性研究工作完成后,需要编制反映其全部工作成果的可行性研究报告。

3.项目投资决策审批制度

政府投资项目和非政府投资项目分别实行审批制和核准制或登记备案制。

1) 政府投资项目

对于采用直接投资和资本金注入方式的政府投资项目,政府需要从投资决策的角度审批项目建议书和可行性研究报告,特殊情况下审批开工报告,同时还要严格审批其初步设计和概算;对于采用投资补助、转贷和贷款贴息方式的政府投资项目,政府只审批资金申请报告。

政府投资项目一般都要经过符合资质要求的咨询中介机构的评估论证,特别重大的项目还应实行专家评议制度。国家将逐步实行政府投资项目公示制度,以广泛听取各方面的意见和建议。

2) 非政府投资项目

对于企业不使用政府资金投资建设的项目,一律不再实行审批制,区别不同情况实行核准制或登记备案制。

(1)核准制。企业投资建设《政府核准的投资项目目录》中的项目时,仅需向政府提交项目申请报告,不需要编制项目建议书、可行性研究报告和开工报告。

(2)登记备案制。对于《政府核准的投资项目目录》以外的企业投资项目,实行登记备案制。

《企业投资项目核准和备案管理办法》

3.2 建设项目可行性研究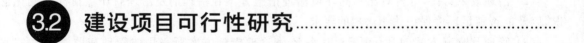

3.2.1 可行性研究的概念

可行性研究是指在投资决策前,对与建设项目有关的社会、经济和技术等各方面情况进行深入、细致的调查研究,综合研究、论证建设项目的技术先进性、适用性、可靠性、经济合理性和有利性,以及建设的可能性和可行性。建设项目可行性研究的基本内容包括技术、经济和社会三大方面。

可行性研究是建设前期工作的重要步骤,是编制建设项目设计任务书的依据。对建设项目进行可行性研究是基本建设管理中的一项重要基础工作,是保证建设项目以最小的投资换取最佳经济效果的科学方法。

3.2.2 可行性研究的步骤和内容及可行性研究报告的编制要求

1. 可行性研究的步骤

可行性研究的基本工作步骤大致可以概括如下。

(1) 签订委托协议。

(2) 组建工作小组。

(3) 制定工作计划。

(4) 市场调查与预测。

(5) 方案编制与优化。

(6) 项目评价。

(7) 编写可行性研究报告。

(8) 与委托单位交换意见。

2. 可行性研究的内容

建设项目可行性研究的主要内容如下。

(1) 项目建设的必要性。

(2) 市场分析。

(3) 建设方案分析。

(4) 投资估算分析。

(5) 融资方案分析。

(6) 财务分析(也称财务评价)。

(7) 经济分析(也称国民经济评价)。

(8) 经济影响分析。

(9) 资源利用分析。

(10) 土地利用及移民搬迁安置方案分析。

(11) 社会评价或社会影响分析。

(12) 敏感性分析与盈亏平衡分析。

(13) 风险分析。

(14) 结论与建议。

3. 可行性研究报告的编制要求

(1) 编制单位具备承担可行性研究的条件和资质。

(2) 编制单位具有确保可行性研究报告真实性和科学性的机制。

（3）建立和实施了可行性研究规范化和标准化制度。

（4）可行性研究报告编制实行责任到人和终身负责制度。

3.2.3 可行性研究报告的作用

建设项目可行性
研究报告编写规范

（1）可行性研究报告是对项目进行投资决策的依据。社会主义市场经济投资体制的改革，把原由政府财政统一分配投资的格局变成了由国家、地方、企业和个人多元投资的格局，打破了由一个建设单位无偿使用的局面。因此，建设单位和国家审批机关主要根据可行性研究报告提供的评价结果，确定对此项目是否进行投资和如何进行投资，可行性研究报告是建设单位决策性的文件。

（2）批准的可行性研究报告是建设单位筹措资金特别是向银行申请贷款或向国家申请补助资金的重要依据，也是其他投资者的合资根据。对于向银行贷款或申请国家补助资金的项目，必须向有关部门报送项目的可行性研究报告。银行或国家有关部门对可行性研究报告进行审查，并认定项目确实可行后，才同意贷款或进行资金补助。世界银行等国际金融组织以及我国中国建设银行、国家开发银行等金融机构都把提交可行性研究报告作为建设项目申请贷款的先决条件。

（3）可行性研究报告是进行项目初步设计的依据。初步设计是根据可行性研究报告对所要建设的项目规划出实际性的建设蓝图，即较详尽地规划出此项目的规模、产品方案、总体布置、工艺流程、设备选型、劳动定员、三废治理、建设工期、投资概算、技术经济指标等内容，并为下一步实施项目设计提出具体操作方案。初步设计不得违背可行性研究报告已经论证的原则。

（4）可行性研究报告是国家各级计划综合部门对固定资产投资实行调控管理，编制发展计划，进行固定资产投资、技术改造投资的重要依据。由于大中型建设项目考虑的因素多、涉及的范围广、投入的资金数额大，可能对全局和当地的近、远期经济生活带来深远的影响，如长江三峡水利枢纽工程不仅耗资大、工期长，还需要大批地移民，因此这些项目的可行性研究报告的内容更加详细，可作为计划综合部门实际对固定资产投资进行调控管理和编制国民经济及社会发展计划的重要依据。

（5）可行性研究报告是建设单位拟定新技术引进和新设备采购计划的依据。可行性研究报告中对拟建建设项目采用新技术、新设备已进行了可行性分析和论证认为可行的，建设单位可根据可行性研究报告拟定新技术引进和新设备采购计划。

（6）批准的可行性研究报告是建设单位向国土开发及土地管理部门申请建设用地的依据。因为可行性研究报告对拟建建设项目如何合理利用土地的设想提出了办法和措施，国家开发及土地管理部门可根据可行性研究报告具体审查用地计划，办理土地使用手续。可行性研究报告为确保项目达到环境保护标准，提出了环境治理措施和办法，这些信息可作为环保部门对项目进行环境评价、具体研究环境治理措施，签发项目建设许可文件的主要依据。

可行性研究报告是项目建设的基础资料。在可行性研究过程中，因为运用了大量的基础资料，一旦有关地形、工程地质、水文、矿产资源储量、工业性实验的数据不完整，不能满足下一个阶段的工作需要，负责初步设计的部门就需要根据可行性研究报告所提出的要求和建议，进一步开展有关地形、工程地质、水文等的勘察工作或加强工业性实验，补充有关数据。

3.3 建设项目投资估算

3.3.1 投资估算概述

1. 投资估算的含义

投资估算是在投资决策阶段,以方案设计或可行性研究报告为依据,按照规定的程序、方法和依据,对拟建建设项目所需总投资及其构成进行预测和估计;是在研究并确定项目的建设规模、产品方案、技术方案、工艺技术、设备方案、厂址方案、工程建设方案以及项目进度计划等的基础上,根据特定的方法,估算项目从筹建、施工直至建成投产所需全部建设资金总额并测算建设期各年资金使用计划的过程。投资估算的成果文件称作投资估算书,也简称投资估算。投资估算是项目建议书和可行性研究报告的重要组成部分,是项目决策的重要依据之一。

投资估算的准确性不仅影响可行性研究工作的质量和经济评价结果,而且直接关系到下一阶段设计概算和施工图预算的编制,以及建设项目的资金筹措方案的编制。因此,全面准确地估算建设项目的工程造价,是可行性研究乃至整个决策阶段工程造价管理的重要任务。

2. 投资估算的构成

投资估算的费用构成应包括该项目从筹建、设计、施工直至竣工投产所需的全部费用,分为建设投资、建设期利息和流动资金三部分内容。

建设投资估算内容按照费用的性质可以划分为建筑安装工程费用(也称工程费用)、设备及工器具购置费、工程建设其他费用、预备费。

建设期利息是指筹措债务资金时在建设期内发生并按照规定允许在投产后计入固定资产原值的利息,即资本化利息。

流动资金是指生产经营性建设项目投产后,用于购买原材料和燃料、支付工资及其他经营费用等所需的周转资金。

3. 投资估算的特点

由于投资估算处于项目拟建论证初级阶段,很多项目建设资料不精确也不完整,所以投资估算具有大额性、阶段性、复杂性、广泛性、不准确性、主观性的特点。

4. 投资估算的作用

投资估算作为论证拟建建设项目的重要经济文件,既是项目技术经济评价和投资决策的重要依据,又是项目实施阶段投资控制的目标值。投资估算在建设项目的投资决策、造价控制、筹集资金等方面都有重要作用。

(1) 项目建议书阶段的投资估算是项目主管部门审批项目建议书的依据之一,也是编制项目规划、确定建设规模的参考依据。

(2) 项目可行性研究阶段的投资估算是项目投资决策的重要依据,也是研究、分析、计算项目投资经济效果的重要条件。当可行性研究报告被批准后,其投资估算额将作为设计任务书中下达的投资限额,即建设项目投资的最高限额,不得随意突破。

(3) 项目投资估算是设计阶段工程造价控制的依据。投资估算一经确定,即成为限额设计

83

的依据,用以对各设计专业实行投资切块分配,作为控制和指导设计的尺度。

(4)项目投资估算可作为筹措项目资金及制定建设贷款计划的依据,建设单位可根据批准的项目投资估算额进行资金筹措和向银行申请贷款。

(5)项目投资估算是核算建设项目固定资产投资需要额和编制固定资产投资计划的重要依据。

(6)投资估算是建设项目设计招标、优选设计单位和设计方案的重要依据。在项目设计招标阶段,投标单位报送的投标书中包括项目设计方案、项目的投资估算和经济性分析,招标单位根据投资估算对各项设计方案的经济合理性进行分析、衡量、比较,在此基础上,择优确定设计单位和设计方案。

5. 投资估算的阶段划分和精度要求

投资估算涉及项目规划、项目建议书、初步可行性研究、可行性研究等阶段,是项目决策的重要依据之一。投资估算的准确性不仅影响可行性研究工作的质量和经济评价结果,而且直接关系到下一阶段设计概算和施工图预算的编制,以及建设项目资金筹措方案的编制。因此,应全面准确地对建设项目建设总投资进行投资估算。我国建设项目的投资估算可分为以下几个阶段。

(1)项目规划阶段的投资估算。在项目规划阶段,建设单位根据国民经济发展规划、地区发展规划和行业发展规划的要求,编制建设项目的建设规划。在此阶段,按项目规划的要求和内容粗略估算建设项目所需投资额,对投资估算精度的要求为允许误差大于±30%。

(2)项目建议书阶段的投资估算。在项目建议书阶段,建设单位根据项目建议书中的产品方案、项目的建设规模、产品主要生产工艺、企业车间组成、初选的建厂地点等,估算建设项目所需投资额。此阶段的投资估算是审批项目建议书的依据,是判断项目是否需要进入下一阶段工作的依据。此阶段对投资估算精度的要求为误差控制在±30%以内。

(3)初步可行性研究阶段的投资估算。在初步可行性研究阶段,建设单位在掌握更详细、更深入的资料的条件下,估算建设项目所需投资额。此阶段的投资估算为初步明确项目方案、对项目进行技术经济论证提供依据,同时是判断是否进行详细可行性研究的依据。此阶段对投资估算精度的要求为误差控制在±20%以内。

(4)可行性研究阶段的投资估算。可行性研究阶段的投资估算较为重要,是对项目进行较详细的技术经济分析、决定项目是否可行,并比选出最优投资行动方案的依据。此阶段的投资估算经审查批准后,即为工程设计任务书中规定的项目投资限额,对工程设计概算起控制作用。此阶段对投资估算精度的要求为误差控制在±10%以内。

3.3.2 投资估算的编制

1. 投资估算的编制依据

建设项目投资估算的编制依据是指在编制投资估算时所遵循的计量规则、市场价格、费用标准及与工程造价计价有关的参数、率值等基础资料。建设项目投资估算的主要编制依据如下。

(1)国家、行业和地方政府的有关法律、法规或规定,政府有关部门、金融机构等发布的价格指数、利润、汇率等有关参数。

(2)行业部门、项目所在地工程造价管理机构或行业协会等编制的投资估算指标、概算指标(定额)、工程建设其他费用定额(规定)、综合单价、价格指数和有关工程造价文件等。

(3)类似工程的各种技术经济指标和参数。

（4）项目所在地同期的人工、材料、机械、建筑、工艺及附属设备的市场价格。

（5）与建设项目相关的工程地质资料、设计文件、图纸或有关设计专业提供的主要工程量和主要设备清单等。

（6）委托单位提供的其他技术经济资料。

2. 投资估算的编制要求

（1）应委托有相应工程造价咨询资质的单位编制。

（2）应根据主体专业设计的阶段和深度，结合各自行业的特点和所采用生产工艺流程的成熟性，以及编制单位所掌握的国家、地区、行业或部门相关投资估算基础资料和数据的合理性、可靠性、完整程度，采用合适的方法，对建设项目投资估算进行编制。

（3）应做到工程内容和费用构成齐全，不漏项，不提高或降低估算标准，计算合理，不少算、不重复计算。

（4）应充分考虑拟建建设项目设计的技术参数和投资估算所采用的估算系数、估算指标在质和量方面所综合的内容，应遵循口径一致的原则。

（5）应根据项目的具体内容及国家有关规定等，将所采用的估算系数和估算指标价格、费用水平调整到项目所在地及投资估算编制年的实际水平。对于建设项目的边界条件，如建设用地费和外部交通、供水、供电、通信条件，或市政基础设施配套条件等差异所产生的与主要生产内容投资无必然关联的费用，应结合建设项目的实际情况进行修正。

（6）应对影响工程造价变动的因素进行敏感性分析，分析市场的变动因素，充分估计物价上涨因素和市场供求情况对项目造价的影响，确保投资估算的编制质量。

（7）投资估算精度应能满足控制初步设计概算的要求，并尽量减小投资估算的误差。

3. 投资估算的编制步骤

投资估算主要包括项目建议书阶段的投资估算和可行性研究阶段的投资估算。

可行性研究阶段的投资估算编制一般包含静态投资部分估算、动态投资部分估算与流动资金估算三个部分，主要包括以下步骤。

（1）分别估算各单项工程所需建筑工程费、设备及工器具购置费、安装工程费，在汇总各单项工程费用的基础上，估算工程建设其他费用和基本预备费，完成工程项目静态投资部分的估算。

（2）在静态投资部分的基础上，估算价差预备费和建设期利息，完成工程项目动态投资部分的估算。

（3）估算流动资金。

（4）估算建设项目总投资。

4. 投资估算的编制内容

根据《建设项目投资估算编审规程》（CECA/GC 1—2015）规定，按照编制估算的工程对象划分，投资估算包括建设项目投资估算、单项工程投资估算和单位工程投资估算等。

投资估算文件一般由封面、签署页、投资估算编制说明、投资估算分析、总投资估算表、单项工程估算表、主要技术经济指标等内容组成。

1）投资估算编制说明

投资估算编制说明一般包括以下内容。

（1）工程概况。

（2）编制范围：说明建设项目总投资估算中所包括的和不包括的工程项目和费用；当投资估算由几个单位共同编制时，说明分工编制的情况。

（3）编制方法。

（4）编制依据。

（5）主要技术经济指标：包括投资、用地和主要材料用量指标。当设计规模有远、近期不同的考虑时，或者当土建与安装的规模不同时，应分别计算后再综合。

（6）有关参数、率值选定的说明，如征拆迁、供电供水、考察咨询等费用的费率标准选用情况。

（7）特殊问题的说明（包括采用新技术、新材料、新设备、新工艺）：必须说明的价格的确定过程；进口材料、设备、技术费用的构成与技术参数；采用特殊结构的费用估算方法；安全、节能、环境保护、消防等专项投资占建设项目总投资的比重；建设项目占总投资中未计算项目和费用的必要说明等。

（8）采用限额设计的工程应对投资限额和投资分解做进一步说明。

（9）采用方案比选的工程应对方案比选的估算和经济指标做进一步说明。

2）投资估算分析

投资估算分析应包括以下内容。

（1）工程投资比例分析。

（2）设备及工器具购置费、建筑工程费、安装工程费、工程建设其他费用、预备费、建设期利息占建设项目总投资的比例分析，引进设备费用占全部设备费用的比例分析等。

（3）影响投资的主要因素分析。

（4）与类似工程项目的比较，对投资总额进行分析。

3）总投资估算

总投资估算包括汇总单项工程投资估算、工程建设其他费用估算、基本预备费估算、价差预备费估算、建设期利息等。

4）单项工程投资估算

单项工程投资估算应按建设项目划分的各个单项工程分别计算组成工程费用的建筑工程费、设备及工器具购置费和安装工程费。

5）工程建设其他费用估算

工程建设其他费用估算应按预期将要发生的工程建设其他费用种类逐项详细估算费用金额。

6）主要技术经济指标

工程造价人员应根据项目特点，计算并分析整个建设项目、各单项工程和主要单位工程的主要技术经济指标。

3.3.3 投资估算的计算方法

1.静态投资部分的估算方法

静态投资部分的估算方法很多，它们各有其适用的条件和范围，而且误差程度也不相同。在一般情况下，应根据项目的性质、拥有的技术经济资料和数据的具体情况，选用适宜的估算方法。

在项目规划和项目建议书阶段,投资估算的精度较低,可采取简单的投资估算方法,如单位生产能力估算法、生产能力指数法、系数估算法、比例估算法或混合法等,在条件允许时也可采用指标估算法;在可行性研究阶段,投资估算精度要求高,需采用相对详细的投资估算方法,如指标估算法。

1) 单位生产能力估算法

单位生产能力估算法是指根据已建成的、性质类似的建设项目的单位生产能力投资乘以建设规模,即得到拟建建设项目的静态投资的方法。它的计算公式为

$$C_2 = \left(\frac{C_1}{Q_1}\right)Q_2 f \qquad (3\text{-}1)$$

式中:C_1——已建类似建设项目的静态投资;

C_2——拟建建设项目静态投资;

Q_1——已建类似建设项目的生产能力;

Q_2——拟建建设项目的生产能力;

f——不同时期、不同地点的定额、单价、费用和其他差异的综合调整系数。

这种方法将建设项目的建设投资与生产能力的关系视为简单的线性关系,估算简便迅速,而事实上单位生产能力的投资会随建设规模的增大而减少,因此这种方法一般只适用于与已建类似建设项目在建设规模和时间上相近的拟建建设项目,一般两者间的生产能力比值为 0.2~2。另外,由于在实际工作中不易找到与拟建建设项目完全类似的项目,通常是把建设项目按车间、设施和装置进行分解,分别套用类似车间、设施和装置的单位生产能力投资指标计算,然后加总求得建设项目总投资,或根据拟建建设项目的建设规模和建设条件,将投资进行适当调整后估算建设项目的投资额。

单位生产能力估算法估算误差较大,达±30%,应用该投资估算方法时需要小心,注意以下几点。

(1) 地区性。地区性差异主要表现为两地经济情况不同,土壤、地质、水文情况不同,气候、自然条件有差异,材料、设备的来源、运输状况不同等。

(2) 配套性。每一个工程项目或装置均有许多配套装置和设施。这些配套装置和设施也可能有差异,如公用工程、辅助工程、厂外工程和生活福利工程等,均随地方差异和工程规模的变化而各不相同,它们并不与主体工程的变化呈线性关系。

(3) 时间性。建设项目不一定是在同一时间建,或多或少存在时间差异,在这段时间内技术、标准、价格等方面可能发生变化。

2) 生产能力指数法

生产能力指数法又称指数估算法,它是根据已建成的类似建设项目生产能力和投资粗略估算同类但生产能力不同的拟建建设项目静态投资的方法,是对单位生产能力估算法的改进。它的计算公式为

$$C_2 = \left(\frac{Q_2}{Q_1}\right)^x C_1 f \qquad (3\text{-}2)$$

式中:x——生产能力指数;

其他符号含义同式(3-1)。

式(3-2)表明,工程造价与建设规模(或容量)呈非线性关系,且单位造价随建设规模(或容量)的增大而减小。生产能力指数法的关键是生产能力指数的确定。生产能力指数一般要结合

行业特点确定,并应有可靠的例证。在正常情况下,$0 \leqslant x \leqslant 1$。对于不同生产率水平的国家和不同性质的建设项目,$x$ 的取值是不同的。不同情况下 x 的取值如表 3-2 所示。

表 3-2 不同情况下 x 的取值

不同情况	x 取值
已建类似建设项目建设规模和拟建建设项目建设规模的比值为 0.5～2	1
已建类似建设项目建设规模和拟建建设项目建设规模的比值为 2～50,且拟建建设项目生产规模的扩大仅靠增大设备规模来实现	0.6～0.7
已建类似建设项目建设规模和拟建建设项目建设规模的比值为 2～50,且拟建建设项目生产规模的扩大靠增加相同规格设备的数量来实现	0.8～0.9

【课堂练习】

某地 2019 年拟建一年产 40 万吨化工产品的建设项目。根据调查,该地区 2012 年建设的年产 10 万吨相同产品的已建建设项目的投资额为 6 000 万元。已知生产能力指数为 0.6,2012 年至 2019 年工程造价平均每年递增 10%,估算该拟建建设项目的投资。

【解】 拟建建设项目的投资为

$$6\ 000 \times (40/10)^{0.6} \times (1+10\%)^7 \text{万元} = 26\ 861.857\ 5 \text{万元}$$

与单位生产能力估算法相比,生产能力指数法精确度略高,误差可控制在 ±20% 以内。生产能力指数法主要应用于设计深度不足,拟建建设项目与已建类似建设项目的建设规模不同,设计定型并系列化,行业内相关指数和系数等基础资料完备的情况下。一般拟建建设项目与已建类似建设项目的生产能力比值不宜大于 50,在 10 内使用生产能力指数法的效果较好,否则误差就会增大。另外,尽管该投资估算方法估价误差仍较大,但它有它独特的好处,即这种投资估算方法不需要详细的工程设计资料,只需要知道工艺流程及建设规模就可以,在总承包工程报价时,承包商大都采用这种投资估算方法。

3)系数估算法

系数估算法也称为因子估算法,它是指以拟建建设项目的主体工程费或主要设备购置费为基数,以其他工程费与主体工程费或主要设备购置费的百分比为系数,据此估算拟建建设项目静态投资的方法。在我国,常用的系数估算法有设备系数法和主体专业系数法;世界银行建设项目投资估算常用的系数估算法是朗格系数法。

(1)设备系数法。设备系数法是指以拟建建设项目的主体工程费或主要设备购置费为基数,根据已建类似建设项目的建筑工程安装费和其他工程费占主体工程费或主要设备购置费的百分比,求出拟建它的项目建筑安装工程费和其他工程费,进而求出建设项目的静态投资。计算公式为

$$C = E(1 + f_1 P_1 + f_2 P_2 + f_3 P_3 + \cdots) + I \tag{3-3}$$

式中:C——拟建建设项目的静态投资;

E——拟建建设项目的主体工程费或主要设备购置费;

$P_1, P_2, P_3, \cdots$——已建类似建设项目中建筑安装工程费及其他工程费占主体工程费或主要设备购置费的百分比;

$f_1, f_2, f_3, \cdots$——建设时间、建设地点不同而产生的定额、价格、费用标准等差异的综合调

整系数；

I——拟建建设项目的其他费用。

（2）主体专业系数法。主体专业系数法是指以拟建建设项目中投资比重较大，并与生产能力直接相关的工艺设备投资为基数，根据已建类似建设项目的有关统计资料，计算出拟建建设项目各专业工程（总图、土建、采暖、给排水、管道、电气、自控等）与工艺设备投资的百分比，据以求出拟建建设项目各专业工程投资，然后加总即为拟建建设项目的静态投资。

它的计算公式为

$$C = E(1 + f_1 P'_1 + f_2 P'_2 + f_3 P'_3 + \cdots) + I \tag{3-4}$$

式中：$P'_1, P'_2, P'_3, \cdots$——已建类似建设项目中各专业工程费用与工艺设备投资的百分比。

其他符号含义同式（3-3）。

（3）朗格系数法。这种方法是以设备购置费为基数，通过将其乘以适当系数来推算建设项目的静态投资额。这种方法在国内不常见，是世界银行建设项目投资估算常采用的方法。该方法的基本原理是对建设项目总成本费用中的直接成本和间接成本分别进行计算，再合为建设项目的静态投资。它的计算公式为

$$C = E(1 + \sum K_i) \cdot K_c \tag{3-5}$$

式中：K_i——管线、仪表、建筑物等费用的估算系数；

K_c——管理费、合同费、应急费等间接费项目费用的总估算系数。

其他符号含义同式（3-3）。

静态投资与设备购置费之比为朗格系数 K_L，即

$$K_L = (1 + \sum K_i) \cdot K_c$$

【课堂练习】

某化工企业甲在 2019 年拟建新生产线，该项目生产能力为 500 万吨，采购的主要生产设备价值 15 000 万元。现获得了本地区类似企业乙在 2015 年的已建类似建设项目的建设资料，已知企业乙购买设备费 10 000 万元、建筑工程费 8 000 万元、建筑安装工程费 3 500 万元、工程建设其他费用 5 000 万元。2015 到 2019 年时间因素所引起的对设备购置费、建筑工程费、建筑安装工程费、工程建设其他费用的综合调整系数分别是 1.1、1.3、1.3、1.2，拟建建设项目的其他费用为 12 000 万元。计算该拟建新生产线的静态投资。

【解】 计算已建类似建设项目建筑工程费、建筑安装工程费、工程建设其他费占设备购置费的比例。

建筑工程费比例： $P_1 = 8\ 000/10\ 000 = 0.8$

安装工程费比例： $P_2 = 3\ 500/10\ 000 = 0.35$

工程建设其他费用比例： $P_3 = 5\ 000/10\ 000 = 0.5$

估算拟建建设项目的静态投资：

$$C = E(1 + f_1 P_1 + f_2 P_2 + f_3 P_3) + I$$
$$= 15\ 000\ 万元 \times (1 + 1.3 \times 0.8 + 1.3 \times 0.35 + 1.2 \times 0.5) + 12\ 000\ 万元$$
$$= 15\ 000\ 万元 \times 3.095 + 1\ 2000\ 万元 = 58\ 425\ 万元$$

2. 动态投资部分的估算方法

动态投资部分包括价差预备费和建设期利息。动态投资部分应以基准年静态投资的资金使

用计划为基础来计算,而不是以编制的年静态投资为基础计算。

1) 价差预备费

价差预备费的计算详见第1章。如果是涉外建设项目,还应该考虑汇率的影响。汇率是两种不同货币之间的兑换比率,汇率的变化意味着一种货币相对于另一种货币的升值或贬值。在我国,人民币与外币之间的汇率采取以人民币表示外币价格的形式给出,如1美元=6.3元人民币。由于涉外建设项目的投资中包含人民币以外的币种,需要按照相应的汇率把外币投资额换算为人民币投资额,所以汇率变化会对涉外建设项目的投资额产生影响。

(1) 外币对人民币升值:建设项目从国外市场购买设备、材料所支付的外币金额不变,但换算成人民币的金额增加;建设项目从国外借款,本息所支付的外币金额不变,但换算成人民币的金额增加。

(2) 外币对人民币贬值:建设项目从国外市场购买设备、材料所支付的外币金额不变,但换算成人民币的金额减少;建设项目从国外借款,本息所支付的外币金额不变,但换算成人民币的金额减少。

汇率变化对建设项目投资的影响,通过预测汇率在建设项目建设期内的变动程度,以估算年份的投资额为基数,通过相乘计算求得。

2) 建设期利息

建设期利息包括银行借款和其他债务资金的利息,以及其他融资费用。其他融资费用是指某些债务融资中发生的手续费、承诺费、管理费、信贷保险费等融资费用,一般情况下应对其单独计算并计入建设期利息;在建设项目前期研究的初期阶段,也可对其做粗略估算并计入建设投资;对于不涉及国外贷款的建设项目,在可行性研究阶段,也可对其做粗略估算并计入建设投资。建设期利息的计算详见第1章相关内容。

3. 流动资金的估算方法

流动资金是指项目运营需要的流动资产投资,指生产经营性建设项目投产后,为进行正常生产运营,用于购买原材料、燃料以及支付工资和其他经营费用等所需的周转资金。流动资金估算一般采用分项详细估算法,个别情况或者小型项目可采用扩大指标估算法。

1) 分项详细估算法

流动资金的显著特点是在生产过程中不断周转,周转额的大小与建设规模及周转速度直接相关。分项详细估算法是指根据建设项目的流动资产和流动负债,估算建设项目所占用流动资金的方法。其中,流动资产的构成要素一般包括存货、现金、应收账款和预付账款,流动负债的构成要素一般包括应付账款和预收账款。流动资金等于流动资产和流动负债的差额,计算公式为

$$流动资金=流动资产-流动负债 \tag{3-6}$$

$$流动资产=应收账款+预付账款+存货+现金 \tag{3-7}$$

$$流动负债=应付账款+预收账款 \tag{3-8}$$

$$流动资金本年增加额=本年流动资金-上年流动资金 \tag{3-9}$$

进行流动资金估算时,首先计算各类流动资产和流动负债的年周转次数,然后分项估算占用资金额。

(1) 年周转次数。年周转次数是指流动资金的各个构成项目在一年内完成多少个生产过程,可用1年天数(通常按360天计算)除以流动资金的最低周转天数计算。各项流动资金年平均占用额度为流动资金的年周转额度除以流动资金的年周转次数。年周转次数的计算公式为

$$年周转次数 = \frac{360}{流动资金最低周转天数} \tag{3-10}$$

各类流动资产和流动负债的最低周转天数,可参照同类企业平均周转天数并结合建设项目特点确定,或按部门(行业)的规定确定。另外,在确定最低周转天数时应考虑储存天数、在途天数,并考虑适当的保险系数。

(2)应收账款。应收账款是指企业对外赊销商品、提供劳务尚未收回的资金。它的计算公式为

$$应收账款 = \frac{年经营成本}{应收账款周转次数} \tag{3-11}$$

(3)预付账款。预付账款是指企业为购买各类材料、半成品或服务所预先支付的款项。它的计算公式为

$$预付账款 = \frac{外购商品或服务年费用金额}{预付账款周转次数} \tag{3-12}$$

(4)存货。存货是指企业为销售或者生产耗用而储备的各种物资,主要有原材料、辅助材料、燃料、低值易耗品、维修备件、包装物、商品、在产品、自制半成品和产成品等。为简化存货的计算,仅考虑外购原材料、燃料、其他材料、在产品和产成品,并分项进行计算。存货的计算公式为

$$存货 = 外购原材料、燃料 + 其他材料 + 在产品 + 产成品 \tag{3-13}$$

$$外购原材料、燃料 = \frac{年外购原材料、燃料费用}{分项周转次数} \tag{3-14}$$

$$其他材料 = \frac{年其他材料费用}{其他材料周转次数} \tag{3-15}$$

$$在产品 = \frac{年外购原材料、燃料费用 + 年工资及福利费 + 年修理费 + 年其他制造费用}{在产品周转次数}$$

$$\tag{3-16}$$

$$产成品 = \frac{年经营成本 - 年其他营业费用}{产成品周转次数} \tag{3-17}$$

(5)现金。建设项目流动资金中的现金是指货币资金,即企业生产运营活动中停留于货币形态的那部分资金,包括企业库存现金和银行存款。它的计算公式为

$$现金 = \frac{年工资及福利费 + 年其他费用}{现金周转次数} \tag{3-18}$$

$$年其他费用 = 制造费用 + 管理费用 + 营业费用 -$$
$$以上三项费用中所含的工资及福利费、折旧费、摊销费、修理费 \tag{3-19}$$

(6)流动负债。流动负债是指在一年或者超过一年的一个营业周期内,需要偿还的各种债务,包括短期借款、应付票据、应付账款、预收账款、应付工资、应付福利费、应付股利、应交税金、其他暂收应付款、预提费用和一年内到期的长期借款等。在可行性研究中,流动负债的估算可以只考虑应付账款和预收账款两项,它们的计算公式分别为

$$应付账款 = \frac{外购原材料、燃料费及其他材料费用}{应付账款周转次数} \tag{3-20}$$

$$预收账款 = \frac{预收的营业收入}{年金额预收账款周转次数} \tag{3-21}$$

2）扩大指标估算法

扩大指标估算法可根据现有同类企业的实际资料,求得各种流动资金率指标,也可根据行业或部门给定的参考值或经验确定比率,将各类流动资金率乘以相对应的费用基数来估算流动资金。一般常用的费用基数有营业收入、经营成本、总成本费用和建设投资等,究竟采用何种费用基数依行业习惯而定。年流动资金的计算公式为

$$年流动资金 = 年费用基数 \times 各类流动资金率 \qquad (3-22)$$

扩大指标估算法简便易行,但准确度不高,适用于项目建议书阶段的投资估算。

3.4 建设项目财务评价

3.4.1 建设项目财务评价概述

建设项目财务评价,又称建设项目财务分析,是建设项目经济评价的重要组成部分,是在现行会计规定、税收法规和价格体系下,通过财务效益与费用的预测,编制财务报表,计算评价指标,考察和分析建设项目的盈利能力、偿债能力和财务生存能力,据此明了建设项目的财务可行性和财务可接受性,并得出财务评价的结论。

1. 建设项目财务分析的内容

对于经营性建设项目,财务评价的内容包括盈利能力、偿债能力和财务生存能力的评价,对于非经营性建设项目,财务评价的内容主要是财务生存能力的评价,据此判断建设项目的财务可接受性,明确建设项目对财务主体及投资者的价值贡献,为建设项目决策提供依据。

1）盈利能力分析

盈利能力分析,即分析测算建设项目的财务盈利能力和盈利水平。

2）偿债能力分析

偿债能力分析,即分析测算建设项目财务主体偿还贷款的能力。

3）财务生存能力分析

财务生存能力分析,即分析建设项目是否有足够的净现金流量维持正常运营,以实现财务可持续性。财务可持续性应一方面体现在有足够的净现金流量,这是财务可持续的基本条件;另一方面体现在整个运营期间,允许个别年份的净现金流量出现负值,但各年累计盈余资金不出现负值,这是财务生存的必要条件。若个别年份的净现金流量出现负值,应进行短期借款,同时分析该短期借款的时间长短和数额大小,进一步判断建设项目的财务生存能力。短期借款应体现在财务计划现金流量表中,短期借款的利息应计入财务费用。为维持建设项目正常运营,还应分析短期借款的可靠性。

2. 建设项目财务分析的作用

建设项目财务分析是建设项目决策分析与评价的重要组成部分,它的作用体现在以下几个方面。

（1）建设项目财务分析是重要的决策依据。

（2）建设项目财务分析在建设项目或方案比选中起着重要作用。

（3）建设项目财务分析能配合投资各方谈判,促进平等合作。

（4）建设项目财务分析中的财务生存能力分析对建设项目，特别是对非经营性建设项目的财务可持续性的考察起着重要作用。

3. 建设项目财务分析的程序

（1）收集、整理和计算有关基础数据资料，主要包括以下内容。

① 建设项目建设规模和产品品种方案。

② 建设项目总投资估算和各年度使用计划，包括固定资产投资和流动资金。

③ 建设项目生产期间各年度产品成本，分别计算出总成本、经营成本、单位产品成本、固定成本和变动成本。

④ 建设项目资金来源方式、数额及贷款条件（包括贷款利率、偿还方式、偿还时间和各年度还本付息额）。

⑤ 建设项目生产期间各年度产品销量、销售收入、销售税金和销售利润及其分配额。

⑥ 建设项目实施进度，包括建设期、投产和达产的时间及进度等。

（2）运用基础数据资料编制基本的财务报表，包括建设项目投资财务现金流量表、建设项目资本金现金流量表、建设项目投资各方财务现金流量表、建设项目利润和利润分配表、建设项目资产负债表、建设项目财务计划现金流量表等。此外，还应编制建设项目辅助报表。建设项目辅助报表可参照国家规定或推荐的报表进行编制。

（3）通过基本的财务报表计算各财务评价指标，进行财务评价。

（4）进行不确定性分析。

（5）得出评价结论。

3.4.2　建设项目财务评价指标

建设项目经济效果可采用不同的财务评价指标来表示，任何一种财务评价指标都是从一定的角度、某一个侧面反映建设项目的经济效益，总会带有一定的局限性，因此需建立一整套财务评价指标体系来全面、真实、客观地反映建设项目的经济效益。

建设项目财务评价指标体系根据不同的标准，可做不同的分类。根据计算建设项目财务评价指标时是否考虑资金的时间价值，可将常用的建设项目财务评价指标分为静态评价指标和动态评价指标，如图 3-1 所示。根据建设项目财务评价指标所反映的评价内容，可将建设项目财务评价指标分为盈利能力分析指标、偿债能力分析指标和不确定性分析指标，如图 3-2 所示。根据建设项目财务评价指标的经济性质，可将建设项目财务评价指标分为时间性指标、价值性指标、比率性指标，如图 3-3 所示。

建设项目财务评价指标的具体计算如下。

1. 建设项目静态投资回收期（P_t）

从建设项目投资开始（第 0 年）算起，用投产后建设项目每年的净收益回收全部投资所需的时间，称为投资回收期。投资回收期一般以年为单位计，如果从投产年或达产年算起，应予以注明。投资回收期反映投资方案的增值能力和投资方案运行中的风险，是考察建设项目在财务上投资回收能力的重要指标。一般认为，投资回收期越短，投资方案的增值能力越强、运行风险越小。这里所说的全部投资既包括固定资产投资，又包括流动资金投资。建设项目每年的净收益是指税后利润加折旧费。

所谓静态投资回收期，是指不考虑资金的时间价值因素的投资回收期。它的计算公式可表

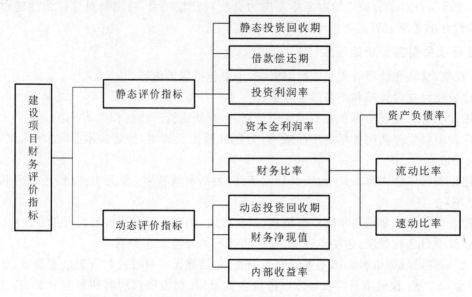

图 3-1　建设项目财务评价指标按是否考虑资金的时间价值分类

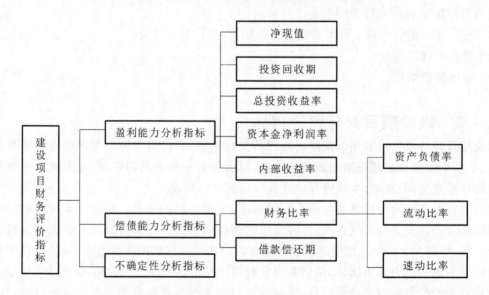

图 3-2　建设项目财务评价指标按评价内容分类

示为

$$\sum_{t=0}^{P_t} (CI - CO)_t = 0 \qquad\qquad (3-23)$$

式中:CI——现金流入量;

　　CO——现金流出量;

　　$(CI - CO)_t$——第 t 年的净现金流量;

　　P_t——静态投资回收期。

　　如果投产或达产后的年净收益相等,或用年平均净收益计算,则静态投资回收期的表达式为

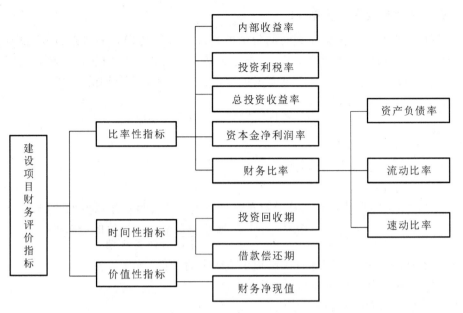

图 3-3　建设项目财务评价指标按经济性质分类

$$P_t = \frac{K}{NB} + T_k \qquad\qquad (3\text{-}24)$$

式中：K——建设项目总投资；

　　NB——建设项目每年的净收益；

　　T_k——建设项目建设期年限。

【课堂练习】

某建设项目总投资为 3 000 万元，3 年建成投产，投产后每年的净收益为 500 万元。试求该建设项目的静态投资回收期为多少？

【解】

$$P_t = \frac{K}{NB} + T_k = \frac{3\ 000}{500}\ 年 + 3\ 年 = 9\ 年$$

实际上，投产或达产后的年净收益不可能都是等额数值，因此静态投资回收期可根据全部投资财务现金流量表中累计净现金流量计算求得，计算公式为

$$P_t = T - 1 + \frac{第\ T-1\ 年累计净现金流量的绝对值}{第\ T\ 年净现金流量} \qquad\qquad (3\text{-}25)$$

式中：T——累计净现金流量首次出现正值或零的年份。

设基准投资回收期为 P_c，则判别准则为：

若 $P_t \leqslant P_c$，则建设项目可以接受；

若 $P_t > P_c$，则建设项目应予以拒绝。

静态投资回收期的优点主要是概念清晰，计算简便，在一定程度上反映了建设项目的经济性和风险的大小；缺点是未反映资金的时间价值，没有全面地考虑投资方案在整个计算期内的现金流量。

2. 建设项目动态投资回收期（P_t^*）

动态投资回收期是指在考虑资金时间价值的情况下计算的投资回收期，即将投资方案各年的净现金流量按基准收益率折成现值之后，再来折算而得出的投资回收期。动态投资回收期就是累计净现金流量现值首次出现正值或零时的年份。动态投资回收期的表达式为

$$\sum_{t=0}^{P_t^*} (CI - CO)_t (1 + i_c)^{-t} = 0 \qquad (3-26)$$

式中：P_t^*——动态投资回收期；

$(CI - CO)_t$——第 t 年的净现金流量；

i_c——基准收益率；

在实际应用中，可根据建设项目现金流量表用下列公式计算动态投资回收期：

$$P_t^* = T^* - 1 + \frac{\text{第 } T^* - 1 \text{ 年累计现金流量现值的绝对值}}{\text{第 } T^* \text{ 年净现金流量现值}} \qquad (3-27)$$

式中：T^*——累计净现金流量现值首次出现正值或零的年份。

设基准投资回收期为 P_c^*，则判别准则为：

若 $P_t^* \leqslant P_c^*$，则建设项目可以接受；

若 $P_t^* > P_c^*$，则建设项目应予以拒绝。

动态投资回收期具有静态投资回收期的优点和缺点，但由于资金具有时间价值的事实，因此动态投资回收期比静态投资回收期应用更广。

【课堂练习】

已知某建设项目投资现金流量表如表 3-3 所示，基准收益率为 10%，求该建设项目静态投资回收期和动态投资回收期。

表 3-3　某建设项目投资现金流量表　　　　　　　　　　　　　　　单位：万元

年份	0	1	2	3	4	5	6
现金流入			100	110	120	120	120
现金流出	220		40	50	50	50	50

【解】　由表 3-3 可分析得出该建设项目各年份的净现金流量、净现金流量现值、累计净现金流量、累计净现金流量现值，如表 3-4 所示。

$$P_t = T - 1 + \frac{\text{第 } T - 1 \text{ 年累计现金流量的绝对值}}{\text{第 } T \text{ 年净现金流量}}$$

$$= 5 \text{ 年} - 1 \text{ 年} + \frac{30}{70} \text{ 年}$$

$$= 4.43 \text{ 年}$$

该建设项目的动态投资回收期为

$$P_t^* = T^* - 1 + \frac{\text{第 } T^* - 1 \text{ 年累计净现金流量现值的绝对值}}{\text{第 } T^* \text{ 年净现金流量现值}}$$

$$= 6 \text{ 年} - 1 \text{ 年} + \frac{34.06}{39.51} \text{ 年}$$

$$= 5.86 \text{ 年}$$

表 3-4 该建设项目各年份的净现金流量、净现金流量现值、累计净现金流量、累计净现金流量现值

单位:万元

年份	0	1	2	3	4	5	6
现金流入			100	110	120	120	120
现金流出	220		40	50	50	50	50
净现金流量	−220		60	60	70	70	70
净现金流量现值	−220		49.59	45.08	47.81	43.46	39.51
累计净现金流量	−220	−220	−160	−100	−30	40	110
累计净现金流量现值	−220	−220	−170.41	−125.33	−77.52	−34.06	5.45

3. 净现值(NPV)

净现值(net present value,NPV)是指按设定的折现率,将建设项目寿命期内每年发生的净现金流量折现到建设期初的现值之和。它是对建设项目进行动态评价的最重要的指标之一,计算方式为

$$\text{NPV} = \sum_{t=0}^{n} (\text{CI} - \text{CO})_t (1 + i_c)^{-t} \tag{3-28}$$

式中:NPV——净现值;

$(\text{CI} - \text{CO})_t$——第 t 年的净现金流量;

i_c——基准收益率;

n——投资方案计算期。

判别准则如下:对单一项目方案而言,若 NPV$\geqslant$0,则建设项目应予以接受;若 NPV$<$0,则建设项目应予以拒绝。

当多方案比选时,净现值越大的投资方案相对越优。

净现值的优点是:对现金流量进行了合理折现,考虑了资金的时间价值,增强了投资经济性的评价;考虑了建设项目计算期全部的现金流量,体现了流动性与收益性的统一;考虑了投资风险,风险大则采用高折现率,风险小则采用低折现率。净现值的缺点是:净现金流量和折现率较难确定;计算较麻烦,难掌握;不能从动态角度直接反映建设项目的实际收益水平;建设项目投资额不等时,无法准确判断投资方案的优劣。

4. 净现值率(NPVR)

净现值率(net present value rate,NPVR),又称净现值指数,是指建设项目净现值与建设项目投资总额现值之比。在多投资方案比较时,如果几个投资方案的 NPV 值都大于或等于零但投资规模相差较大,则可用净现值率作为净现值的辅助指标。净现值率的经济含义是单位投资现值所能带来的净现值,计算公式为

$$\text{NPVR} = \frac{\text{NPV}}{I_p} = \frac{\text{NPV}}{\sum\limits_{t=0}^{m} I_t (P/F, i_c, t)} \tag{3-29}$$

式中:NPVR——净现值率;

NPV——净现值;

I_t——第 t 年的投资额;

I_p——投资现值;

i_c——基准收益率;

m——建设期年数。

判别准则如下:对单一项目方案而言,若 NPVR$\geqslant$0,则建设项目应予以接受;若 NPVR$<$0,则建设项目应予以拒绝。

当多投资方案比选时,净现值率越大的投资方案相对越优。

净现值率从动态角度反映建设项目资金投入与净产出之间的关系,但无法直接反映建设项目的实际收益水平。

【课堂练习】

某技术方案的初期投资额为 1 500 万元,此后每年年末的净现金流量为 400 万元,若基准收益率为 15%,技术方案的寿命期为 15 年,则该技术方案的净现值、净现值率分别为多少?

【解】 根据题意,该技术方案的现金流量图如图 3-4 所示。

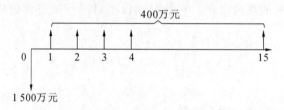

$$400 万元$$

1 500 万元

图 3-4　某技术方案的现金流量图

$$NPV = -1\ 500\ 万元 + 400(P/A, 15\%, 15)\ 万元 = 839\ 万元$$

$$NPVR = \frac{NPV}{I_p} = \frac{839}{1\ 500} = 0.56$$

由结果可知,此技术方案的净现值和净现值率均大于 0,该技术方案应予以接受。

5. 内部收益率(IRR)

内部收益率(internal rate of return, IRR)是指建设项目在计算期内各年净现金流量现值累计等于零时的折现率,它是反映建设项目盈利能力常用的重要的动态评价指标,计算公式为

$$\sum_{t=0}^{n} (CI - CO)_t (1 + IRR)^{-t} = 0 \tag{3-30}$$

内部收益率是反映建设项目实际收益水平的一个动态评价指标,该指标越大越好。在一般情况下,当内部收益率大于或等于基准收益率时,建设项目可行;当内部收益率小于基准收益率时,建设项目不可行。

内部收益率的优点是能够把建设项目寿命期内的收益与其投资总额联系起来,指出这个建设项目的收益率,便于将它同行业基准投资收益率进行对比,确定这个建设项目是否值得建设。但内部收益率表现的是比率,不是绝对值,一个内部收益率较低的建设项目,可能由于其规模较大而有较大的净现值因而更值得建设。所以在比选各个投资方案时,必须将内部收益率与净现值结合起来考虑。

6. 投资收益率

(1)总投资收益率(ROI)。总投资收益率是指建设项目达到设计生产能力后正常年份的年

息税前利润或运营期内年平均息税前利润（EBIT）与建设项目总投资（TI）的比率。它考察建设项目总投资的盈利水平，计算公式为

$$ROI = \frac{EBIT}{TI} \times 100\% \tag{3-31}$$

式中：EBIT——建设项目达到设计生产能力后正常年份的年息税前利润或运营期内年平均息税前利润；

    TI——建设项目总投资。

$$息税前利润 = 利润总额 + 计入总成本费用的利息费用$$

当总投资收益率高于同行业的总投资收益率参考值时，表明用总投资收益率表示的盈利能力满足要求。

（2）资本金净利润率（ROE）。资本金净利润率是指建设项目达到设计生产能力后正常年份的年净利润或运营期内平均净利润（NP）与建设项目资本金（EC）的比率，即

$$ROE = \frac{NP}{EC} \times 100\% \tag{3-32}$$

当建设项目资本金净利润率高于同行业的资本金净利润率参考值时，表明用建设项目资本金净利润率表示的盈利能力满足要求。

7. 资产负债率

资产负债率是反映建设项目各年所面临的财务风险程度及偿债能力的指标。它的计算公式为

$$资产负债率 = \frac{负债总额}{资产总额} \times 100\% \tag{3-33}$$

提供贷款的机构可以接受 100%以下（包括 100%）的资产负债率，当资产负债率大于 100%时，表明企业已资不抵债，到达破产底线。

8. 流动比率

流动比率是反映建设项目各年偿付流动负债能力的指标。它的计算公式为

$$流动比率 = \frac{流动资产总额}{流动负债总额} \times 100\% \tag{3-34}$$

计算出的流动比率越高，反映流动负债将有较多的流动资产作为保障，企业的短期偿债能力越强。但是，在不导致流动资产利用效率低下的情况下，流动比率保证在 200%左右较好。

9. 速动比率

速动比率是反映建设项目快速偿付流动负债能力的指标。它的计算公式为

$$速动比率 = \frac{流动资产总额 - 存货}{流动负债总额} \times 100\% \tag{3-35}$$

速动比率越高，表明企业的短期偿债能力越强，但是速动比率过高会影响资产利用效率，进而影响企业经济效益，因此速动比率保证在接近 100%较好。

10. 利息备付率（ICR）

利息备付率是指建设项目在借款偿还期内各年可用于支付利息的息税前利润（EBIT）与当期应付利息（PI）费用的比值，即

$$ICR = \frac{EBIT}{PI} \tag{3-36}$$

利息备付率应当按年计算,利息备付率表示建设项目的利润偿付利息的保障程度。对于正常运营的企业,利息备付率应当大于1,否则表示其付息能力保障程度不足。

【课堂练习】

1.某建设项目流动资产总额为500万元,其中存货为100万元,应付账款为380万元,求该建设项目的速动比率。

【解】

$$流动比率 = \frac{流动资产总额}{流动负债总额} \times 100\% = \frac{500-100}{380} \times 100\% = 105.26\%$$

2.某建设项目运营期第3年,有关财务数据为:利润总额1 000万元,全部为应纳税所得额,税率25%;当年折旧400万元,摊销不计;当年付息200万元,则建设项目运营期第3年的利息备付率为多少?

【解】

$$ICR = \frac{EBIT}{PI} = \frac{1\,000+200}{200} = 6$$

11. 偿债备付率(DSCR)

偿债备付率是指建设项目在借款偿还期内各年可用于还本付息的资金与当期应还本付息金额的比值。它的计算公式为

$$DSCR = \frac{EBITDA - T_{AX}}{PD} \tag{3-37}$$

式中:EBITDA——息税前利润加折旧和摊销费用;

  T_{AX}——企业所得税;

  PD——应还本付息金额,包括还本金额和计入总成本费用的全部利息,融资租赁费用可视
    同借款偿还,运营期内的短期借款本息也应纳入计算。

如果建设项目在运营期内有维持运营的投资,则可用于还本付息的资金应扣除维持运营的投资。

偿债备付率应分年计算,偿债备付率越高,表明可用于还本付息的资金保障程度越高。偿债备付率应大于1,并结合债权人的要求确定。

【课堂练习】

某建设项目运营期第四年的有关财务数据为:利润总额2 000万元,全部为应纳所得税额,所得税率25%;当年计提折旧600万元,不计摊销;当年还本1 200万元,付息300万元,求偿债备付率。

【解】
$$DSCR = \frac{2\,000+600+300-2\,000\times25\%}{1\,200+300} = 1.6$$

12. 借款偿还期

借款偿还期是指在国家财政规定及建设项目具体财务条件下,以建设项目投产后可用于还

款的资金来偿还建设投资借款本金和建设期利息(不包括已用自有资金支付的部分)所需要的时间。它可按下式估算：

$$\sum_{t=1}^{P_d} R_t - I_d = 0 \tag{3-38}$$

式中：I_d——建设投资借款本金和建设期利息(不包括已用自有资金支付的部分)之和；

$\quad P_d$——建设投资借款偿还期(从借款开始年计算,当从投产年算起时,应予以注明)；

$\quad R_t$——第 t 年可用于还款的资金,包括净利润、折旧费、摊销费及其他还款资金。

在实际工作中,借款偿还期可用下式估算：

$$P_d = (借款偿还后出现盈余的年份数 - 1) + \frac{当年应偿还借款额}{当年可用于还款的收益额} \tag{3-39}$$

当计算出借款偿还期后,要与贷款机构要求的还款期限进行对比,当满足贷款机构提出的要求期限时,即认为建设项目是有清偿能力的；否则,认为建设项目没有清偿能力,从清偿能力角度考虑,则认为建设项目是不可行的。

3.4.3 不确定性分析

不确定性分析是在财务评价和国民经济评价的基础上,分析和计算不确定性因素(如产量、单价、投资、经营成本等)的变化对建设项目经济效果的影响程度。它主要用来预测建设项目可能承担的风险,以确保建设项目在财务经济上的可靠性。

1. 影响建设项目的不确定性因素

(1) 政府的政策和规定。

(2) 资金筹措方式与来源。

(3) 建设项目组织内部。

(4) 设计错误。

(5) 建设项目环境。

(6) 合同条款。

(7) 物资采购与供货时间。

(8) 工程价款估算或结算。

(9) 技术和工艺。

(10) 通货膨胀和信贷风险。

(11) 汇率变动。

(12) 不可抗力。

2. 不确定性分析的基本方法

不确定性分析主要有盈亏平衡分析、敏感性分析、概率分析三种方法。其中盈亏平衡分析只适用于财务评价,敏感性分析和概率分析可同时用于财务评价和国民经济评价。

1) 盈亏平衡分析

盈亏平衡分析是指通过对产品产量、成本和盈利能力之间的关系的分析,找出方案盈利与亏损在产量、单价、单位产品成本等方面的临界值,即盈亏平衡点。建设项目的盈亏平衡点越低,说明建设项目适应市场变化的能力越强,抗风险的能力越大,亏损的风险越小。

(1) 线性盈亏平衡的前提条件。

① 产品销量等于产量。

② 产量变化,其他指标(如单位可变成本、产品售价等)不变,总成本费(或销售收入)是产量(或销售量)的线性函数。

③ 变动成本随产量成正比例变化。

④ 只生产单一产品,或生产多种产品但可以将它们换算为单一产品计算,不同产品负荷率的变化是一致的。

(2) 盈亏平衡分析的基本方法。

① 计算法。当达到盈亏平衡状态时,总成本费用等于总销售收入,则有

$$pQ(1-r) = F + C_{\mathrm{V}}Q \tag{3-40}$$

$$Q^* = \frac{F}{(1-r)p - C_{\mathrm{V}}} \tag{3-41}$$

式中:r——销售税率;

p——含税单价;

C_{V}——单位可变成本;

F——固定成本;

Q——设计产量;

Q^*——盈亏平衡产量。

【课堂练习】

某建设项目总产量为 5 万吨,产品单价为 600 元/吨,年生产成本为 1 200 万元。其中固定成本为 120 万元,单位可变成本为 400 元/吨,销售税率为 3%,求盈亏平衡产量。

【解】

$$Q^* = \frac{F}{(1-r)p - C_{\mathrm{V}}} = \frac{1\ 200\ 000}{(1-3\%) \times 600 - 400} \text{吨} = 6\ 593\ \text{吨}$$

计算表明,建设项目只需要生产 6 593 吨,就可以收回成本。

盈亏平衡点也可用销售收入、销售价格、单位产品变动成本、生产能力利用率等来表示。

② 图解法。图解法是指将销售收入、可变成本、固定成本、总成本、销售量的变动关系用图表示出来,从而确定盈亏平衡点的一种方法。盈亏平衡分析图如图 3-5 所示。

2) 敏感性分析

敏感性分析是建设项目评价中最常见的一种不确定性分析方法。敏感性是指影响因素的变化对建设项目经济效果的影响程度。若影响因素的小幅度变化能导致财务评价指标的较大变化,则称建设项目的财务评价指标对参数的敏感性大,或称这类影响因素为敏感性因素;反之,则为非敏感性因素。敏感性分析的目的就是分析及预测影响建设项目财务评价指标的主要因素发生变化时,这些财务评价指标的变化趋势和临界值,从中找出敏感性因素,并确定其敏感程度,从而对外部条件发生不利变化时投资方案的承受能力做出判断。

(1) 敏感性分析的一般步骤。

① 确定分析指标。

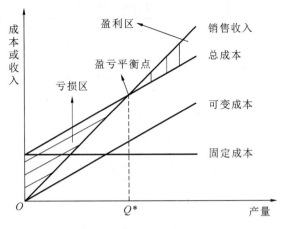

图 3-5　盈亏平衡分析图

② 选定不确定性因素,并设定它们的变化范围。

③ 计算因素变动对财务评价指标影响的数量结果。

④ 确定敏感性因素。

⑤ 结合确定性分析进行综合评价,选择可行的投资方案。

（2）敏感性分析的方法。

敏感性分析的方法包括单因素敏感性分析和多因素敏感性分析。单因素敏感性分析是指每次只变动某一个因素而假定其他因素都不发生变化,分别计算各因素对财务评价指标的影响。此种方法适合分析建设项目投资方案的最敏感性因素,但忽略了各个因素综合作用的可能性。多因素敏感性分析要考虑可能发生的各种因素不同变动幅度的多种组合。这里主要介绍单因素敏感性分析。

【课堂练习】

某投资方案预计总投资为 1 000 万元,年产量为 10 万台,产品价格为 30 元/台,年经营成本为 100 万元,投资方案经济寿命期为 10 年,设备残值为 50 万元,基准收益率为 10%,试就投资额、产品价格进行敏感性分析。

【解】　以净现值作为财务评价指标,投资方案的净现值为

$$\text{NPV}_0 = -1\,000\,万元 + (10 \times 30 - 100)(P/A, 10\%, 10)\,万元 + 50(P/F, 10\%, 10)\,万元$$

$$= -1\,000\,万元 + 200 \times 6.144\,57\,万元 + 50 \times 0.385\,54\,万元$$

$$= 248.39\,万元$$

假设投资额的变化率为 x,则投资额变动对投资方案净现值的影响为

$$\text{NPV}_x = -1\,000(1 + x)\,万元 + (10 \times 30 - 100)(P/A, 10\%, 10)\,万元 + 50(P/F, 10\%, 10)\,万元$$

假设产品价格的变化率为 y,则产品价格变动对投资方案净现值的影响为

$$\text{NPV}_y = -1\,000\,万元 + [10 \times 30(1 + y) - 100](P/A, 10\%, 10)\,万元 + 50(P/F, 10\%, 10)\,万元$$

该投资方案敏感性分析结果如表 3-5 所示。

表 3-5 某投资方案敏感性分析结果

因　　素	变　化　率				
	-20%	-10%	0	+10%	+20%
	净现值/万元				
投资额	448.39	348.39	248.39	148.39	48.39
价格	-120.48	63.85	248.39	432.53	616.87

根据结果可知,产品价格的变化对净现值的影响较大。

3)概率分析

概率分析是研究各种因素按一定概率值变动时,对建设项目投资方案财务评价指标影响的一种定量分析方法。它的目的是在不确定情况下为决策建设项目或投资方案提供科学依据。

本　章　小　结

本章主要介绍了项目决策的概念,项目决策与工程造价的关系,项目决策阶段影响工程造价的主要因素,项目决策阶段的工作内容,可行性研究的概念、作用、步骤、内容,投资估算的编制,建设项目财务评价指标及不确定性分析等内容。

【实践案例】

某企业拟全部使用自有资金建设一个市场急需产品的工业建设项目,建设期为 1 年,运营期为 6 年。工业建设项目投产第一年收到当地政府扶持该产品生产的启动经费 100 万元。其他基本数据如下。

(1)建设投资为 1 000 万元,预计全部形成固定资产,固定资产使用年限为 10 年,按直线法折旧,期末残值为 100 万元,固定资产余值在工业建设项目运营期末收回。投产当年又投入资本金 200 万元作为运营期的流动资金。

(2)正常年份年营业收入为 800 万元,经营成本为 300 万元,产品营业税及附加税率为 6%,所得税税率为 25%,行业基准收益率为 10%,基准投资回收期为 6 年。

(3)投产第一年仅达到设计生产能力的 80%,预计这一年的营业收入、经营成本和总成本均达到正常年份的 80%,以后各年均达到设计生产能力。

(4)运营 3 年后,预计需花费 20 万元更新新型自动控制设备配件,才能维持以后的正常运营需要,该维持运营投资按当期费用计入年度总成本。

问题:

(1)编制该工业建设项目投资现金流量表;

(2)计算该工业建设项目的静态投资回收期;

(3)计算该工业建设项目的净现值;

(4)计算该工业建设项目的内部收益率;

(5)从财务角度分析该工业建设项目的可行性。

分析要点:

本案例全面考核了建设项目的融资前财务分析,融资前财务分析应以动态投资分析为主,以静态投资分析为辅;编制建设项目投资现金流量表,计算建设项目的净现值、内部收益率等动态评价指标,计算建设项目静态投资回收期。

本案例主要解决以下五个概念性问题。

(1) 融资前财务分析只进行盈利能力分析,并以投资现金流量分析为主要手段。

(2) 建设项目投资现金流量表中,回收固定资产余值的计算,可能出现以下两种情况:

① 运营期等于固定资产使用年限,则固定资产余值＝固定资产残值。

② 运营期小于使用年限,则固定资产余值＝(使用年限－运营期)×年折旧费＋残值。

(3) 项目投资现金流量表中调整所得税,以息税前利润为基础,按以下公式计算:

$$调整所得税＝息税前利润×所得税税率$$
$$息税前利润＝利润总额＋利息支出$$

或

$$息税前利润＝营业收入－营业税金及附加－总成本费用＋利息支出＋补贴收入$$
$$总成本费用＝经营成本＋折旧费＋摊销费＋利息支出$$

注意这个调整所得税的计算基础区别于"利润与利润分配表"中的所得税计算基础(应纳税所得额)。

(4) 净现值是指把建设项目计算期内各年的财务净现金流量,按照基准收益率折算到建设期初的现值之和。各年的财务净现金流量均为当年各种现金流入和流出在年末的差值合计。不管当年各种现金流入和流出发生在期末、期中还是期初,当年的财务净现金流量均按期末发生考虑。

(5) 内部收益率反映了建设项目所占用资金的盈利率,是考核建设项目盈利能力的主要动态评价指标。在财务评价中,将求出的建设项目投资或资本金的内部收益率 IRR 与行业基准收益率 i_c 比较。当 $\mathrm{IRR} \geq i_c$ 时,可认为企业的盈利能力已满足要求,在财务上是可行的。

注意区别利用静态投资回收期与动态投资回收期判断建设项目是否可行的不同。当静态投资回收期小于或等于基准投资回收期时,建设项目可行;只要动态投资回收期不大于建设项目寿命期,建设项目就可行。

解答:

问题(1):编制该工业建设项目投资现金流量表。

编制建设项目现金流量表之前需要计算以下数据,并将计算结果填入表中。

① 计算固定资产折旧费。

$$固定资产折旧费＝\frac{1000－100}{10} 万元＝90 万元$$

② 计算固定资产余值:固定资产使用年限为 10 年,运营期末只用了 6 年,还有 4 年未折旧。所以,运营期末固定资产余值为

$$固定资产余值＝年固定资产折旧费×4＋残值＝90×4 万元＋100 万元＝460 万元$$

③ 计算调整所得税。

$$调整所得税＝(营业收入－营业税金及附加－经营成本－折旧费－摊销费＋补贴收入)×25\%$$
$$第 2 年调整所得税＝(640－38.40－240－90＋100) 万元×25\%＝92.90 万元$$
$$第 3、4、6、7 年调整所得税＝(800－48－300－90) 万元×25\%＝90.50 万元$$
$$第 5 年调整所得税＝(800－48－300－90－20) 万元×25\%＝85.50 万元$$

该工业建设项目投资现金流量表如表 3-6 所示。

表 3-6　某工业建设项目投资现金流量表　　　　　　　　　单元:万元

序号	项 目	建 设 期			运 营 期			
		1	2	3	4	5	6	7
1	现金流入	0.00	740.00	800.00	800.00	800.00	800.00	1 460.00
1.1	营业收入		640.00	800.00	800.00	800.00	800.00	800.00
1.2	补贴收入		100.00					
1.3	回收固定资产余值							460.00
1.4	回收流动资金							200.00
2	现金流出	1 000.00	571.30	438.50	438.50	453.50	438.50	438.50
2.1	建设投资	1 000.00						
2.2	流动资金投资		200.00					
2.3	经营成本		240.00	300.00	300.00	300.00	300.00	300.00
2.4	营业税及附加		38.40	48.00	48.00	48.00	48.00	48.00
2.5	维持运营投资					20.00		
2.6	调整所得税		92.90	90.50	90.50	85.50	90.50	90.50
3	净现金流量	−1 000	168.70	361.50	361.50	346.50	361.50	1 021.50
4	累计净现金流量现值	−1 000	−831.30	−469.80	−108.30	238.20	599.70	1 621.20
5	基准收益率10%	0.909 1	0.826 4	0.751 3	0.683 0	0.620 9	0.564 5	0.513 2
6	折现后净现金流	−909.10	139.41	271.59	246.90	215.14	204.07	524.23
7	累计折现净现金流	−909.10	−769.69	−498.09	−251.19	−36.05	168.02	692.26

问题(2):计算该工业建设项目的静态投资回收期。

静态投资回收期=累计净现金流量首次出现正值或零的年份−1+

$$\frac{|累计净现金流量出现正值或零的年份的上年累计净现金流量现值|}{累计净现金流量出现正值或零的年份当年净现金流量现值}$$

$$=(5-1)年+\frac{108.30}{346.5}年=4年+0.31年=4.31年$$

该工业建设项目的静态投资回收期为 4.31 年。

问题(3):计算该工业建设项目的净现值。

建设项目的净现值是把建设项目计算期内各年的净现金流量,按照基准收益率折算到建设期初的现值之和,也就是期末累计折现后净现金流量 692.26 万元。

问题(4):计算该建设项目的内部收益率。

首先确定 $i_1 = 26\%$,以 i_1 作为设定的折现率计算出各年的折现系数。利用内部收益率试算表(见表 3-7),计算出各年的折现净现金流量和累计折现净现金流量,从而得到净现值 $NPV_1 = 38.74$ 万元。

表 3-7　某工业建设项目内部收益率试算表　　　　　　　　　　单位:万元

序号	项　　目	建　设　期			运　营　期			
		1	2	3	4	5	6	7
1	现金流入	0.00	740.00	800.00	800.00	800.00	800.00	1 460.00
2	现金流出	1 000.00	571.30	438.50	438.50	453.50	438.50	438.50
3	净现金流量	−1000	168.70	361.50	361.50	346.50	361.50	1 021.50
4	折现系数 26%	0.793 7	0.629 9	0.499 9	0.396 8	0.314 9	0.249 9	0.198 3
5	折现后净现金流	−793.70	106.26	180.71	143.44	109.11	90.34	202.56
6	累计折现净现金	−793.70	−687.44	−506.72	−363.28	−254.17	−163.83	38.74
7	折现系数 28%	0.781 3	0.610 4	0.476 8	0.372 5	0.291 0	0.227 4	0.177 6
8	折现后净现金流	−781.30	102.97	172.36	134.66	100.83	82.21	181.42
9	累计折现净现金	−781.30	−678.33	−505.96	−371.30	−270.47	−188.27	−6.85

再设定 $i_2 = 28\%$,以 i_2 作为设定的折现率,计算出各年的折现系数。同样,利用内部收益率试算表(表 3-7),计算各年的折现净现金流量和累计折现净现金流量,从而得到财务净现值 $NPV_2 = -6.85$ 万元。

试算结果满足 $NPV_1 > 0$,$NPV_2 < 0$,且满足精度要求,可采用插值法计算出该工业建设项目的内部收益率 IRR。

$i_1 = 26\%$ 时,$NPV_1 = 38.74$ 万元。

$i_2 = 28\%$ 时,$NPV_2 = -6.85$ 万元。

用插值法计算该工业建设项目的内部收益率 IRR,即

$$IRR = i_1 + (i_2 - i_1) \times \frac{NPV_1}{|NPV_1| + |NPV_2|}$$
$$= 26\% + (28\% - 26\%) \times \frac{38.74}{|38.74| + |-6.85|}$$
$$= 26\% + 1.70\% = 27.70\%$$

问题(5):从财务角度分析该工业建设项目的可行性。

本工业建设项目的静态投资回收期为 4.31 年,小于基准投资回收期 6 年;净现值为 692.26 万元,大于零;内部收益率 IRR = 27.70%,大于行业基准收益率 10%,所以,从财务角度分析该工业建设项目可行。

课后练习

一、单项选择题

1. 可行性研究阶段投资估算的精确度可达（　　　）。

A. ±5%　　　　　　B. ±10%　　　　　　C. ±20%　　　　　　D. ±30%

2. 根据《国务院关于投资体制改革的决定》，对于实施核准制的建设项目，企业应向政府主管部门提交（　　　）。

A. 项目建议书　　　　　　　　　　B. 项目可行性研究报告

C. 项目申请报告　　　　　　　　　D. 项目开工报告

3. 下列投资估算方法中，精度最高的是（　　　）。

A. 生产能力指数法　　　　　　　　B. 单位生产能力估算法

C. 系数估算法　　　　　　　　　　D. 指标估算法

4. 先求出已有同类企业主要设备投资占全部建设投资的比例系数，然后估算出拟建建设项目的主要设备投资，最后按比例系数求出拟建建设项目的建设投资，这种估算方法称为（　　　）。

A. 设备系数法　　　　　　　　　　B. 主体专业系数法

C. 朗格系数法　　　　　　　　　　D. 比例估算法

5. 采用盈亏平衡分析进行投资方案不确定性分析的优点是能够（　　　）。

A. 揭示产生建设项目风险的根源　　B. 度量建设项目风险的大小

C. 得到建设项目风险的降低途径　　D. 说明不确定因素的变动情况

6. 与净现值相比较，采用内部收益率评价投资方案经济效果的优点是能够（　　　）。

A. 考虑资金的时间价值　　　　　　B. 反映建设项目投资中单位投资的盈利能力

C. 反映建设投资过程的收益程度　　D. 考虑建设项目在整个计算期内的经济状况

7. 以生产能力利用率表示的建设项目盈亏平衡点越低，表明建设项目建成投产后的（　　　）越小。

A. 盈利可能性　　　　　　　　　　B. 适应市场能力

C. 抗风险能力　　　　　　　　　　D. 盈亏平衡总成本

8. 建设项目敏感性分析方法的主要局限是（　　　）。

A. 计算过程比盈亏平衡分析复杂　　B. 不能说明因素发生变动的可能性大小

C. 需要主观确定因素变动的概率　　D. 不能找出因素变动的临界点

二、多项选择题

1. 下列财务评价指标中，属于投资方案经济效果静态评价指标的有（　　　）。

A. 内部收益率　　　　　　B. 利息备付率　　　　　　　C. 投资收益率

D. 资产负债率　　　　　　E. 净现值率

2. 下列财务评价指标中，可用于评价投资方案盈利能力的动态评价指标有（　　　）。

A. 净产值　　　　　　　　B. 净现值　　　　　　　　　C. 净年值

D. 投资收益率　　　　　　E. 偿债备付率

3. 建设项目财务评价中的不确定性分析有（　　）。

A. 盈亏平衡分析　　　　　　　B. 增长率分析　　　　　　　　C. 敏感性分析

D. 发展速度分析　　　　　　　E. 均值分析

4. 下列关于投资方案经济效果财务评价指标的说法中,正确的有（　　）。

A. 投资收益率指标计算的主观随意性强

B. 投资回收期从建设项目建设开始年算起

C. 投资回收期指标不能反映投资回收之后的情况

D. 利息备付率和偿债备付率均应分月计算

E. 净现值法与净年值法在投资方案评价中能得出相同的结论

5. 应用净现值指标评价投资方案经济效果的优越性有（　　）。

A. 能够直接反映建设项目单位投资的使用效率

B. 能够全面考虑建设项目在整个计算期内的经济状况

C. 能够直接说明建设项目运营期各年的经营成果

D. 能够全面反映建设项目投资过程的收益程度

E. 能够直接以金额表示建设项目的盈利水平

6. 下列评价方法中,属于互斥型投资方案经济效果动态评价方法的有（　　）。

A. 增量投资内部收益率法　　　B. 年折算费用法　　　　　　　C. 增量投资回收期法

D. 方案重复法　　　　　　　　E. 无限计算期法

7. 下列关于建设项目不确定性分析的说法中,正确的有（　　）。

A. 盈亏平衡分析只适用于建设项目的财务评价

B. 敏感性分析只适用于建设项目的财务评价

C. 概率分析可同时用于建设项目的财务评价和国民经济评价

D. 盈亏平衡点反映了建设项目的抗风险能力

E. 敏感性分析指标应与确定性经济指标相一致

三、简答题

1. 可行性研究报告的编制依据是什么?

2. 建设项目决策阶段影响工程造价的主要因素有哪些?

3. 建设项目投资估算的作用是什么?

4. 什么是建设项目财务评价?

5. 建设项目财务评价指标是怎么分类的? 每类包含哪些指标?

四、综合实训题

1. 某年产量 10 万吨化工产品已建建设项目的静态投资为 3 300 万元,现类似拟建建设项目的生产能力为 20 万吨/年。已知生产能力指数为 0.6,因不同时期、不同地点的综合调整系数为 1.15,试采用生产能力指数法估算拟建建设项目静态投资。

2. 某建设项目设计生产能力为 50 万件/年,预计单位产品售价为 150 元,单位产品可变成本为 130 元,固定成本为 400 万元,该产品税金及附加的合并税率为 5%,试求用产销量表示的盈亏平衡点是多少万件。

3.某建设项目建设期为 2 年,第一年年初投资 150 万元,第二年的年初投资 300 万元。第三年开始投产,生产负荷为 90％,第四年开始达到设计生产能力。正常年份每年销售收入为 500 万元,经营成本为 150 万元,销售税金为 50 万元,行业的基准收益率为 10％,项目经营期为 6 年。

(1)填写表 3-8。

表 3-8　第 3 章课后练习表　　　　　　　　　　　　　　　　单元:万元

年份	1	2	3	4	5	6	7	8
现金流入								
现金流出								
净现金流量								
基准收益率 10％	0.909	0.826	0.751	0.683	0.621	0.564	0.513	0.467
折现后净现金流								
累计折现净现金								

(2)求正常年份现金流入。

(3)求该建设项目 NPV 值,并判断该建设项目是否可行。

Chapter 4

第 4 章　建设项目设计阶段工程造价控制

■ 能力目标

了解建设项目设计阶段的划分及影响工程造价的主要因素,了解设计的内容和程序;掌握运用价值工程进行设计方案优选和成本控制的方法,熟悉设计概算的编制和审查方法,熟悉施工图预算的编制和审查方法。

■ 学习要求

学习目标	能力要求	权重
设计方案的评价和比较	了解建设项目设计阶段的划分及影响工程造价的主要因素,了解设计的内容和程序	20%
价值工程在设计方案优选和成本控制中的应用	掌握工程设计方案的优选方法,掌握价值工程在设计方案优选和成本控制中的应用	35%
设计概算编制与审查	熟悉设计概算的编制和审查方法	25%
施工图预算编制与审查	熟悉施工图预算的编制和审查方法	20%

■ 章节导入

某部委办公楼建筑安装工程为现浇框架结构。该办公楼地上六层,层高为 3.6 m,采用独立柱基础,建筑高度为 23 m,建筑面积为 25 500 m²,资金来源为国拨资金。该办公楼工程 2017 年立项,2018 年 1 月勘察,2018 年 3 月进行初步设计,2018 年 7 月初步设计获批,2018 年 8 月进行施工图设计。经批准的投资概算为 6 662 万元,其中建筑安装工程费 5 439 万元,设备购置费 110 万元,工程建设其他费用(含建设单位管理费、工程报建费、工程监理费、勘察设计费、施工图审查费、招标及编标费等) 772 万元,预备费 341 万元。由某设计院编制的施工图预算为 5 872 万元。经某造价咨询公司审核后的预算造价仍有 5 625 万元,超过投资概算中建筑安装工程费 186 万元。

造成施工图预算超出设计概算的原因如下。

(1)提高了设计标准。对于外墙,在初步设计中为面砖墙面,而在施工图设计中采用花岗岩墙面,造成施工图预算比概算高 78 万元。

（2）提高了人工工资单位。概算中人工工资仅按概算定额计取，未进行调价；施工图预算中人工工资单价按工程造价信息计取，两者相差80万元。

（3）施工图预算与设计概算的编制期不同，材料价格相差28万元。

解决的办法如下。

（1）修正原设计概算，重新报相关部门审批。

（2）超出的费用可考虑在预备费中解决，但必须压缩工程建设其他费用。

试问：采用哪种解决方法较优？

4.1 设计方案的评价与优选

4.1.1 建设项目设计阶段和设计程序

1. 建设项目的设计阶段

建设项目设计是指在拟建建设项目开始施工之前，设计人员根据已批准的设计任务书，为具体实现拟建建设项目的技术、经济要求，拟定建筑、安装及设备制造等所需的规划、图纸、数据等技术文件的工作。建设项目的设计阶段是建设项目由计划变为现实、具有决定意义的工作阶段。设计文件是建筑安装施工的依据。拟建建设项目在建设过程中能否保证进度、保证质量和节约投资，在很大程度上取决于设计质量的优劣。建设项目建成后，能否获得满意的经济效果，除了受建设项目决策的制约之外，设计工作起着决定性的作用。设计工作的重要原则之一是保证设计的整体性，为此设计工作必须按一定的程序分阶段进行。

2. 建设项目设计阶段的划分

为保证建设项目建设和设计工作有机地配合和衔接，将建设项目设计划分为几个阶段进行。我国规定，一般工业建设项目与民用建设项目设计按初步设计和施工图设计两阶段进行，称为两阶段设计；对于技术上复杂而又缺乏设计经验的建设项目，可按初步设计、技术设计和施工图设计三个阶段进行，称为三阶段设计。

建设项目设计程序如图4-1所示。

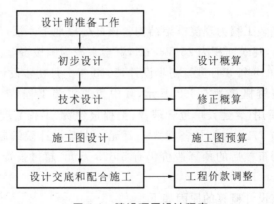

图 4-1　建设项目设计程序

1）设计前准备工作

在进行建设项目设计前，设计人员需了解并掌握各种有关的外部条件和客观情况，包括自然条件，城市规划对建筑物的要求，基础设施状况，业主对建设项目的要求，对建设项目经济估算的依据和所能提供的资金、材料、施工技术和装备等以及可能影响建设项目的其他客观因素。

2）初步设计

这是建设项目设计过程中的一个关键性阶段，也是整个建设项目设计构思基本形成的阶段。在此阶段，设计人员根据设计任务书，具体地构造建设项目投资方案，并做出建设项目的初步概算。

3）技术设计

技术设计是指对重大建设项目或特殊建设项目，为解决具体的技术问题所进行的设计。技术设计是初步设计的具体化。技术设计阶段也是各种技术问题的定案阶段。

4）施工图设计

施工图设计是根据初步设计和技术设计所进行的详图设计。在施工图设计阶段，一般要编制工程预算。这一阶段主要是通过图纸，把设计人员的意图和全部设计结果表达出来，作为工人施工制作的依据。

5）设计交底和配合施工

施工图发出后，根据现场需要，设计单位应派人到施工现场，与建设单位、施工单位及其他有关单位共同会审施工图，进行技术交底，介绍设计意图和技术要求，修改不符合实际和有错误的图纸，参加试运转和竣工验收，解决试运转过程中的各种技术问题，并检验设计的正确性和完善程度。

3.建设项目设计程序及深度要求

工业建设项目和民用建设项目设计程序和深度要求不同，详见表4-1。

表4-1　工业建设项目和民用建设项目设计程序和深度要求

设计类别	设计程序	主要工作内容和深度要求
工业建设项目设计	设计准备	设计人员了解并掌握各种有关的外部条件和客观情况：地形、气候、地质、自然环境等自然条件；城市规划对建筑物的要求；交通、水、电、气、通信等基础设施状况等
	总体设计	设计人员对工业建设项目主要内容（包括功能与形式）的安排有一个大概的布局设想，然后考虑工业建设项目与周围环境之间的关系。在这一阶段中，设计人员需要与使用者、规划部门充分交换意见。对于不太复杂的工业建设项目，该阶段可以省略
	初步设计	这是工业建设项目设计过程中的一个关键性阶段，也是整个工业建设项目设计构思基本形成的阶段，包括总平面设计、工艺设计和建筑设计三个部分，应编制设计总概算
	技术设计	这是各种技术问题的定案阶段，其详细程度应满足确定设计方案中重大技术问题和有关实验、设备选制等方面的要求，应能保证进行施工图设计和提出设备订货明细表。技术设计除应体现初步设计的整体意图外，还要考虑施工的方便易行。技术设计所研究和决定的问题与初步设计大致相同，但需要根据更详细的勘察资料和技术经济计算加以补充修正，应对更改部分编制修正概算书。对于不太复杂的工业建设项目，该阶段可以省略
	施工图设计	通过图纸，把设计人员的意图和全部设计结果表达出来，作为施工制作的依据。施工图设计的深度应能满足设备和材料的选择与确定、非标准设备的设计与加工制作、施工图预算的编制、建筑工程施工和安装的要求

设计类别	设计程序	主要工作内容和深度要求
工业建设项目设计	设计交底和配合施工	设计单位应派人到施工现场,与建设单位、施工单位及其他有关单位共同会审施工图,进行技术交底,介绍设计意图和技术要求,修改不符合实际和有错误的图纸,参加试运转和竣工验收,解决试运转过程中的各种技术问题,并检验设计的正确和完善程度
民用建设项目设计	方案设计	方案设计的内容应包括以下几个方面。 (1) 设计说明书:包括各专业设计说明以及投资估算等内容。 (2) 总平面图以及建筑设计图纸。 (3) 设计委托或设计合同中规定的透视图、鸟瞰图、模型等。 方案设计文件应满足编制初步设计文件的需要
	初步设计	与工业建设项目设计大致相同。初步设计文件包括各专业设计文件、专业设计图纸和工程概算,同时包括主要设备或材料表。对于技术要求简单的民用建设项目,该阶段可以省略
	施工图设计	应形成所有专业的设计图纸(含图纸目录、说明和必要的设备、材料表),并按照要求编制工程预算书,应满足设备材料采购、非标准设备制作的施工的需要

4. 建设项目设计阶段工程造价计价与控制的重要意义

(1) 在建设项目设计阶段进行工程造价的计价与控制可以使工程造价的构成更合理,提高资金利用效率。建设项目设计阶段工程造价的计价形式是设计概预算。通过设计概预算,有关工作人员可以了解工程造价的构成,分析资金分配的合理性,并可以利用价值工程理论分析建设项目各个组成部分的功能与成本的匹配程度,调整建设项目的功能与成本,使其更趋于合理。

(2) 在建设项目设计阶段进行工程造价的计价与控制可以提高投资控制效率。有关工作人员通过编制设计概算并进行分析,可以了解工程各组成部分的投资比例,以将投资比例比较大的部分作为投资控制的重点,从而提高投资控制效率。

(3) 在建设项目设计阶段控制工程造价会使工程造价控制工作更主动。长期以来,人们把控制理解为目标值与实际值的比较,以及当实际值偏离目标值时分析产生差异的原因,确定下一步对策。这对于批量性生产的制造业而言是一种有效的管理方法。但是对于建筑业而言,由于建筑产品具有单件性的特点,这种管理方法只能发现差异,不能消除差异,也不能预防差异的发生,而且差异一旦发生,损失往往很大,因此是一种被动的管理方法。在建设项目设计阶段控制工程造价,可以先按一定的标准开列新建建筑物每一部分或分项的计划支出费用的报表,即工程造价计划。当详细设计制定出来以后,对建设项目每一部分或分项的估算造价,对照工程造价计划中所列的指标进行审核,预先发现差异,主动采取一些控制方法消除差异,使设计更经济。

(4) 在建设项目设计阶段控制工程造价便于技术与经济相结合。由于受体制和传统习惯的影响,我国的建设项目设计工作往往是由建筑师等专业技术人员来完成的。他们在建设项目设计过程中往往更关注建设项目的使用功能,力求采用比较先进的技术方法实现建设项目所需的功能,而对经济因素考虑较少。如果在建设项目设计阶段吸收造价工程师参与设计全过程,使建设项目设计从一开始就建立在健全的经济基础之上,有关人员在做出重要决定时就能充分认识其经济后果。另外,投资限额一旦确定以后,设计只能在确定的限额内进行,有利于建筑师发挥个人创造力,选择一种最经济的方式实现技术目标,从而确保设计方案能较好地实现技术与经济的结合。

(5) 在建设项目设计阶段控制工程造价效果最显著。工程造价控制贯穿建设项目建设全过程,而建设项目设计阶段的工程造价控制是整个工程造价控制的龙头。据统计,初步设计阶段对投资的影响约为 20%,技术设计阶段对投资的影响约为 40%,施工图设计阶段对投资的影响约为 25%。显然,控制工程造价的关键在建设项目设计阶段。

4.1.2 设计方案的优选

1. 设计方案的比较与选择

1) 建设工程设计阶段影响工程造价的因素

(1) 总平面设计。总平面设计主要指总图运输设计和总平面布置。总平面设计中影响工程造价的因素包括现场条件、占地面积、功能分区、运输方式的选择。

(2) 工艺设计。工艺设计阶段影响工程造价的主要因素包括建设规模、建设标准和产品方案,工艺流程和主要设备的选型,主要原材料、燃料的供应情况,生产组织及生产过程中的劳动定员情况,"三废"治理及环境保护措施等。

按照建设程序,建设项目的工艺流程在可行性研究阶段已经确定。建设项目设计阶段的任务就是严格按照批准的可行性研究报告的内容进行工艺技术方案的设计,确定具体的工艺流程和生产技术。

(3) 建筑设计。建筑设计中影响工程造价的因素包括建筑物的平面形状、建筑物的流通空间、建筑物的空间组合(包括建筑物的层高、层数、室内外高差等)、建筑物的体积和面积、建筑物的结构、建筑物的柱网布置。

① 建筑物平面形状的设计应在满足建筑物使用功能的前提下,降低建筑周长系数,充分注意建筑物平面形状的简洁、布局的合理,从而降低工程造价。在同样的建筑面积下,建筑物的平面形状不同,建筑周长系数 $K_周$(建筑物周长与建筑面积之比,即单位建筑面积所占外墙长度)便不同。在通常情况下,建筑周长系数越小,设计越经济。圆形、正方形、矩形、T 形、L 形建筑物的 $K_周$ 依次增大。

② 室内外高差过大,则建筑物的工程造价提高;室内外高差过小,又影响建筑物的使用及卫生要求等。

③ 对于民用建筑物,结构面积系数越小,有效面积越大,设计越经济。对于工业建筑物,厂房、设备布置紧凑合理,可提高生产能力;采用大跨度、大空间的平面设计形式,可提高建筑物的平面利用系数,从而降低工程造价。

④ 建筑物结构的选择既要满足力学要求,又要考虑经济性。对于五层以下的建筑物,一般选用砌体结构;对于大中型工业厂房,一般选用钢筋混凝土结构;对于多层房屋或大跨度结构,选用钢结构明显优于钢筋混凝土结构;对于高层或者超高层结构,框架结构和剪力墙结构比较经济。

⑤ 对于单跨厂房,当柱间距不变时,跨度越大,单位面积造价越低;对于多跨厂房,当跨度不变时,中跨数目越多越经济。

(4) 材料选用。

(5) 设备选用。

(6) 影响工程造价的其他因素。

① 设计单位和设计人员的知识水平。

② 建设项目利益相关者。

③ 风险因素。

2）设计方案优选应遵循的原则

设计方案评价是指对设计方案进行技术与经济的分析、计算、比较和评价,从而选出功能上适用、结构上坚固耐用、技术上先进、造型上美观、环境上自然协调、经济上合理的最优设计方案,为决策提供科学依据。

设计方案优选应遵循的总原则是:处理好技术先进性与经济合理性之间的关系;兼顾建设与使用,考虑建设项目全寿命费用;兼顾近期与远期的要求。具体如下。

（1）设计方案必须处理好经济合理性与技术先进性之间的关系。技术先进性与经济合理性有时是一对矛盾,设计人员应妥善处理好二者的关系。在一般情况下,设计人员要在满足使用者要求的前提下尽可能降低工程造价,或在资金限制范围内尽可能提高建设项目的功能水平。

（2）设计方案必须兼顾建设与使用,考虑建设项目全寿命费用。工程造价水平的变化,会影响到建设项目将来的使用成本。单纯降低工程造价,建造质量得不到保障,就会导致建设项目使用过程中的维修费用很高,甚至有可能发生重大事故,给社会财产和人民安全带来严重损害。在设计过程中应兼顾建设过程和使用过程,力求建设项目寿命周期费用最低。

（3）设计方案必须兼顾近期与远期的要求。设计人员要兼顾近期和远期的要求,选择建设项目合理的功能水平,同时也要根据远景发展需要,适当留有发展余地。

3）工业建设项目和民用建设项目设计评价指标和方法

建设项目的使用领域不同,对建设项目功能水平的要求也不同。因此,对建设项目设计方案进行评价所考虑的因素也不一样。工业建设项目设计评价指标和方法如表 4-2 表示,民用建设项目设计评价如表 4-3 所示。

表 4-2 工业建设项目设计评价指标和方法

评价内容	评价指标		指标含义	指标评价结果	评价方法
总平面设计	有关面积的指标		厂区占地面积、建筑物和构筑物占地面积、永久性堆场占地面积、建筑占地面积(建筑物和构筑物占地面积＋永久性堆场地占地面积)、厂区道路占地面积、工程管网占地面积、绿化面积		价值工程理论、模糊数学理论、层次分析理论等不同的方法,操作比较复杂。常用的评价方法是多指标对比法
	比率指标	建筑系数(建筑密度)	建筑物、构筑物和各种露天仓库及堆场、操作场地等的占地面积与整个厂区建设用地面积之比: 建筑系数 ＝ $\dfrac{建筑占地面积}{厂区占地面积}$	反映总平面图设计用地是否经济合理,建筑系数大,表明布置紧凑、用地节约,可缩短管线距离、降低工程造价	
		土地利用系数	建筑物、构筑物、露天仓库及堆场、操作场地、铁路、道路、广场、排水设施及地上和地下管线等所占面积与整个厂区建设用地面积之比 土地利用系数＝ $\dfrac{建筑占地面积＋厂区道路占地面积＋工程管网占地面积}{厂区占地面积}$	综合反映总平面布置的经济合理性和土地利用效率	
		绿化系数	厂区内绿化面积与厂区占地面积之比	综合反映厂区的环境质量水平	
	工程量指标		场地平整土石方量、地上和地下管线工程量、防洪设施工程量	综合反映总平面设计中功能分区的合理性及设计方案对地势地形的适应性	
	功能指标		生产流程短捷、流畅、连续程度,场内运输便捷程度,安全生产满足程度等		
	经济指标		每吨货物运输费用、经营费用等		

评价内容	评价指标	指标含义	指标评价结果	评价方法
工艺设计		是工程设计的核心,根据工业企业生产的特点、生产性质和功能来确定建设规模、建设标准和产品方案,工艺流程和主要设备的选型,主要原材料、能源供应,"三废"治理及环境保护措施,生产组织及生产过程中的劳动定员情况等		多指标评价法和投资效益评价法
建筑设计	单位面积造价	建筑物的平面形状、层数、层高、柱网布置、结构及建筑材料等因素都会影响单位面积造价,故单位面积造价是综合性很强的指标		多指标评价法、投资效益评价法和价值系数法
	建筑物周长与建筑面积之比	指标 $K_周$ 越小,建筑物的平面形状越经济;$K_周$ 按圆形、正方形、矩形、T形、L形的次序依次增大		
	厂房展开面积	用于确定多层厂房的经济层数,厂房展开面积越大,经济层数增加的可能性越大		
	厂房有效面积与建筑面积之比	用于评价柱网布置是否合理		
	工程全寿命成本	包括建设项目工程造价和运营成本,是评价建筑物的功能水平是否合理的综合性指标		

表 4-3　民用建设项目设计评价

评价内容	影响工程造价的因素	设计要求	评价指标
小区规划	① 占地面积:土地费、小区内道路和工程管线长度及公共设备费等。 ② 建筑群体布置形式:高低搭配、点条结合、前后错列,以及局部东西向布置、斜向布置或拐角单元	① 压缩建筑的间距:日照间距、防火间距、使用间距,取其最大间距作为设计依据。 ② 提高住宅层数或高低层搭配:建筑层数由五层增加到九层,可使小区总居住面积密度提高35%;但高层住宅工程造价较高,居住不方便。 ③ 适当增加房屋长度。 ④ 提高公共建筑的层数。 ⑤ 合理布置道路	建筑毛密度 = $\dfrac{居住建筑基底面积+公共建筑基底面积}{居住小区占地总面积}$ 居住建筑净密度 = $\dfrac{居住建筑基底面积}{居住小区占地总面积}$ 居住面积密度 = $\dfrac{居住面积}{居住建筑占地面积}$ 居住建筑面积密度 = $\dfrac{居住建筑面积}{居住建筑占地面积}$ 人口毛密度 = $\dfrac{居住人数}{居住小区占地总面积}$ 人口净密度 = $\dfrac{居住人数}{居住建筑占地面积}$ 绿化比率 = $\dfrac{居住小区绿化面积}{居住小区占地总面积}$
建筑设计	① 建筑物的平面形状和周长系数; ② 住宅的层高和净高; ③ 住宅层数; ④ 住宅单元的组成、户型和住户面积; ⑤ 住宅建筑结构的选择	① 平面布置合理,长度和宽度比例适当; ② 合理确定户型和住户面积; ③ 合理确定层数与层高; ④ 合理选择结构方案	① 平面指标:平面系数 K、K_1、K_2、K_3。 ② 建筑周长指标。 ③ 建筑体积指标。 ④ 面积定额指标。 ⑤ 户型比

（1）居住建筑净密度是衡量用地经济性和保证居住区必要卫生条件的主要经济指标，它的大小与建筑物的层数、房屋间距、层高、房屋排列方式等因素有关。应在保证日照、通风、防火及交通安全等基本要求的条件下，适当提高居住建筑净密度，以节省用地。

（2）居住面积密度是反映建筑布置、平面设计与用地之间关系的重要指标，主要受房屋层数的影响：增加房屋层数，居住面积密度增大，有利于节约土地和管线费用。

（3）建筑物的平面形状和周长系数：圆形建筑物的周长系数最小，可减少墙体工程量，但圆形建筑物施工复杂，施工费较矩形建筑物增加 20%～30%，且使用面积利用率不高，用户使用不便，故一般采用矩形建筑物；在矩形住宅中以长：宽＝2：1 为佳，一般住宅以 3～4 个单元、房屋长度为 60～80 m 较为经济。

（4）住宅的层高和净高：住宅层高每降 10 cm，可降低工程造价 1.2%～1.5%。

（5）住宅层数：低层，1～3 层；多层，4～6 层；中层，7～9 层；高层，≥10 层。

（6）住宅单元组成、户型和住户面积：3 室室住宅的工程造价较 2 居室住宅低 1.5%，4 居室住宅的工程造价较 3 居室低 3.5%。衡量住宅单元组成、户型设计的指标是结构面积系数（住宅结构面积与建筑面积之比），结构面积系数越小，设计方案越经济，因为结构面积越小，有效面积越大。结构面积系数除与房屋的结构有关外，还与房屋的外形及长度和宽度有关，与房间平均面积的大小和户型组成有关。房屋平均面积越大，内墙、隔墙在建筑面积中所占的比重就越小。

（7）民用建筑设计要坚持"适用、经济、美观"的原则。

① 平面布置合理，长度和宽度比例适当。

② 合理确定户型和住户面积。

③ 合理确定层数与层高。

④ 合理选择结构方案。

（8）民用建筑设计评价指标。

① 平面指标：用于衡量平面布置的紧凑性、合理性。

$$\text{平面系数 } K = \frac{\text{居住面积}}{\text{建筑面积}}$$

$$\text{平面系数 } K_1 = \frac{\text{居住面积}}{\text{有效面积}}$$

$$\text{平面系数 } K_2 = \frac{\text{辅助面积}}{\text{有效面积}}$$

$$\text{平面系数 } K_3 = \frac{\text{结构面积}}{\text{建筑面积}}$$

有效面积是指建筑平面中可供使用的面积，居住面积＝有效面积－辅助面积。

结构面积是指建筑平面中结构所占的面积，建筑面积＝有效面积＋结构面积。

② 建筑周长指标：墙长与建筑面积之比。居住建筑进深加大，则单元周长缩小，可节约用地，减少墙体，降低工程造价。

$$\text{单元周长指标} = \frac{\text{单元周长}}{\text{单元建筑面积}}$$

$$\text{建筑周长指标} = \frac{\text{建筑周长}}{\text{建筑占地面积}}$$

③ 建筑体积指标：建筑体积与建筑面积之比，是衡量层高的指标。

$$\text{建筑体积指标} = \frac{\text{建筑体积}}{\text{建筑面积}}$$

建筑体积是指建筑物外表面和底层地面所围成的体积。

④ 面积定额指标:用于控制设计面积。

$$户均建筑面积 = \frac{建筑总面积}{总户数}$$

$$户均使用面积 = \frac{使用总面积}{总户数}$$

$$户均面宽指标 = \frac{建筑物总长度}{总户数}$$

⑤ 户型比:不同居室的户数占总户数的比例,是评价户型结构是否合理的指标。

4) 设计方案技术经济评价方法

(1) 多指标评价法。多指标评价法是指通过对反映建筑产品功能和耗费特点的若干技术经济评价指标的计算、分析、比较,评价设计方案的经济效果,又可分为多指标对比法和多指标综合评分法。

① 多指标对比法。这是目前采用比较多的一种方法。它的基本特点是使用一个适用的评价指标体系,将设计方案的指标值列出,然后一一进行对比分析,根据指标值的高低分析判断设计方案优劣。

利用这种方法首先需要将技术经济评价指标体系中的各个指标,按其在评价中的重要性,分为主要指标和辅助指标。主要指标是能够比较充分地反映建设项目的技术经济特点的指标,是确定建设项目经济效果的主要依据。辅助指标在技术经济分析中处于次要地位,是主要指标的补充,当主要指标不足以说明设计方案技术经济效果的优劣时,辅助指标就成为进一步进行技术经济分析的依据。

这种方法的优点是指标全面,分析确切,可通过各种技术经济评价指标定性或定量地直接反映设计方案技术经济性能的主要方面;缺点是容易出现不同指标的评价结果相悖的情况,这样就使分析工作复杂化,有时也会因设计方案的可比性而产生客观标准不统一的现象。因此,在进行综合分析时,要特别注意检查设计方案在使用功能和工程质量方面的差异,并分析这些差异对各技术经济评价指标的影响,避免导致错误的结论。

② 多指标综合评分法。这种方法首先对需进行分析技术经济评价的设计方案设定若干个技术经济评价指标,并按其重要程度确定各指标的权重,然后确定评分标准,并就各设计方案对各指标的满足程度打分,最后计算各设计方案的加权得分,以加权得分高者为最优设计方案。设计方案总得分的计算公式为

$$S = \sum_{i=1}^{n} \omega_i \cdot s_i \tag{4-1}$$

式中:S——设计方案总得分;

s_i——某设计方案在技术经济评价指标 i 上的得分;

ω_i——技术经济评价指标 i 的权重;

n——技术经济评价指标数。

这种方法非常类似于价值工程中的加权评分法,二者的区别就在于:价值工程的加权评分法不将成本作为一个技术经济评价指标,而将其单独拿出来计算成本系数。

【课堂练习】

某建筑工程有三个设计方案,选定技术经济评价指标有实用性、平面布置、经济性、美观性四

项,如表 4-4 所示,各技术经济评价指标的权重及各设计方案的得分为 10 分制,选择最优设计方案。

表 4-4 某建设工程多指标综合评分法计算表

评价指标	权　重	设计方案 A		设计方案 B		设计方案 C	
		得　分	加权得分	得　分	加权得分	得　分	加权得分
实用性	0.35	9	3.15	8	2.8	7	2.45
平面布置	0.25	8	2	8	2	9	2.25
经济性	0.3	8	2.4	8	2.4	8	2.4
美观性	0.1	7	0.7	9	0.9	9	0.9
合计	—		8.25	—	8.1	—	8

由表 4-4 可知,设计方案 A 的加权得分最高,因此设计方案 A 最优。

多指标综合评分法的评价结果是唯一的,且分值是相对的,因而它不能直接判断各设计方案各项功能的实际水平。

(2)静态投资效益评价法。

① 投资回收期法。设计方案的比选往往是比选各设计方案的功能水平及成本。功能水平先进的设计方案一般所需的投资较多,设计方案实施过程中的效益一般也比较好。用设计方案实施过程中的效益回收投资,即投资回收期反映初始投资补偿速度,衡量设计方案优劣也是非常有必要的。投资回收期越短的设计方案越好。

不同设计方案的比选实际上是互斥型设计方案的比选,首先要考虑到设计方案可比性问题。当相互比较的各设计方案能满足相同的需要时,就只需比较它们的投资和经营成本的大小,用差额投资回收期进行比较。差额投资回收期是指在不考虑时间价值的情况下,用投资大的设计方案比用投资小的设计方案所节约的经营成本,回收差额投资所需要的时间。

② 计算费用法。房屋建筑物和构筑物的全寿命是指从勘察、设计、施工、建成后使用直至报废拆除所经历的时间。全寿命费用应包括初始建设费、使用维护费和拆除费。评价设计方案的优劣应考虑建设项目的全寿命费用。但是初始建设费和使用维护费是两类不同性质的费用,二者不能直接相加。计算费用法用一种合乎逻辑的方法将一次性投资与经常性的经营成本统一为一种性质的费用,可直接用来评价设计方案的优劣。

(3)动态投资效益评价法。动态技术经济评价指标是考虑时间价值的指标。对于寿命期相同的设计方案,可以采用净现值法、净年值法、差额内部收益率法等进行比选。寿命期不同的设计方案的比选,可以采用净年值法。

2. 应用价值工程进行设计方案优选

1) 价值工程的基本概念

价值工程(value engineering,VE)是通过相关领域合作,对研究对象的功能和费用进行系统分析,优化创新,最终提高研究对象综合价值的管理方法和技术。价值工程的目的是提高产品价值和有效利用资源,通过有组织的创造性工作,寻求用最低的寿命周期成本可靠地实现使用者所需功能,以获得最佳的综合效益的一种管理技术。它的基本表达式如下:

$$V = \frac{F}{C}$$

(4-2)

式中:V——产品或服务的价值;

F——产品或服务的功能;

C——产品或服务的成本。

由上述基本表达式可知,提高价值有以下 5 个途径。

(1) 在提高产品功能的同时降低产品成本。

(2) 在产品成本不变的条件下,提高产品功能。

(3) 在保持产品功能不变的前提下,降低成本。

(4) 在产品功能有较大幅度的提高的情况下,产品成本稍有增加。

(5) 在产品成本大幅度降低的情况下,产品功能略有下降。

2)价值工程的工作程序

推行价值工程活动的过程,实质上就是分析问题、发现问题、解决问题的过程,具体地讲就是对研究对象(产品或服务)进行功能研究,找出在功能和成本上存在的问题,创造性地提出切实可行的方案来解决这些问题,通过这些问题的解决来提高研究对象的价值。价值工程的工作程序与方法如表 4-5 所示。

表 4-5　价值工程的工作程序与方法

阶　　段	步　　骤	应回答的问题
准备阶段	① 研究对象选择; ② 组成价值工程小组; ③ 制定工作计划	VE 的研究对象是什么?
分析阶段	① 收集整理信息资料; ② 功能系统分析; ③ 功能评价	该研究对象的用途是什么? 成本和价值是多少?
创新阶段	① 设计方案创新; ② 设计方案评价; ③ 提案编写	是否有替代方案? 新方案的成本是多少?
实施阶段	① 由主管部门组织审批方案; ② 实施与检查方案; ③ 成果鉴定	新方案能满足要求吗?

3)价值工程在设计方案优选中实施的步骤

(1) 实施程序。在新建建设项目设计中应用价值工程与在一般工业产品中应用价值工程略有不同,因为建设项目具有单件性和一次性的特点。利用其他建设项目的资料选择价值工程研究对象效果较差,而设计主要针对建设项目的功能及其实现手段进行,因此整个设计方案就可以作为价值工程的研究对象。价值工程在设计方案优选中的实施程序如图 4-2 所示。

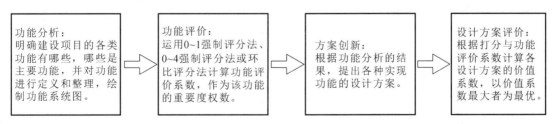

图 4-2　价值工程在设计方案优选中的实施程序

（2）计算步骤。

① 计算各设计方案功能评价系数 F_i。

首先，确定各种功能的权重及功能分数。

a. 采用 0~1 强制评分法确定权重。

首先按照评价指标的重要程度——对比打分，重要的打 1 分，相对不重要的打 0 分，自己与自己相比不打分。为了使不重要的评价指标的权重不得 0 分，将各功能累计得分加 1 分进行修正，用修正后的总分分别去除各评价指标累计得分，即得各指标的权重，如表 4-6 所示。

表 4-6 0~1 强制评分法求权重

评 价 指 标	A	B	C	D	评价指标得分 w_i	修正得分 $W_i = w_i + 1$	权重 $P_i = W_i/\sum$
A	×	1	1	0	2	3	0.3
B	0	×	1	0	1	2	0.2
C	0	0	×	0	0	1	0.1
D	1	1	1	×	3	4	0.4
$\sum$					6	10	1.00

b. 采用 0~4 强制评分法确定权重。

由于 0~1 强制评分法中的重要程度差别仅为 1 分，不能拉开档次，为了弥补这一不足，将分档扩大为 4 级，打分矩阵同 0~1 强制评分法。档次划分如下。F_1 比 F_2 重要得多：F_1 得 4 分，F_2 得 0 分。F_1 比 F_2 重要：F_1 得 3 分，F_2 得 1 分。F_1 与 F_2 同样重要：F_1、F_2 均得 2 分。该方法适用于被评价对象在重要程度上的差异不太大，并且评价指标数目不太多的情况。

若表 4-6 中 A 比 B 重要得多，B 比 C 重要，B 与 D 一样重要，则采用 0~4 强制评分法，表 4-6 变为表 4-7。

表 4-7 0~4 强制评分法求权重

评 价 指 标	A	B	C	D	评价指标得分 w_i	权重 $P_i = W_i/\sum$
A	×	4	4	4	12	0.5
B	0	×	3	2	5	0.21
C	0	1	×	1	2	0.08
D	0	2	3	×	5	0.21
$\sum$					24	1.00

接下来，计算各设计方案的功能评价系数 F_i。

若已知权重及相应的功能得分，则第 i 个研究对象的功能指数 F_i 为

$$F_i = \frac{\text{第 } i \text{ 个研究对象的各项功能得分} \times \text{权重}}{\sum \text{全部研究对象功能加权得分}}$$

若已知各评价指标的重要程度及各功能得分情况，则

先求出各评价指标的功能权重 P_i：

$$P_i = \frac{\text{该功能重要性得分}}{\sum \text{全部功能重要性得分}}$$

再求各设计方案的功能加权得分：

第 i 个研究对象的功能加权得分 = 第 i 个研究对象的各功能得分 × 第 i 个研究对象功能权重 P_i

最后求第 i 个研究对象的功能指数 F_i：

$$功能指数 F_i = \frac{第 i 个研究对象各功能加权得分之和}{\sum 全部研究对象各项功能加权得分}$$

② 计算各设计方案成本指数 C_i。

$$第 i 个研究对象的成本指数 C_i = \frac{第 i 个设计方案成本}{\sum 全部设计方案成本}$$

③ 计算各研究对象的价值指数 V_i：

$$第 i 个研究对象的价值指数 V_i = \frac{第 i 个研究对象的功能指数 F_i}{第 i 个设计方案的成本指数 C_i}$$

④ 采用功能的价值系数进行评价。

a. 当 $V = 1$ 时，设计方案的功能成本与设计方案的现实成本基本相当；此时设计方案最佳，无须改进。

b. 当 $V < 1$ 时，设计方案的现实成本过高，功能要求不协调，存在以下两种情况：

第一，存在过剩功能，应剔除过剩功能，集中提高功能质量；

第二，功能无过剩，但实现功能的路径不佳，导致实现功能的成本大于功能的实际需要，应集中减低现实成本。

c. 当 $V > 1$ 时，功能现实成本低于功能评价值，该功能较重要，应适当提高成本以保证功能质量。

【课堂练习】

某市高新技术开发区一幢综合楼项目征集了 A、B、C 三个设计方案。

A 方案：结构方案为大柱网框架轻墙体系，采用预应力大跨度叠合楼板，墙板材料采用多孔砖及移动式可拆装式分室隔墙，窗户采用中空玻璃塑钢窗，面积利用系数为 93%，单方造价为 1 438 元/m²。

B 方案：结构方案同 A 方案，墙体采用内浇外砌方式，窗户采用单层玻璃塑钢窗，面积利用系数为 87%，单方造价为 1 108 元/m²。

C 方案：结构方案采用砖混结构体系，采用多孔预应力板，墙体材料采用标准黏土砖，窗户采用双层玻璃塑钢窗，面积利用系数为 79%，单方造价为 1 082 元/m²。

三个设计方案的功能、功能权重及得分如表 4-8 所示。

表 4-8 某市高新技术开发区一幢综合楼项目的三个设计方案的功能、功能权重及得分

序　号	方案功能	功能权重	设计方案功能得分		
			A	B	C
1	结构体系	0.25	10	10	8
2	模板类型	0.05	10	10	9
3	墙体材料	0.25	8	9	7
4	面积利用系数	0.35	9	8	7
5	窗户类型	0.1	9	7	8

问题：

（1）试应用价值工程理论选择最优设计方案。

（2）为控制工程造价和进一步降低费用，拟针对所选的最优设计方案的土建工程部分，以工程材料费为研究对象开展价值工程分析。将土建工程划分为四个功能项目，各功能项目评分值及其目前成本如表4-9所示。按限额设计要求，目标成本额应控制为12 180万元。

表4-9 某市高新技术开发区一幢综合楼项目土建工程部分功能项目评分及目前成本表

功能项目	功能项目评分	目前成本/万元
A.桩基围护工程	10	1 600
B.地下室工程	10	1 482
C.主体结构工程	34	4 802
D.装饰工程	37	5 105
合计	91	12 989

试分析各功能项目的目标成本及其可能降低的额度，并确定功能改进顺序。

【分析】

问题（1）：运用价值工程理论进行设计方案评价优选。

问题（2）：运用价值工程理论进行设计方案成本控制。

价值工程要求设计方案满足必要功能，清除不必要功能。在运用价值工程对设计方案的功能进行分析时，各功能的价值指数有以下三种情况。

（1）$V_I=1$，说明该功能的重要性与其成本的比重大体相当，是合理的，无须再进行价值工程分析。

（2）$V_I<1$，说明该功能不太重要，而目前成本比重偏高，可能存在过剩功能，应作为重点分析对象，寻找降低成本的途径。

（3）$V_I>1$，出现这种结果的原因较多，其中较常见的是该功能较重要，而目前成本偏低，可能未能充分实现该重要功能，应适当增加成本，以提高该功能的实现程度。

【解】

（1）问题（1）。

分别计算各设计方案的功能指数、成本指数和价值指数，并根据价值指数选择最优设计方案。

① 计算各设计方案的功能指数，如表4-10所示。

表4-10 某市高新技术开发区一幢综合楼项目的三个设计方案的功能指数

方案功能	功能权重	方案功能加权得分		
		A	B	C
结构体系	0.25	10×0.25=2.50	10×0.25=2.50	8×0.25=2.00
模板类型	0.05	10×0.05=0.50	10×0.05=0.50	9×0.05=0.45
墙体材料	0.25	8×0.25=2.00	9×0.25=2.25	7×0.25=1.75
面积利用系数	0.35	9×0.35=3.15	8×0.35=2.80	7×0.35=2.45

方案功能	功能权重	方案功能加权得分		
		A	B	C
窗户类型	0.1	9×0.10＝0.90	7×0.10＝0.70	8×0.10＝0.80
合计		9.05	8.75	7.45
功能指数		9.05/25.25＝0.358	8.75/25.25＝0.347	7.45/25.25＝0.295

注:表 4-10 中各设计方案功能加权得分之和为 9.05＋8.75＋7.45＝25.25。

② 计算各设计方案的成本指数,如表 4-11 所示。

表 4-11　某市高新技术开发区一幢综合楼项目的三个设计方案的成本指数

设计方案	A	B	C
单方造价/(元/m²)	1 438	1 108	1 082
成本指数	0.396	0.305	0.298

③ 计算各设计方案的价值指数,如表 4-12 所示。

表 4-12　某市高新技术开发区一幢综合楼项目的三个设计方案的价值指数

设计方案	A	B	C
功能指数	0.358	0.347	0.295
成本指数	0.396	0.305	0.298
价值指数	0.903	1.136	0.989

由表 4-12 的计算结果可知,B 方案的价值指数最高,故为最优设计方案。

(2) 问题(2)。

根据表 4-9 所列数据,对所选定的设计方案进一步分别计算桩基围护工程、地下室工程、主体结构工程和装饰工程的功能指数、成本指数和价值指数;再根据给定的总目标成本额,计算各工程内容的目标成本额,从而确定其成本降低额度。具体计算结果如表 4-13 所示。

表 4-13　某市高新技术开发区一幢综合性项目 B 方案土建工程的功能指数、成本指数、价值指数和目标成本降低额

功能项目	功能评分	功能指数	目前成本/万元	成本指数	价值指数	目标成本/万元	成本降低额/万元
桩基围护工程	10	0.109 9	1 600	0.123 2	0.892 0	1 338	262
地下室工程	10	0.109 9	1 482	0.114 1	1.963 2	1 339	143
主体结构工程	34	0.373 6	4 802	0.369 7	1.010 5	4 551	251
装饰工程	37	0.406 6	5 105	0.393 0	1.034 6	4 952	153
合计	91	1.000 0	12 989	1.000 0	—	12 180	809

由表 4-13 的计算结果可知,桩基围护工程、地下室工程、主体结构工程和装饰工程均应通过适当方式降低成本。根据成本降低额的大小,功能改进顺序为桩基围护工程、主体结构工程、装饰工程、地下室工程。

3. 限额设计

1）限额设计的概念

限额设计是指按批准的可行性研究报告及投资估算控制初步设计，按照批准的初步设计总概算控制技术设计和施工图设计，同时各专业在保证达到使用功能的前提下，按分配的投资限额控制设计、严格控制不合理变更，保证总投资额不被突破，即按照设计任务书批准的投资估算额进行初步设计，按照初步设计概算工程造价限额进行施工图设计，按施工图预算工程造价对施工图设计的各个专业设计文件做出决策。

2）限额设计的目标

（1）根据经批准的可行性研究报告及投资估算，在初步设计开始前确定限额设计的目标。

（2）限额设计指标由项目经理或总设计师提出，经主管院长审批下达，按总额度直接工程费的90%下达；某专业限额指标用完后，必须经批准后才能调整；专业之间或专业内部节约的单项费用未经批准不能相互调用。

（3）施工图预算应严格控制在批准的概算以内。施工图设计阶段要认真进行技术经济分析，使施工图预算控制在设计概算工程造价内。施工图设计是设计单位的最终产品，是指导工程建设的重要文件，是施工企业进行施工的依据。设计单位发出的施工图及其预算工程造价要严格控制在批准的概算内，并有所节约。

（4）加强设计变更管理。对于非发生不可的设计变更，应尽量提前，变更发生得越早，损失越小，反之损失越大。如果在建设项目的设计阶段变更，则只需修改图纸，其他费用尚未发生，损失有限；如果在建设项目的采购阶段变更，不仅需要修改图纸，而且设备、材料需要重新采购；如果在建设项目的施工阶段变更，除上述费用外，已施工的工程还需要拆除，势必造成重大变更损失。为此，必须加强设计变更管理，尽可能把设计变更控制在设计建设项目的阶段初期，尤其对影响工程造价的重大设计变更，要用先算账后变更的办法解决，使工程造价得到有效控制。

3）限额设计的内容

限额设计的主要内容如表4-14所示。

表 4-14　限额设计的主要内容

目标			限额设计的目标是在初步设计开始前，根据批准的可行性研究报告及其投资估算确定的
全过程控制	纵向控制	投资分配	是实行限额设计的有效途径和主要方法，将投资先分解到各专业，然后分配到各单项工程和单位工程，作为初步设计的工程造价控制目标
		初步设计	严格按分配的工程造价控制目标进行设计，切实进行多设计方案比选。若发现投资超限额，应及时反映，并提出解决问题的办法
		施工图设计	按批准的初步设计及初步设计概算进行，注意把握两个标准，一个是质量标准，一个是工程造价标准
		设计变更管理	为实现限额设计的目标，应严格控制设计变更，对于非发生不可的设计变更，应尽量提前，以减少变更对工程造成的损失
		责任分配	明确设计单位内部各专业科室对限额设计所负的责任，责任落实越接近个人，效果就越明显
	横向控制	建立健全奖惩制度	根据节约投资额的大小，对设计单位给予奖励；因设计单位设计错误导致工程静态投资超支，要视超支情况扣减相应比例的设计费

4.2 设计概算编制与审查 ···

在建设项目的建设过程中,各阶段均有工程造价管理工作,但在建设工作的不同阶段,工程造价管理工作的内容与侧重点不同。在建设项目的决策阶段,工程造价管理主要按项目的构思确定建设项目的投资估算;在建设项目的设计阶段,工程造价管理的内容是编制及审查设计概算和工程预算;在建设项目的施工阶段,工程造价管理以工程预算或工程承包合同价作为目标,控制工程实际费用的支出;在建设项目的竣工验收阶段,工程造价管理的内容是编制竣工结算和决算,确定建设项目最终实际的总投资。投资估算、设计概算、工程预算、承包合同价是工程造价在不同阶段的不同表现形式。设计概算和工程预算就是工程造价在建设项目设计阶段的两种表现形式。

4.2.1 设计概算的概念和内容

1.设计概算的概念

设计概算是指在建设项目的初步设计阶段,在投资估算的控制下,由设计单位根据初步设计或扩大初步设计图纸及说明、概算定额或概算指标、综合预算定额、取费标准、设备材料预算价格等资料,编制和确定的建设项目从筹建至竣工交付生产或使用所需全部费用的经济文件。设计概算是设计文件的重要组成部分。在报请审批初步设计或扩大初步设计时,作为完整的技术文件,必须附有相应的设计概算。

采用两阶段设计的建设项目,在初步设计阶段必须编制设计概算;采用三阶段设计的建设项目,在技术设计阶段必须编制修正概算。

设计概算的编制应包括按编制期价格、费率、利率、汇率等因素确定的静态投资及从编制期到竣工验收前的工程和价格变化等多种因素所需的动态投资两个部分。静态投资是考核工程设计和施工图预算的依据,动态投资是筹措资金、供应资金和控制资金使用的限额。

2.设计概算的内容

设计概算可分为单位工程概算、单项工程综合概算和建设项目总概算三级。三级概算之间的关系和费用构成如图 4-3 所示。

(1) 单位工程概算。单位工程概算是确定各单位工程建设费用的文件,是编制单项工程综合概算的依据,是单项工程综合概算的组成部分。单位工程概算按工程性质可分为建筑工程概算、设备及安装工程概算两大类。建筑工程概算包括一般土建工程概算,给排水、采暖工程概算,通风、空调工程概算,电气、照明工程概算,弱电工程概算,特殊构筑物工程概算等;设备及安装工程概算包括机械设备及安装工程概算,电气设备及安装工程概算,热力设备及安装工程概算,工具、器具及生产家具购置费概算等。单位工程概算组成内容如图 4-4 所示。

(2) 单项工程综合概算。单项工程又称工程项目,是指在一个建设项目中,具有独立的设计文件,建成后可以独立发挥生产能力或工程效益的项目,是建设项目的组成部分,如生产车间、办公楼、食堂、图书馆、学生宿舍、住宅楼、配水厂等。单项工程是一个复杂的综合体,是具有独立存在意义的一个完整工程,如输水工程、净水厂工程、配水厂工程等。单项工程综合概算是确定一个单项工程所需建设费用的文件,它是由单项工程中的各单位工程概算汇总编制而成的,是建设项

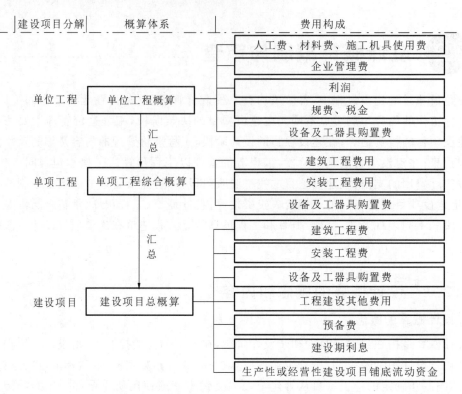

图 4-3 三级概算之间的关系和费用构成

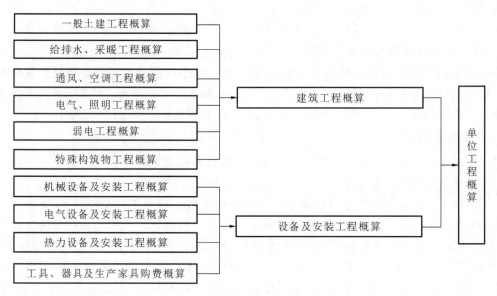

图 4-4 单位工程概算组成内容

目总概算的组成部分。

（3）建设项目总概算。建设项目总概算是确定整个建设项目从筹建到竣工验收所预计花费的全部费用的文件，是由各单项工程综合概算、工程建设其他费用概算、预备费概算、建设期利息概算和固定资产投资方向调节税概算等汇总编制而成的，如图 4-5 所示。

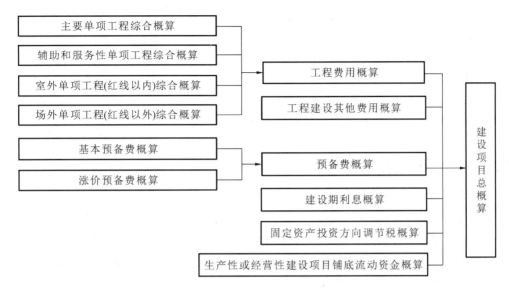

图 4-5　建设项目总概算组成内容

若干个单位工程概算汇总后成为单项工程综合概算,若干个单项工程综合概算和其他工程费用、预备费、建设期利息等概算文件汇总成为建设项目总概算。单项工程综合概算和建设项目总概算仅是归纳、汇总性文件,因此,最基本的计算文件是单位工程概算。若建设项目为一个独立的单项工程,则建设项目总概算与单项工程综合概算可合并编制。

4.2.2　设计概算的编制原则和编制依据

1.设计概算的编制原则

(1) 严格执行国家的建设方针和经济政策的原则。设计概算的编制是一项重要的技术经济工作,要严格按照党和国家的方针、政策办事,坚决执行勤俭节约的方针,严格执行规定的设计标准。

(2) 要完整、准确地反映设计内容的原则。编制设计概算时,要认真了解设计意图,根据设计文件、图纸准确计算工程量,避免重算和漏算。设计修改后,要及时修正概算。

(3) 要坚持结合拟建工程的实际,反映工程所在地当时价格水平的原则。为提高设计概算的准确性,要求实事求是地对工程所在地的建设条件、可能影响工程造价的各种因素进行认真的调查研究。在此基础上正确使用定额、指标、费率和价格等各项编制依据,按照现行工程造价的构成,根据有关部门发布的价格信息及价格调整指数,考虑建设期的价格变化因素,使设计概算尽可能地反映设计内容、施工条件和实际价格。

2.设计概算的编制依据

(1) 国家有关建设项目和工程造价管理的法律、法规和方针政策。

(2) 批准的建设项目的设计任务书(或批准的可行性研究文件)和主管部门的有关规定。

(3) 初步设计项目一览表。

(4) 能满足编制设计概算要求的各专业的设计图纸、文字说明和主要设备表。

(5) 当地和主管部门的现行建筑工程和专业安装工程的概算定额(或预算定额、综合预算定额,本节下同)、单位估价表、材料及构配件预算价格、工程费用定额和有关费用规定的文件等资料。

（6）现行的有关设备原价及运杂费费率。

（7）现行的有关其他费用定额、指标和价格。

（8）建设场地的自然条件和施工条件。

（9）类似工程的概预算及技术经济指标。

（10）建设单位提供的有关工程造价的其他资料。

4.2.3 设计概算的编制

1. 单位工程概算的编制方法

1）单位工程概算的内容

单位工程概算包括建筑工程概算、设备及安装工程概算。其中,建筑工程概算的编制方法有概算定额法、概算指标法、类似工程预算法等;设备及安装工程概算的编制方法有预算单价法、扩大单价法、设备价值百分比法和综合吨位指标法等。单位工程概算投资由直接费、间接费、利润和税金组成。

2）建筑工程概算的编制方法

（1）概算定额法。概算定额法又叫扩大单价法或扩大结构定额法。当初步设计达到一定的深度,建筑结构比较明确,能按照初步设计的平面、立面、剖面图纸计算出楼地面、墙身、门窗和屋面等分部工程（或扩大结构件）项目的工程量时,才可采用概算定额法。用概算定额法编制设计概算的步骤如下。

① 收集基础资料,熟悉设计图纸,了解有关施工条件和施工方法。

② 按照概算定额分部分项顺序,列出单位工程中分项工程或扩大分项工程项目名称并计算工程量。

③ 确定各分部分项工程项目的概算定额单价。

④ 计算单位工程人工费、材料费、施工机具使用费。

⑤ 计算企业管理费、利润、规费和税金。

⑥ 计算单位工程概算造价。

⑦ 编写概算编制说明。

（2）概算指标法。

① 概算指标法的适用范围如下。

a.在方案设计中,由于设计无详图而只有概念性设计,或初步设计深度不够,不能准确地计算出工程量,但工程设计采用的技术比较成熟时,可以选定与该工程相似类型的概算指标编制概算。

b.设计方案急需工程造价估算而又有类似工程概算指标可以利用。

c.图样设计间隔很久后再来实施,概算造价不适用于当前情况而又急需确定工程造价的情形下,可按当前概算指标来修正原有概算造价。

d.通用设计图设计可组织编制通用图设计概算指标,从而确定工程造价。

② 拟建工程结构特征与概算指标相同时的计算。直接套用概算指标时,拟建工程应符合以下条件。

a.拟建工程的建设地点与概算指标中的工程建设地点相同。

b. 拟建工程的工程特征、结构特征与概算指标中的工程特征、结构特征基本相同。

c. 拟建工程的建筑面积与概算指标中工程的建筑面积相差不大。

③ 拟建工程的结构特征与概算指标中工程的结构特征有局部差异时的调整。

由于拟建工程(设计对象)往往与类似工程的概算指标的技术条件不尽相同,而且概算指标编制年份的设备、材料、人工等价格与拟建工程当时当地的价格也不会一样,因此,必须对其进行调整。调整方法如下。

a. 批建工程的结构特征与概算指标有局部差异时的调整。

$$结构变化修正概算指标 = J + Q_1 P_1 - Q_2 P_2 \tag{4-3}$$

式中:J——原概算指标;

Q_1——换入新结构的数量;

Q_2——换出旧结构的数量;

P_1——换入新结构的单价;

P_2——换出旧结构的单价。

b. 人工、材料、机械台班费用的调整。

$$\begin{array}{l}结构变化修正概算\\指标的工料机数量\end{array} = \begin{array}{l}指原概算指标的\\工、料、机数量\end{array} \times \begin{array}{l}换入结构\\件工程量\end{array} \times \begin{array}{l}相应定额工\\料机消耗量\end{array} - \begin{array}{l}换出结构\\件工程量\end{array} \times \begin{array}{l}相应定额工\\料机消耗量\end{array}$$

$$\tag{4-4}$$

$$\begin{array}{l}人工、材料、机械\\修正概算费用\end{array} = \begin{array}{l}原概算指标的\\人材机费用\end{array} + \left[\sum \begin{array}{l}换入人工、材料、机械\\数量 \times 拟建地区相应单价\end{array} \right]$$

$$- \sum \left(\begin{array}{l}换出结构\\件工程量\end{array} \times \begin{array}{l}原概算指标、\\工料机单价\end{array} \right) \tag{4-5}$$

以上两种方法,前者是直接修正结构件指标单价,后者是修正结构件指标工料机数量。

(3) 类似工程预算法。类似工程预算法适于在拟建工程的初步设计与已完工程或在建工程的设计相类似而又没有可用的概算指标时采用,但必须对建筑结构差异和价差进行调整。建筑结构差异的调整方法与概算指标法的调整方法相同。类似工程造价的价差调整有两种方法。

① 类似工程造价资料中有具体的人工、材料、机械台班的用量时,可按类似工程预算造价资料中的工日数量、材料用量、机械台班用量乘以拟建工程所在地的人工单价、材料预算价格、机械台班单价,计算出直接工程费,再乘以当地的综合费率,即可得出所需的工程造价指标。

② 类似工程造价资料只有人工、材料、机械台班费用和措施费、间接费时,可按下面公式调整:

$$D = A \cdot K \tag{4-6}$$

$$K = aK_1 + bK_2 + cK_3 + dK_4 + eK_5 \tag{4-7}$$

式中:D——拟建工程单方概算造价;

A——类似工程单方预算造价;

K——成本单价综合调整系数;

a、b、c、d、e——类似工程预算的人工费、材料费、机械台班费、措施费、间接费占预算造价的

比重,如 $a = \dfrac{类似工程人工费(或工资标准)}{类似工程预算造价} \times 100\%$,$b$、$c$、$d$、$e$ 类同;

K_1、K_2、K_3、K_4、K_5——类似建工程地区与类似工程预算造价在人工费、材料费、机械台班

费、措施费和间接费上的差异系数，如 $K_1 = \dfrac{拟建工程概算的人工费（或工资标准）}{类似工程预算人工费（或地区工资标准）}$，$K_2$、$K_3$、$K_4$、$K_5$ 类同。

3）设备及安装工程概算的编制方法

设备及安装工程概算包括设备购置费概算和设备安装工程概算两大部分。

（1）设备购置费概算。根据初步设计的设备清单计算出设备原价，并汇总求出设备总原价，然后按规定的设备运杂费费率乘以设备总原价，两项相加即为设备购置费概算。

国产标准设备原价可根据设备型号、规格、性能、材质、数量及附带的配件，向制造厂家询价，或向设备、材料信息部门查询，或按主管部门规定的现行价格逐项计算。国产非主要标准设备和工器具、生产家具的原价可按主要标准设备原价的百分比计算，百分比指标按主管部门或地区有关规定执行。

国产非标准设备原价在编制设计概算时可按下列两种方法确定。

① 国产非标准设备台（件）估价指标法：根据国产非标准设备的类别、质量、性能、材质等情况，以每台设备规定的估价指标计算。

$$国产非标准设备原价 = 设备台班 \times 每台设备估价指标 \qquad (4\text{-}8)$$

② 国产非标准设备吨重估价指标法：根据国产非标准设备的类别、性能、质量、材质等情况，以某类设备所规定的吨重估价指标计算。

$$国产非标准设备原价 = 设备吨重 \times 每吨重设备估价指标 \qquad (4\text{-}9)$$

设备运杂费按有关规定的运杂费费率计算，即

$$设备运杂费 = 设备原价 \times 运杂费费率 \qquad (4\text{-}10)$$

（2）设备安装工程概算的编制方法。设备安装工程概算是根据初步设计深度和要求明确的程度来确定的。它的主要编制方法如下。

① 预算单价法：当初步设计较深，有详细的设备清单时，可直接按安装工程预算定额单价编制设备安装工程概算。该方法具有计算比较具体、精确性较高的优点。

② 扩大单价法：当初步设计深度不够，设备清单不完备，只有主体设备或仅有成套设备质量时，可采用主体设备、成套设备的综合扩大安装单价来编制设备安装工程概算。

③ 设备价值百分比法：又叫安装设备百分比法，当初步设计深度不够，只有设备出厂价而无详细规格、质量时，设备安装费可按占设备费的百分比计算。该方法常用于价格波动不大的定型产品和通用设备产品，数学表达式为

$$设备安装费 = 设备原价 \times 设备安装费费率 \qquad (4\text{-}11)$$

④ 综合吨位指标法：当初步设计提供的设备清单有规格和质量时，可采用综合吨位指标编制设备安装工程概算。该方法常用于设备价格波动较大的国产非标准设备和引进设备的安装工程概算，数学表达式为

$$设备安装费 = 设备吨重 \times 每吨设备安装费指标 \qquad (4\text{-}12)$$

2. 单项工程综合概算的编制方法

1）单项工程综合概算的含义

单项工程综合概算是确定单项工程建设费用的综合性文件，是由该单项工程的各专业的单位工程概算汇总而成的，是建设项目总概算的组成部分。

2）单项工程综合概算的内容

单项工程综合概算一般包括编制说明（不编制总概算时列入）、综合概算表（含其所附的单位

工程概算表和建筑材料表)和有关专业的单位工程预算书三大部分。当建设项目只有一个单项工程时,此时单项工程综合概算(实为总概算)除包括上述三大部分外,还应包括工程建设其他费用、建设期利息、预备费和固定资产投资方向调节税的概算。

(1)编制说明。编制说明应列在综合概算表的前面,包括以下内容。

① 工程概况:简述建设项目的性质、特点、建设规模、建设周期、建设地点等主要情况。对于引进建设项目,要说明引进内容以及国内配套工程等主要情况。

② 编制依据:包括国家和有关部门的规定、设计文件,现行概算定额或概算指标、设备材料的预算价格和费用指标等。

③ 编制方法:说明设计概算是采用概算定额法,还是采用概算指标法或其他方法。

④ 其他必要的说明。

(2)综合概算表。综合概算表根据单项工程所辖范围内的各单位工程概算等基础资料,按照国家或部委所规定的统一格式进行编制。

① 综合概算表的项目组成。工业建设项目综合概算表由建筑工程和设备及安装工程两大部分组成;民用建设项目综合概算表只有建筑工程一项。

② 综合概算的费用组成。综合概算一般应包括建筑工程费用,安装工程费用,设备及工器具生产、家具购置费组成。当不编制总概算时,综合概算还应包括工程建设其他费用、建设期利息、预备费和固定资产方向调节税等费用项目。

单项工程综合概算表的结构形式与建设项目总概算表是相同的。

3. 建设项目总概算的编制方法

1)建设项目总概算的含义

建设项目总概算是设计文件的重要组成部分,是确定整个建设项目从筹建到竣工交付使用所预计花费的全部费用的文件。它是由各单项工程综合概算、工程建设其他费用概算、建设期利息概算、预备费概算、固定资产投资方向调节税概算和生产性或经营性建设项目铺底流动资金概算组成,按照主管部门规定的统一格式进行编制而成的。

2)建设项目总概算的内容

建设项目总概算一般应包括编制说明、总概算表、各单项工程综合概算、工程建设其他费用概算表、主要建筑安装材料汇总表。独立装订成册的建设项目总概算文件宜加封面、签署页(扉页)和目录。现将有关主要问题说明如下。

(1)编制说明。编制说明的内容与单项工程综合概算相同。

(2)总概算表。总概算表的格式如表 4-15 所示。

表 4-15 总(综合)概(预)算表

建设项目: (单项工程名称:) 共 页 第 页

序号	概(预)算表编号	工程和费用名称	概(预)算价值/元						技术经济评价指标				占投资额百分比/(%)
			建筑工程费	设备购置费	安装工程费	其他费用	合计	其中外汇/美元	计量指标	单位	数量	单位造价/元	

序号	概(预)算表编号	工程和费用名称	概(预)算价值/元						技术经济评价指标				占投资额百分比/(%)
			建筑工程费	设备购置费	安装工程费	其他费用	合计	其中外汇/美元	计量指标	单位	数量	单位造价/元	

审定: 审核: 校对: 编制: 编制日期: 年 月 日

注意:表 4-15 中"计量指标"视工程和费用种类而定,如建筑面积、外形体积、有效容积、管线长度、日供水量、供电容量、总耗热量、总制冷量、总机容量、设备质量、设备容量、扶梯数量,等等。

(3)工程建设其他费用概算表。工程建设其他费用概算按国家或地区或部委所规定的项目和标准确定,并按统一格式编制。

(4)主要建筑安装材料汇总表。针对每一个单项工程,列出钢筋、型钢、水泥、木材等主要建筑安装材料的消耗量。

4.2.4　设计概算的审查

1.设计概算的审查深度

审查设计概算的编制依据的合法性、时效性和适用范围。

审查概算编制的深度是:首先,审查编制说明注明的概算编制方法、深度和编制依据;其次,检查是否有完整的编制说明和是否按照"三级概算"的要求进行了概算编制;最后,审查概算编制范围和具体内容是否与批准的建设项目范围及具体工程内容一致,有无重复或遗漏。

应审查建设规模、建设标准、配套工程、设计定员等是否符合原批准的可行性研究报告或立项批文的标准。对于总概算投资超过批准投资估算 10% 以上的,应查明原因,重新上报审批。

2.设计概算的审查方法

1) 对比分析法

对比分析法主要是将拟建建设项目与类似建设项目的建设规模、建设标准和立项批文进行对比,将工程数量与设计图纸进行对比,将编制范围、内容和编制方法进行对比,将各项取费与规定标准进行对比,将人工、材料、机械使用单价与统一信息进行对比,将技术经济评价指标与同类工程进行对比。通过对比,能够更容易和更快速地发现设计概算可能存在的主要问题和重大偏差。

2) 查询核实法

查询核实法主要是对关键和重点设备及配套装置,或者对由于资料不全难以核算的部分进行多方查询核实和征求意见,确保价格真实有效。

3) 联合会审法

联合会审法采取多种形式分头审查,如设计单位自审,主管、建设单位初审,工程咨询公司评审,邀请行业专家预审,审计部门复审等,然后由有关单位和专家召开联合会审大会,与会者认真分析讨论,进行充分协商和集合各种审查意见,实事求是地处理和调整设计概算成果。

4.3 施工图预算编制与审查

4.3.1 施工图预算的含义、作用和内容

1.施工图预算的含义

施工图预算是施工图设计预算的简称,又叫设计预算。它是由设计单位在施工图设计完成后,根据施工图设计图纸、现行预算定额、费用定额以及地区材料、人工、施工机械台班等预算价格编制和确定的建筑安装工程造价的文件。

2.施工图预算的作用

(1)施工图预算是招投标的重要基础。它既是工程量清单的编制依据,也是标底编制的依据。《中华人民共和国招标投标法》实施以来,市场竞争日趋激烈,施工单位一般根据自身特点确定报价,传统的施工图预算在投标报价中的作用将逐渐弱化,但是施工图预算的原理、依据、方法和编制程序,仍是投标报价的重要参考资料。

(2)施工图预算是施工单位在施工前组织材料、机具、设备及劳动力供应的重要参考,是施工单位编制进度计划、统计完成工作量、进行经济核算的参考依据,是施工单位和建设单位办理工程结算和拨付工程款的参考依据,也是施工单位拟定降低成本措施和按照工程量清单计算结果、编制施工预算的依据。

(3)对于工程造价管理部门来说,施工图预算是监督、检查执行定额标准的情况,合理确定工程造价,测算工程造价指数的依据。

3.施工图预算的内容

施工图预算有单位工程预算、单项工程预算和建设项目总预算。一般根据施工图设计文件、现行预算定额、费用定额以及人工、材料、机械台班等预算价格资料,编制单位工程预算。汇总所有单位工程预算,形成单项工程预算。汇总所有单项工程预算,便形成建设项目总预算。

单位工程预算包括建筑工程预算和设备及安装工程预算。建筑工程预算按工程性质分为一般土建工程预算,卫生工程预算(包括室内外给排水工程、采暖通风工程、煤气工程等),电气、照明工程预算,弱电工程预算,特殊构筑物如炉窑等工程预算和工业管道工程预算等。设备及安装工程预算可分为机械设备及安装工程预算、电气设备及安装工程预算和热力设备及安装工程预算等。

4.3.2 施工图预算的编制依据

(1)国家有关工程建设和工程造价管理的法律、法规和方针政策。

(2)施工图设计项目一览表、各专业施工图设计的图纸和文字说明、工程地质勘察资料。

(3)主管部门颁布的现行建筑工程和设备及安装工程预算定额、材料与构配件预算价格、工程费用定额和有关费用规定等文件。

（4）现行的有关设备原价及运杂费费率。

（5）现行的其他费用定额、指标和价格。

（6）建设场地中的自然条件和施工条件。

4.3.3 施工图预算的编制方法

单位工程预算包括建筑工程费、安装工程费和设备及工器具购置费。单位工程预算中的安装工程费应根据施工图设计文件，预算定额（或综合单价），以及人工、材料和施工机械台班等价格资料进行计算。施工图预算的主要编制方法有单价法和实物法。其中单价法分为定额单价法和工程量清单单价法。在单价法中，使用较多的是定额单价法。

1.定额单价法

定额单价法又称工料单价法或预算单价法，是指以分部分项工程的单价为工料单价，将分部分项工程工程量乘以对应分部分项工程单价后的合计作为单位人工费、材料费、施工机具使用费，人工费、材料费、施工机具使用费汇总后，再根据规定的计算方法计取企业管理费、利润、规费和税金，将上述费用汇总后得到该单位工程的施工图预算造价。用定额单价法编制施工图预算的基本步骤如下。

（1）准备工作。准备工作阶段应主要完成以下工作内容。

① 收集编制施工图预算的编制依据，包括现行建筑安装定额、取费标准、工程量计算规则、地区材料预算价格以及市场材料价格等各种资料。

② 熟悉施工图等基础资料。

③ 了解施工组织设计和施工现场情况。

（2）列项并计算工程量。分项子目的工程量应遵循一定的顺序逐项计算，避免漏算和重算。

① 根据工程内容和定额项目，列出需计算工程量的分部分项工程。

② 根据一定的计算顺序和计算规则，列出分部分项工程工程量的计算式。

③ 根据施工图上的设计尺寸及有关数据，代入计算式进行数值计算。

④ 对计算结果的计量单位进行调整，使之与定额中相应的分部分项工程的计量单位保持一致。

（3）套用定额预算单价。计算人工费、材料费、施工机具使用费时需要注意以下几个问题。

① 分项工程的名称、规格、计量单位与预算单价或单位估价表中所列内容完全一致时，可以直接套用预算单价。

② 分项工程的主要材料品种与预算单价或单位估价表中规定的材料不一致时，不可以直接套用预算单价，需要按实际使用材料价格换算预算单价。

③ 分项工程施工工艺条件与预算单价或单位估价表不一致而造成人工、施工机具的数量增减时，一般调量不调价。

（4）编制工料分析表。

（5）计算主材费并调整人工费、材料费、施工机具使用费。主材费计算的依据是当时当地的市场价格。

（6）按计价程序计取其他费用，并汇总造价。

（7）复核。

（8）填写封面、编制说明。

2. 实物法

用实物法编制单位工程预算,就是将施工图计算的各分项工程工程量分别乘以地区定额中人工工日、材料、施工机械台班的定额消耗量,分类汇总得出该单位工程所需的全部人工工日、材料、施工机械台班消耗量,然后乘以当时当地人工工日单价、各种材料单价、施工机械台班单价,求出相应的人工费、材料费、施工机具使用费,企业管理费、利润、规费及税金等费用的计取方法与定额单价法相同。实物法编制施工图预算的基本步骤包括如下。

(1)准备资料,熟悉施工图纸。除准备定额单价法所采用的各种编制资料外,重点应全面收集工程造价管理机构发布的工程造价信息及各种市场价格信息。

(2)列项并计算工程量。本步骤与定额单价法相同。

(3)套用消耗量定额,计算人工、材料、机械台班消耗量,统计并汇总确定单位工程所需的各类人工工日消耗量、各类材料消耗数量和各类施工机械台班消耗量。

(4)计算并汇总人工费、材料费和施工机具使用费。将当时当地工程造价管理部门定期发布的或企业根据市场价格确定的人工工日单价、材料单价、施工机械台班单价分别乘以人工消耗量、材料消耗、施工机械台班消耗量,汇总即得到单位工程人工费、材料费和施工机具使用费。

(5)计算其他各项费用,汇总工程造价。

(6)复核、填写封面、编制说明。

3. 定额单价法与实物法的比较

定额单价法与实物法首尾部分的步骤基本相同,不同的主要是中间两个步骤。

(1)采用定额单价法,计算工程量后,套用相应人工、材料、施工机械台班的定额消耗量,求出各分项工程人工、材料、施工机械台班消耗量并汇总成单位工程所需各类人工、材料和施工机械台班的消耗量。

(2)采用实物法,是将当时当地的各类人工工日单价、材料单价和施工机械台班单价分别乘以相应的人工工日、材料和施工机械台班的消耗量,汇总后得出单位工程的人工费、材料费和施工机具使用费。

4.3.4 施工图预算的审查

1. 审查施工图预算的内容

审查施工图预算的重点,应该放在工程量计算、预算单价套用、设备材料预算价格取定是否正确,各项费用标准是否符合现行规定等方面。

1)审查工程量

审查内容包括土方工程、打桩工程、砖石工程、混凝土及钢筋混凝土工程、木结构工程、屋面工程、构筑物工程、装饰工程、金属构件制作工程、水暖工程、电气照明工程、设备及其安装工程等,具体规则详见相关课程,本书不做具体论述。

2)审查设备、材料的预算价格

设备、材料的预算价格是施工图预算造价中所占比重最大、变化最大的内容,应当重点审查。

(1)审查设备、材料的预算价格是否符合工程所占地的真实价格及价格水平。若是采用市场价,要核实其真实性、可靠性;若是采用有权部门公布的信息价,要注意信息价的时间、地点是否符合要求,是否要按规定调整。

（2）设备、材料的原价确定方法是否正确。国产非标准设备原价的计价依据、方法是否正确、合理。

（3）设备的运杂费费率及运杂费的计算是否正确，材料预算价格各项费用的计算是否符合规定、正确。

3）审查预算单价的套用

审查预算单价套用是否正确，是审查施工图预算的主要内容之一。审查预算单价的套用时，应注意以下几个方面。

（1）预算中所列各分项工程预算单价是否与现行预算定额的预算单价相符，其名称、规格、计量单位和所包括的工程内容是否与单位估价表一致。

（2）审查换算的单价，首先要审查换算的分项工程是否是定额中允许换算的，然后要审查换算是否正确。

（3）审查补充定额和单位估价表的编制是否符合编制原则，单位估价表的计算是否正确。

4）审查有关费用项目及其计取

对于有关费用项目及其计取的审查，要注意以下几个方面。

（1）措施项目费的计算是否符合有关的规定标准，间接费和利润的计取基础是否符合现行规定，有无不能作为计费基础的费用列入计费基础。

（2）预算外调增的材料差价是否计取了间接费。直接工程费或人工费增减后，有关费用是否相应做了调整。

（3）有无巧立名目、乱计费、乱摊费用现象。

2. 审查施工图预算的步骤

1）做好审查前的准备工作

（1）熟悉施工图纸。施工图是编审预算分项数量的重要依据，审查人员必须全面熟悉了解施工图，核对所有图纸，清点无误后，依次识读。

（2）了解施工图预算包括的范围。根据预算编制说明，了解预算包括的工程内容。例如，配套设施、室外管线、道路以及会审图纸后的设计变更等。

（3）弄清施工图预算采用的单位估价表。任何单位估价表或预算定额都有一定的适用范围，应根据工程性质，收集并熟悉相应的单价、定额资料。

2）选择合适的审查方法，按相应内容审查

由于工程规模、繁简程度不同，施工方法和施工企业情况不一样，所编施工图预算及其质量也不同，因此需选择适当的审查方法进行审查。

3）调整施工图预算

综合整理审查资料，并与编制单位交换意见，定案后编制调整施工图预算。审查后，需要进行增加或核减的，经与编制单位协商，统一意见后，进行相应的修正。

3. 审查施工图预算的方法

审查施工图预算的方法较多，主要有全面审查法、用标准预算审查法、分组计算审查法、对比审查法、筛选审查法、重点抽查法、利用手册审查法和分解对比审查法八种。

1）全面审查法

全面审查法又叫逐项审查法，是指按预算定额顺序或施工的先后顺序，逐一地全部进行审查的方法。它的具体计算方法和审查过程与编制施工图预算基本相同。此方法的优点是全面、细致,经审查的工程预算差错比较少,质量比较高;缺点是工作量大。对于一些工程量比较小、工艺比较简单的工程,当编制施工图预算的技术力量又比较薄弱时,可采用全面审查法。

2)用标准预算审查法

用标准预算审查法是指对于按标准图纸设计或通用图纸施工的工程,先集中力量编制标准预算,以此为标准审查施工图预算的方法。按标准图纸设计或通用图纸施工的工程一般上部结构和做法相同,可集中力量细审一份预算或编制一份预算,将其作为这种标准图纸的标准预算,或以这种标准图纸的工程量为标准,对照审查,而对局部不同部分做单独审查。这种方法的优点是时间短、效果好、好定案;缺点是只适用于按标准图纸设计或通用图纸施工的工程,适用范围小。

3)分组计算审查法

分组计算审查法是一种加快工程量审查速度的方法,是指把施工图预算中的项目划分为若干组,并把相邻且有一定内在联系的项目编为一组,审查或计算同一组中某个分项工程工程量,利用工程量间具有相同或相似计算基础的关系,判断同组中其他几个分项工程工程量计算的准确程度的方法。一般土建工程可以分为以下几组。

(1)地槽挖土、基础砌体、基础垫层、槽坑回填土、运土。

(2)底层建筑面积、地面面层、地面垫层、楼面面层、楼面找平层、楼板体积、天棚抹灰、天棚刷浆、屋面层。

(3)内墙外抹灰、外墙内抹灰、外墙内面刷浆、外墙上的门窗和圈过梁、外墙砌体。

4)对比审查法

对比审查法是指用已建成工程的施工图预算或工程虽未建成但已审查修正的施工图预算对比审查拟建的类似工程施工图预算的一种方法。使用对比审查法时,一般有以下几种情况,应根据工程的不同条件区别对待。

(1)两个工程采用同一个施工图,但基础部分和现场条件不同。新建工程基础以上部分可采用对比审查法,不同部分可分别采用相应的审查方法进行审查。

(2)两个工程设计相同,但建筑面积不同。根据两个工程建筑面积之比与两个工程分部分项工程工程量之比基本一致的特点,可审查新建工程各分部分项工程工程量,或者用两个工程每平方米建筑面积工程造价以及每平方米建筑面积的各分部分项工程工程量,进行对比审查,如果基本相同,说明新建工程施工图预算是正确的,反之,说明新建工程施工图预算有问题,应找出差错原因,加以更正。

(3)两个工程的建筑面积相同,但设计图纸不完全相同。可对相同的部分,如厂房中的柱子、房架、屋面、砖墙等,进行工程量的对比审查,对不能对比的分部分项工程按图纸进行计算。

5)筛选审查法

筛选审查法是一种统筹方法,也是一种对比方法。不同的建筑工程虽然建筑面积和高度不同,但是它们各个分部分项工程的工程量、工程造价、用工量在每个单位面积上的数值变化不大,我们把这些数据加以汇集、优选,归纳为工程量、工程造价(价值)、用工三个单方基本值表,并注明其适用的建筑标准。这些基本值犹如"筛孔",可用来筛选各分部分项工程,筛下去的就不审查了,没有筛下去的就意味着此分部分项的单位建筑面积数值不在基本值范围之内,应对该分部分项工程详细审查。当所审查的预算的建筑面积标准与"基本值"所适用的标准不同时,就要对其进行调整。

筛选审查法的优点是简单易懂,便于掌握,审查速度和发现问题快;缺点是解决差错、分析其

139

原因时需继续审查。因此,此方法适用于住宅工程或不具备全面审查条件的工程。

6) 重点抽查法

重点抽查法是抓住施工图预算中的重点进行审查的方法。审查的重点一般是工程量大或工程造价较高、工程结构复杂的工程,补充单位估价表,计取的各项费用(计费基础、取费标准等)。

重点抽查法的优点是重点突出,审查时间短,效果好。

7) 利用手册审查法

利用手册审查法是指把工程中常用的构件、配件,事先整理成预算手册,按手册对照审查的方法。预制构配件洗脸池、坐便器、检查井、化粪池、碗柜等,几乎每个工程都有,对它们按标准图集计算出工程量,套上单价,编制成预算手册,可大大简化预结算的编审工作。

8) 分解对比审查法

将一个单位工程按直接费与间接费进行分解,然后把直接费按工种和分部工程进行分解,分别与审定的标准预算进行对比分析的方法,叫作分解对比审查法。

分解对比审查法一般有三个步骤。

(1) 全面审查某种建筑的定型标准施工图或复用施工图的施工图预算,经审定后作为审查其他类似工程施工图预算的对比基础。另外,将审定预算按直接费与应取费用分解成两个部分,再把直接费分解为各工种工程和分部工程预算,分别计算出它们的每平方米预算价格。

(2) 把拟审的施工图预算与同类型施工图预算单方造价进行对比,若出入在 1%~3% 范围内(根据本地区要求),再按分部分项工程进行分解,边分解边对比,对出入较大者进一步审查。

(3) 对比审查。方法如下。

① 经分析对比,如果发现应取费用相差较大,应考虑建设项目的投资来源和工程类别及其取费项目和取费标准是否符合现行规定;如果材料调价相差较大,则应进一步审查材料调价统计表,将各种调价材料的用量、单位差价及其调增数量等进行对比。

② 经过分解对比,如果发现土建工程预算价格出入较大,首先审查土方和基础工程,因为 ±0.00 以下的工程往往相差较大,再对比其余各个分部工程,发现某一分部工程预算价格相差较大时,进一步对比各分项工程或工程细目。在对比时,先检查所列工程细目是否正确、预算价格是否一致。对于相差较大者,进一步审查所套预算单价,最后审查该项工程细目的工程量。

本 章 小 结

本章主要讲述工程设计与工程造价的关系,工程造价控制贯穿建设项目建设全过程,而设计阶段的工程造价控制是整个工程造价控制的龙头。

为了提高建设项目建设投资效果,应进行多设计方案比选,从中选取技术先进、经济合理的最佳设计方案。通过设计招标和设计方案优选,运用价值工程方法,推广标准化设计,采用限额设计等方法优化设计方案,最后通过优化设计进行工程造价控制。

设计概算可分单位工程概算、单项工程综合概算和建设项目总概算三级。其中单位工程概算分为建筑工程概算和设备及安装工程概算。建筑工程概算的编制方法有概算定额法、概算指标法、类似工程预算法,设备及安装工程概算的编制方法有预算单价法、扩大单价法、设备价值百分比法和综合吨位指标法等。

施工图预算有单位工程预算、单项工程预算和建设项目总预算。施工图预算的编制可以采用单价法和实物法。施工图预算的审查可采用全面审查法、用标准预算审查法、分组计算审查法、对比审查法、筛选审查法、重点抽查法、利用手册审查法和分解对比审查法。

【实践案例】

在某高层住宅楼的现浇楼板施工中,承包商 B 拟采用钢木组合模板体系或小钢模体系。经有关专家讨论,决定从模板总摊销费(F_1)、楼板浇筑质量(F_2)、模板人工费(F_3)、模板周转时间(F_4)、模板装拆便利性(F_5)五个技术经济指标对该两个方案进行评价,并采用 0~1 强制评分法对各技术经济指标的重要程度进行评分,其部分结果如表 4-16 所示,两方案各技术经济评价指标的得分如表 4-17 所示。

表 4-16 某高层住宅楼现浇楼板施工方案技术经济评价指标重要程度评分表

指　　标	F_1	F_2	F_3	F_4	F_5
F_1	×	0	1	1	1
F_2		×	1	1	1
F_3			×	0	1
F_4				×	1
F_5					×

表 4-17 某高层住宅楼现浇楼板施工两方案技术经济评价指标得分表

指　　标	方　　案	
	钢木组合模板	小　钢　模
模板总摊销费用	10	8
楼板浇筑质量	8	10
模板人工费	8	10
模板周转时间	10	7
模板装拆便利性	10	9

经造价工程师估算,钢木组合模板在该工程中的总摊销费为 40 万元,每平方米楼板的模板人工费为 8.5 元;小钢模在该工程中的总摊销费为 50 万元,每平方米楼板的模板人工费为 6.8元;该住宅楼的楼板工程量为 2.5 万平方米。

问题:

(1) 试确定各技术经济指标的权重(计算结果保留三位小数)。

(2) 若以楼板工程的单方模板费用作为成本比较对象,试用价值指数法选择较经济的模板体系(功能指数、成本指数、价值指数的计算结果均保留三位小数)。

(3) 若该承包商准备参加另一幢高层办公楼的投标,为提高竞争能力,公司决定模板总摊销费仍按本住宅楼考虑,其他有关条件均不变。该办公楼的现浇楼板工程量至少要达到多少平方米才应采用小钢模体系(计算结果保留两位小数)?

分析要点:

本实践案例主要考核 0~1 强制评分法的运用和成本指数的确定。

问题(1)需要根据 0~1 强制评分法的计分办法将表 4-16 中的空缺部分补齐后再计算各技术经济指标的得分,进而确定其权重。0~1 强制评分法的特点是:两指标(或功能)相比较时,不论两者的重要程度相差多大,较重要的得 1 分,不重要的得 0 分。在运用 0~1 强制评分法时还需注意,采用 0~1 强制评分法确定指标的重要程度得分时,会出现合计得分为零的指标(或功能),需要将各指标合计得分分别加 1 进行修正后再计算其权重。

问题(2)需要根据背景资料所给出的数据计算两方案楼板工程量的单方模板费用,再计算其成本指数。

问题(3)应从建立单方模板费用函数入手,再令两模板体系的单方模板费用之比与其功能指数之比相等,然后求解该方程。

解答:

(1)问题(1)。

根据 0~1 强制评分法的计分办法,两指标(或功能)相比较时,较重要的指标得 1 分,另一个不重要的指标得 0 分。例如,在表 4-16 中,F_1 相对于 F_2 较不重要,故得 0 分(已给出),而 F_2 相对于 F_1 较重要,故应得 1 分(未给出)。各技术经济评价指标得分和权重的计算结果如表 4-18 所示。

表 4-18　某高层住宅楼现浇楼板施工两方案技术经济评价指标权重计算表

指　　标	F_1	F_2	F_3	F_4	F_5	得　　分	修 正 得 分	权　　重
F_1	×	0	1	1	1	3	4	4/15=0.267
F_2	1	×	1	1	1	4	5	5/15=0.333
F_3	0	0	×	0	1	1	2	2/15=0.133
F_4	0	0	1	×	1	2	3	3/15=0.200
F_5	0	0	0	0	×	0	1	1/15=0.067
合计						10	15	1.000

(2)问题(2)。

① 计算两方案的功能指数,结果如表 4-19 所示。

表 4-19　某高层住宅楼现浇楼板施工两方案的功能指数计算表

指　　标	权　　重	钢木组合模板	小 钢 模
模板总摊销费	0.267	10×0.267=2.670	8×0.267=2.136
楼板浇筑质量	0.333	8×0.333=2.664	10×0.333=3.330
模板人工费	0.133	8×0.133=1.064	10×0.133=1.330
模板周转时间	0.200	10×0.200=2.000	7×0.200=1.400
模板装拆便利性	0.067	10×0.067=0.670	9×0.067=0.603
合计	1.000	9.068	8.799
功能指数		9.068/(9.068+8.799)=0.508	8.799/(9.068+8.799)=0.492

② 计算两方案的成本指数。

钢木组合模板的单方模板费用为

$$\frac{40}{2.5}\ 元/m^2 + 8.5\ 元/m^2 = 24.5\ 元/m^2$$

小钢模的单方模板费用为

$$\frac{50}{2.5} \text{元/m}^2 + 6.8 \text{元/m}^2 = 26.8 \text{元/m}^2$$

钢木组合模板的成本指数为

$$\frac{24.5}{24.5+26.8} = 0.478$$

小钢模的成本指数为

$$\frac{26.8}{24.5+26.8} = 0.522$$

③ 计算两方案的价值指数。

钢木组合模板的价值指数为

$$\frac{0.508}{0.478} = 1.063$$

小钢模的价值指数为

$$\frac{0.492}{0.522} = 0.943$$

因为钢木组合模板的价值指数高于小钢模的价值指数,故应选用钢木组合模板体系。

(3) 问题(3)。

单方模板费用函数为

$$C = \frac{C_1}{Q} + C_2$$

式中:C——单方模板费用(元/m²);

C_1——模板总摊销费(万元);

C_2——每平方米楼板的模板人工费(元/m²);

Q——现浇楼板工程量(万平方米);

于是钢木组合模板的单方模板费用为

$$C_Z = \frac{40}{Q} + 8.5$$

小钢模的单方模板费用为

$$C_X = \frac{50}{Q} + 6.8$$

令两模板体系的单方模板费用之比(即成本指数之比)等于其功能指数之比,有

$$\frac{\left(\dfrac{40}{Q}+8.5\right)}{\left(\dfrac{50}{Q}+6.8\right)} = \frac{0.508}{0.492}$$

即

$$0.508(50+6.8Q) - 0.492(40+8.5Q) = 0$$

所以,$Q = 7.861$ 万平方米。

因此,该办公楼的现浇楼板工程量至少达到 7.861 万平方米才应采用小钢模体系。

课后练习

一、单项选择题

1. 在初步设计阶段,经过相关部门批准,(   )即作为拟建建设项目工程造价的最高限额。

A. 投资估算　　　　B. 设计概算　　　　C. 施工图预算　　　　D. 设计预算

2. 下列关于限额设计的说法,正确的是(   )。

A. 限额设计通过减少使用功能,使工程造价大幅度降低

B. 限额设计可以降低技术标准,使工程造价大幅度降低

C. 限额设计是通过增加投资额,提升使用功能

D. 限额设计需要在投资额度不变的情况下,实现使用功能和建设规模的最大化

3. 对工程量大、结构复杂的工程的施工图预算,审查时间短、效果好的审查方法是(   )。

A. 重点抽查法　　　　　　　　　B. 分组计算审查法

C. 对比审查法　　　　　　　　　D. 分解对比审查法

4. 在住宅小区规划设计中,节约用地的主要措施有(   )。

A. 压缩建筑面积　　　　　　　　B. 提高住宅层数或高低层搭配

C. 适当减小房屋长度　　　　　　D. 降低公共建筑的层数

5. 反映建筑布置、平面设计与用地之间关系的指标是(   )。

A. 居住建筑净密度　　　　　　　B. 居住面积密度

C. 居住建筑面积密度　　　　　　D. 建筑毛密度

6. 当初步设计深度不够,不能准确地计算出工程量,但工程设计技术比较成熟而又有类似工程概算指标可以利用时,编制建筑工程概算通常使用的方法是(   )。

A. 概算定额法　　　B. 概算指标法　　　C. 类似工程预算法　　　D. 扩大单价法

7. 某建设项目有四个方案,其评价指标如表 4-20 所示,根据价值工程原理,最好的方案是(   )。

A. 甲　　　　　　　B. 乙　　　　　　　C. 丙　　　　　　　D. 丁

表 4-20　第 4 章课后练习表(一)

指　　标	甲	乙	丙	丁
功能评价总分	12.0	9.0	14.0	13.0
成本系数	0.22	0.18	0.35	0.25

8. 施工图预算审查的重点内容是(   )。

A. 工程量、采用的定额或指标、其他有关费用

B. 采用的定额或指标、预算单价套用、材料的差价

C. 工程量、预算单价套用、其他有关费用

D. 工程量、采用的定额或指标、预算单价的套用

9. 筛选审查法的优点（　　）。

A. 简单易懂,便于掌握,审查速度和发现问题快

B. 重点突出,审查时间短,效果好

C. 全面、细致,经审查的工程预算差错比较少,质量比较高

D. 时间短、效果好、好定案

二、多项选择题

1. 关于施工图预算的审查方法,下列说法正确的有（　　）。

A. 用标准预算审查法适用于按通用图纸施工的工程

B. 筛选审查法不适用住宅工程

C. 分组计算审查法能够加快审查工程量的速度

D. 全面审查法的优点是全面、细致,审查的质量高

E. 利用手册审查法是按手册对照审查

2. 以下关于建筑设计阶段影响工程造价的因素的说法,正确的有（　　）。

A. 建筑物的平面形状越复杂,单位面积造价就越高

B. 建筑尺寸加大,单位面积造价减少

C. 在建筑面积不变情况下,层高增加,单位面积造价增加

D. 柱间距和跨度不变,跨数越多,单位面积造价越高

E. 柱间距和跨度不变,跨数越多,单位面积造价越低

3. 工业建设项目建筑设计评价指标主要包括（　　）。

A. 单位面积造价

B. 建筑物周长与建筑面积

C. 厂房展开面积

D. 厂房有效面积与建筑面积之比

E. 工程建筑成本

4. 有甲、乙、丙、丁、戊五个零部件,其有关数据如表 4-21 所示,根据价值工程原理,下列零件中成本过大、有改进潜力、是重点改进对象的有（　　）。

A. 甲零件　　　　B. 乙零件　　　　C. 丙零件　　　　D. 丁零件　　　　E. 戊零件

表 4-21　第 4 章课后练习表（二）

零 部 件	功能重要性系数	现实成本/元
甲	0.27	7.00
乙	0.18	4.00
丙	0.18	2.00
丁	0.35	1.80
戊	0.02	0.5

5.下列关于民用建设项目设计评价的说法,正确的有(　　)。

A.居住建筑净密度是衡量用地经济性和保证居住区必要卫生条件的主要技术经济评价指标

B.居住面积密度是反映建筑布置、平面设计与用地之间关系的重要指标

C.建筑体积指标是衡量户型结构是否合理的指标

D.面积定额指标用于控制设计面积

E.户型比是用于衡量层高的指标

三、简答题

1.设计方案优选的途径有哪些?

2.设计概算有哪三级?

3.提高产品价值的途径有哪些?

4.在编制施工图预算时,定额单价法和实物法的区别是什么?

四、综合实训题

1.新建一栋教学大楼,建筑面积为 3 500 m²,类似工程施工图预算的有关数据如下,试用类似工程预算法编制拟建工程的设计概算。

(1) 类似工程的建筑面积为 2 800 m²,预算成本为 926 800 元。

(2) 类似工程各种费用占预算成本的权重是人工费 8%、材料费 61%、施工机具使用费 10%、措施项目费 7%、其他费 6%。

(3) 拟建工程地区与类似工程地区工程造价之间的差异系数为 $K_1 = 1.03$、$K_2 = 1.04$、$K_3 = 0.98$、$K_4 = 1.0$、$K_5 = 1.05$。

(4) 综合税率为 10%。

试问:拟建工程的设计概算造价为多少元?

2.某市为改善越江交通状况,提出以下两个方案。

方案甲:在原桥的基础上加固、扩建。该方案预计投资 40 000 万元,建成后可通行 20 年,这期间每年需维护费 1 000 万元,每 10 年需进行一次大修理,每次大修理费为 3 000 万元,运营 20 年后报废时没有残值。

方案乙:拆除原桥,在原址建一座新桥。该方案预计投资 120 000 万元,建成后可通行 60 年,这期间每年需维护费 1 500 万元,每 20 年需进行一次大修理,每次大修理费为 5 000 万元,运营 60 年后报废时可回收残值 5 000 万元。

不考虑两方案的建设差异,基准收益率为 6%。

主管部门聘请专家对该桥应具备的功能进行了深入的分析,认为应从 F_1、F_2、F_3、F_4、F_5 共 5 个方面进行功能评价。表 4-22 所示是专家采用 0~4 强制评分法对 5 个功能进行评分的部分结果,表 4-23 所示是专家对 2 个方案的 5 个功能的评分结果。

表 4-22　第 4 章课后练习表（三）——功能评分表

功　能	F_1	F_2	F_3	F_4	F_5	得　分	权　重
F_1	×	2	3	4	4		
F_2		×	3	4	4		
F_3			×	3	4		
F_4				×	3		
F_5					×		
合计							

表 4-23　第 4 章课后练习表（四）——功能评分结果表

功　能	方　案	
	方　案　甲	方　案　乙
F_1	6	10
F_2	7	9
F_3	6	7
F_4	9	8
F_5	9	9

问题：

（1）计算表 4-22 中各功能的权重（计算结果保留三位小数）。

（2）列式计算两方案的年费用（计算结果保留两位小数）。

（3）若采用价值工程方法对两个方案进行评价，分别列式计算两个方案的成本指数（以年费用为基础）、功能指数、价值指数（计算结果保留三位小数），并根据计算结果确定最终应入选的方案。

（4）该桥梁未来将通过收取车辆通行费的方式收回投资和维持运营，若预计该桥梁的机动车年通行量不少于 1 500 万辆，分别列式计算两个方案每辆机动车的平均最低收费额（计算结果保留两位小数）。

计算所需系数如表 4-24 所示。

表 4-24　第 4 章课后练习表（五）——时间价值系数表

n	10	20	30	40	50	60
$(P/F, 6\%, n)$	0.558 4	0.311 8	0.174 1	0.097 2	0.054 3	0.030 3
$(A/P, 6\%, n)$	0.135 9	0.087 2	0.072 6	0.066 5	0.063 4	0.061 9

Chapter 5

第 5 章　建设项目招投标阶段工程造价控制

能力目标

熟悉建设项目招标的概念、范围、方式和程序,熟悉招标控制价的编制方法,熟悉投标文件的内容要求、投标程序及投标报价文件的编制,掌握综合评分法确定中标单位的评标办法,掌握评标基准价计算法,掌握标底编制方法,掌握不平衡报价法,熟悉多方案报价法、突然降价法、相似程度估价法等报价策略,熟悉总价合同、单价合同、成本加酬金合同和设备及材料合同价款的确定方法。

学习要求

学　习　目　标	能　力　要　求	权　重
建设项目招标及招标控制价	熟悉建设项目招标的概念、范围、方式和程序,熟悉招标控制价的编制方法	25%
建设项目评标办法	掌握综合评分法确定中标单位的评标办法,掌握评标基准价计算法,掌握标底编制方法	25%
施工投标与报价编制	掌握建设项目投标程序、联合体投标与串通投标,掌握投标报价的编制,了解投标报价的策略	30%
施工合同类型与选择	掌握总价合同、单价合同、成本加酬金合同,掌握建设项目施工合同类型的选择	20%

章节导入

某大学教学楼工程,总建筑面积为 31 000 m²,采用五层框架结构,基础形式为柱下独立基础和预应力管桩基础,檐口高度为 21.25 m,招标控制价为 4 800 万元,中标价为 4 100 万元。该工程于 2017 年 7 月招标,2018 年 9 月开工。开工后,人工及材料价格涨幅较大,施工方提出调增材料价格,并且要求所有子目人工、材料按消耗量标准含量进行调差。造价工程师进行材料调差审核时,发现施工方为了达到中标的目的,对部分定额子目中的人工、材料的含量进行了调减处理。造价工程师通过查看施工组织设计和现场施工工艺,了解到原清单中的特征描述与工作内容没有变更,施工方改变子目中的人工、材料含量是不平衡报价,该风险属于价格风险,应由施工方承担减少的含量,不予调增。作为招标人,要及时掌握主要材料的价格动态,并在招标文件中明确主要材料价格的调整方法;对施工方报价的审核,重点审查综合单价的合理性。

5.1 建设项目招投标知识与开标评标

建设项目施工招标投标是建设项目招标投标的重要环节。建设项目施工招标投标是双方当事人依法进行的经济活动,受国家法律的保护和约束。招标投标是在双方当事人同意的基础上的一种交易行为,是市场经济的产物。

建设项目招标是指招标人将其拟发包建设项目的内容、要求等对外公布,招引和邀请多家承包单位参与承包建设项目建设任务的竞争,以便择优选择承包单位的活动。

建设项目投标是指承包商根据建设项目的要求或以招标文件为依据,在规定期限内向投标单位递交投标文件及报价,争取建设项目承包权的活动。投标是建筑施工企业取得建设项目施工承包任务的主要途径,也是建筑施工企业经营决策的重要组成部分。它是针对招标的建设项目,力求实现决策最优化的经济活动。

5.1.1 建设项目招标范围

1. 必须进行招标的建设项目

根据《中华人民共和国招标投标法》,凡在中华人们共和国境内进行下列工程建设项目,包括项目的勘察、设计、施工、监理以及与工程建设有关的重要设备、材料等的采购,必须进行招标。

(1) 大型基础设施、公共事业等关系社会公共利益、公众安全的项目。

(2) 全部或部分使用国有资金投资或者国家融资的项目。

(3) 使用国家组织或者外国政府投资贷款、援助资金的项目。

《中华人民共和国
招标投标法实施条例》

【知识拓展】

使用国有资金投资项目的范围是:使用各级财政预算资金的项目;使用纳入财政管理的各种政府专项建设基金的项目;使用国有企业事业单位自有资金,并且国有资产投资者实际拥有控制权的项目。

《中华人民共和国
标准施工招标文件
(2007 年版)》

国家融资项目的范围是:使用国家发行债券所筹资金的项目;使用国家对外借款或者担保所筹资金的项目;使用国家政策性贷款的项目;国家授权投资主体融资的项目和国家特许的融资项目。

使用国际组织或者外国政府贷款、援助资金的项目的范围是:使用世界银行、亚洲开发银行等国际组织贷款资金的项目;使用外国政府及其机构贷款资金的项目;使用国际组织或者外国政府援助资金的项目。

上述规定范围内的各类工程建设项目包括项目的勘察、设计、施工、监理以及与工程建设有关的重要设备、材料等的采购,达到下列标准之一者,必须进行招标。

(1) 单项合同估算价在 200 万元人民币以上的。

(2) 重要设备、材料等货物的采购,单项合同估算价在 100 万元人民币以上的。

(3) 勘察、设计、监理等服务的采购,单项合同估算价在 50 万元人民币以上的。

(4) 单项合同估算价低于前 3 项规定的标准,但项目总投资在 3 000 万元人民币以上的。

2.可以不进行招标的建设项目

（1）涉及国家安全、国家秘密、抢险救灾或者属于利用扶贫资金实行以工代赈、需要使用农民工等特殊情况。

（2）需要采用不可替代的专利或者专有技术。

（3）已通过招标方式选定的特许经营项目投资人依法能够自行建设、生产或者提供。

（4）采购人依法能够自行建设、生产或者提供。

（5）需要向原中标人采购工程、货物或者服务，否则将影响施工或者功能配套要求。

（6）国家规定的其他情形。

5.1.2　建设项目招标的方式和程序

招标分为公开招标和邀请招标两种方式。

1.公开招标

公开招标又称竞争性招标，是指招标人在报刊、电子网络或其他媒体上以招标公告的方式邀请不特定的法人或其他组织投标，从中择优选择中标人的招标方式。公开招标有助于打破垄断，公平竞争，获得质优价廉的标的，但另一方面，其耗时长，耗费大。

2.邀请招标

邀请招标也称有限竞争性招标或选择性招标，指招标人以投标邀请书的方式邀请特定的法人或者其他组织投标。招标人一般选择 3～10 个符合本建设项目施工资质要求、工程质量及企业信用好的施工企业参加投标，但需注意：招标人发出投标邀请书后，被邀请的建筑施工企业可以不参加投标；而建筑施工企业在收到投标邀请书后，招标人不得以任何借口拒绝被邀请建筑施工企业参加投标，否则以此造成的包括经济赔偿在内的损失应由招标人承担。

国务院发展改革部门确定的国家重点项目和省、自治区、直辖市人民政府确定的地方重点项目不适宜公开招标的，经国务院发展改革部门或者省、自治区、直辖市人民政府批准，可以进行邀请招标。

依法必须进行公开招标的项目，有下列情形之一的，可以邀请招标。

（1）技术复杂、有特殊要求，或者受自然环境限制，只有少量潜在投标人可供选择。

（2）采用公开招标方式的费用占建设项目合同金额的比例过大。

招标人采用公开招标方式的，应当发布招标公告。依法必须进行招标的建设项目，应当通过国家指定的报刊、信息网络或者其他媒介发布招标公告。

招标人采用邀请招标方式的，应当向 3 个以上具备承担招标项目的能力、资信良好的特定法人或者其他组织发出投标邀请书。

招标公告或投标邀请书应当载明招标人的名称和地址，招标项目的性质、数量、实施地点和时间，以及获取招标文件的办法等事项。招标人不得以不合理的条件限制或者排斥潜在投标人，不得对潜在投标人实行歧视待遇。

5.1.3　招标组织形式

招标组织形式分为委托招标和自行招标两种。依法必须招标的建设项目经批准后，招标人根据建设项目实际情况需要和自身条件，可以自主选择招标代理机构进行委托招标；如果招标人具备自行招标的能力,招标人按规定向主管部门备案经主管部门同意后,也可进行自行招标。

1. 委托招标

按照《中华人民共和国招标投标法》第12条规定,"招标人有权自行选择招标代理机构,委托其办理招标事宜。任何单位和个人不得以任何方式为招标人指定招标代理机构";第15条规定,"招标代理机构应当在招标人委托的范围内办理招标事宜,并遵守本法关于招标人的规定"。以上规定表明:

(1)招标人有权自主选择招标代理机构,不受任何单位和个人的影响和干预。任何单位包括招标人的上级主管部门和个人都不得以任何方式,为招标人指定招标代理机构。

(2)招标人和招标代理机构之间的关系是委托代理关系。招标代理机构应当与招标人签订书面委托合同,在委托范围内,以招标人的名义组织招标工作和完成招标任务。招标代理机构不得无权代理、越权代理,不得明知委托事项违法而进行代理。为了规范招标代理的书面合同,我国还专门制定印发了《工程建设项目招标代理合同示范文本》。

2. 自行招标

自行招标是指招标人依靠自己的能力,依法自行办理和完成招标项目的招标任务。

按《中华人民共和国招标投标法》第12条规定:"招标人具有编制招标文件和组织评标能力的,可以自行办理招标事宜。"也就是说,招标人自行招标,应当具备编制招标文件和组织评标的能力。《工程建设项目自行招标试行办法》第4条对招标人自行招标的能力做出了具体规定。

(1)具有项目法人资格(或者法人资格)。

(2)具有与招标项目规模和复杂程序相适应的工程技术、概预算、财务和工程管理等方面专业技术力量。

(3)有从事同类工程建设项目招标的经验。

(4)设有专门的招标机构或者拥有3名以上专职招标业务人员。

(5)熟悉和掌握招标投标法及有关法规规章。

5.1.4 施工招标过程中招标人和投标人的工作内容

施工招标过程中招标人和投标人的工作内容如表5-1所示。

表 5-1 施工招标过程中招标人和投标人的工作内容

阶段	主要工作步骤	主要工作内容	
		招 标 人	投 标 人
招标准备	申请审批,核准招标	将施工招标范围、招标方式、招标组织形式报项目审批、核准部门审批、核准	组成投标小组,进行市场调查,准备投标资料,研究投标策略
	组建招标组织或选定招标代理机构	自行建立招标组织或选定招标代理机构	
	策划招标方案	划分施工标段,确定合同类型	
	招标公告或投标邀请	发布招标公告或发出投标邀请书	
	编制标底或确定招标控制价	编制标底或确定招标控制价	
	准备招标文件	编制资格预审文件和招标文件	

阶段	主要工作步骤	主要工作内容	
		招 标 人	投 标 人
资格审查与投标	发售资格预审文件	发售资格预审文件	购买资格预审文件,填报资格预审材料
	进行资格预审	分析、评价资格预审材料,确定资格预审合格者,通知资格预审结果	回函收到资格预审结果
	发售招标文件	发售招标文件	购买招标文件
	组织现场踏勘和标前会议	组织现场踏勘和标前会议,进行招标文件的澄清和补遗	参加现场踏勘和标前会议,对招标文件提出疑问
	投标文件的编制、递交和接收	接收投标文件(包括投标保函)	编制投标文件,递交投标文件(包括投标保函)
决标成交	开标	组织开标会议	参加开标会议
	评标	投标文件初评,要求投标人提交澄清资料(必要时),编写评标报告	提交澄清资料
	授标	确定中标人,发出中标通知书(退回未中标者的投标保函),进行合同谈判,签订施工合同	进行合同谈判,提交履约保函,签订施工合同

5.1.5 施工招标策划

施工招标策划主要包括施工标段划分、合同计价方式及合同类型选择等内容。

1. 施工标段划分

建设项目施工是一个复杂的系统工程,影响施工标段划分的因素有很多。应根据建设项目的内容、规模和专业复杂程度确定招标范围,合理划分施工标段。对于规模大、专业复杂的建设项目,当管理能力有限时,建设单位应考虑采用施工总承包的招标方式选择施工队伍。这样,有利于降低各专业之间因配合不当而造成的窝工、返工、索赔风险。但采用这种承包模式,有可能使工程报价相对较高。对于工艺成熟的一般性建设项目,涉及专业不多时,可考虑采用平行承包的招标模式,分别选择各专业承包单位并签订施工合同。采用这种承包模式,建设单位一般可得到较为满意的工程报价,有利于控制工程造价。

划分施工标段时,应考虑的因素包括工程特点、对工程造价的影响、承包单位专长的发挥、工地管理等。

(1)工程特点。如果工程场地集中、工程量不大、技术不太复杂,由一家承包单位总包易于管理,则一般不划分施工标段。但如果工程工地场面大、工程量大、有特殊技术要求,则应考虑划分为若干施工标段。

(2)对工程造价的影响。通常情况下,一项工程由一家施工单位总承包易于管理,同时便于劳动力、材料、设备的调配,因而可得到交底造价。但大型、复杂的建设项目对承包单位的施工能力、施工经验、施工设备等有较高要求,在这种情况下,如果不划分施工标段,就可能使有资格参加投标的承包单位大大减少。竞争对手的减少,必然会导致工程报价的上涨,得不到较为合理的报价。

（3）承包单位专长的发挥。建设项目由单项工程、单位工程或专业工程组成，在考虑划分施工标段时，既要考虑不会产生各承包单位施工的交叉干扰，又要注意各承包单位之间在空间和时间上的衔接。

（4）工地管理。从工地管理角度看，划分施工标段时应考虑两方面问题，一是工程进度的衔接，二是工地现场的布置和干扰。工程进度的衔接很重要，特别是工程网络计划中关键线路上的项目一定要选择施工水平高、能力强、信誉好的承包单位，以防止影响其他承包单位的进度。从现场布置的角度看，承包单位越少越好。划分施工标段时要对几个承包单位在现场的施工场地进行细致周密的安排。

（5）其他因素。除上述因素外，还有许多其他因素影响施工标段的划分，如建设资金、设计图纸供应等。资金不足、图纸分期供应时，可先进行部分招标。

总之，施工标段的划分是选择招标方式和编制招标文件前的一项非常重要的工作，需要考虑综合分析上述因素。

2. 合同计价方式及合同类型选择

施工合同中，计价方式可分为三种，即总价方式、单价方式和成本加酬金方式。相应的施工合同称为总价合同、单价合同和成本加酬金合同。其中成本加酬金的计价方式又可根据酬金的计取方式不同，分为成本加固定酬金、成本加固定百分比酬金、成本加浮动酬金、目标成本加奖罚四种。具体内容见"5.4　施工合同类型与选择"。

5.1.6　建设项目开标、评标与定标

1. 开标

开标由招标人主持，招标人在招标文件预先载明的开标时间和开标地点，邀请所有投标人参加，公开宣布全部投标人的名称、投标价格及投标文件中的其他主要内容，使招标投标当事人了解各个投标的关键信息，并将相关情况记录在案。

投标文件有下列情形之一的，招标人不予受理。

（1）逾期送达的或者未送达指定地点。

（2）未按招标文件要求密封。

（3）未经法定代表人签署或未盖投标人公章或未盖法定代表人印鉴。

（4）未按规定格式填写，内容不全或字迹模糊、辨认不清。

（5）投标人未参加开标会议。

有下列情形之一的，评标委员会应当否决其投标。

（1）投标文件未经投标单位盖章和单位负责人签字。

（2）投标联合体没有提交共同投标协议。

（3）投标人不符合国家或者招标文件规定的资格条件。

（4）同一投标人提交两份以上不同的投标文件或者两个以上不同的投标报价，但招标文件要求提交备选投标的除外。

（5）投标报价低于成本或者高于招标文件设定的最高投标限价。

（6）投标文件没有对招标文件的实质性要求和条件做出响应。

（7）投标人有串通投标、弄虚作假、行贿等违法行为。

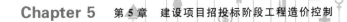

2. 评标

评标是指由招标人依法组建的评标委员会按照法律规定和招标文件约定的评标方法和具体评标标准,对开标中所有拆封并唱标的投标文件进行评审,根据评审情况出具评审报告,并向招标人推荐中标候选人,或者根据招标人的授权直接确定中标人的过程。

1) 评标活动组织及要求

(1) 评标由评标委员会负责。评标委员会的负责人由招标人的法定代表人或者其代理人担任。评标委员会的成员由招标人、上级主管部门和受聘的专家组成(委托招标代理机构或者工程监理单位的,应当有招标代理机构、工程监理单位的代表参加),为 5 人以上的单数,其中技术、经济等方面的专家不得少于 2/3。

(2) 省、自治区、直辖市和地级以上城市(包括地、州、盟)建设行政主管部门,应当在建设工程交易中心建立评标专家库。

(3) 招标人根据工程性质、规模和评标的需要,可在开标前若干小时之内从评标专家库中随机抽取专家并聘其作评委。工程招标投标监督管理机构依法实施监督。专家评委与该工程的投标人不得有隶属或者其他利害关系。

(4) 专家评委在评标活动中有徇私舞弊、显失公正的行为,应当取消其评委资格。

(5) 评标委员会可以要求投标人对其投标文件中含义不清的内容做必要的澄清或者说明,但其澄清或者说明不得更改投标文件的实质性内容。

(6) 任何单位和个人不得非法干预或者影响评标的过程和结果。

2) 评标工作程序及评标方法

评标工作一般按以下程序进行:符合性审查与算术性修正→商务和技术评审→澄清→确定标底和评标价→综合评分→提出评标意见→编写评标报告。

标底价(招标控制价)与中标价有着直接的联系,标底价是建设单位的期望价格,招标控制价是设定的招标项目的最高价。不管是采用招标控制价还是采用标底价,并非投标报价最低的投标人就一定是中标人,与标底(或招标控制价)最近的投标人也不一定为中标人。因此,投标人投标报价时不仅仅要考虑自己的投标报价,还要考虑所有潜在投标人的投标报价对自己投标报价得分的可能影响程度。

当前,往往以一个设定范围内的投标报价为有效投标报价,以所有的有效投价报价的算术平均值或加权平均值作为评标基准价,各个投标人的投标报价与这个评标基准价相比,差距最小的得分最高。

常见的评标办法有综合评分法、评标基准价法等。

(1) 综合评分法。目前综合评分法一般分为两阶段评标,即技术标阶段和商务标阶段。

技术标阶段主要对质量、工期和社会信誉等进行评分,商务标阶段主要对报价进行评分,两者总分最高的为中标人。综合评分法排除了主观因素,因而各投标人的技术标和商务标的得分均为客观得分。但是,这种客观得分是在主观固定的评标方法的前提下得出的,实际上不是绝对客观的。因此,当各投标人的得分较为接近时,需要慎重决策。

《建设工程招标投标暂行规定》中指出,确定中标企业的主要依据是报价合理、能保证质量和工期、经济效益好、社会信誉高。

① 报价合理。报价合理主要是指报价与标底价较接近。报价应是在保证质量的前提下提出的价格,并不是越低越好,招标人会规定报价的浮动范围,一般情况下以不超出审定标底价的5%为宜。

② 保证质量。投标人提交的施工方案,在技术上应达到国家规定的质量验收规范的合格标准,能满足建设项目的要求。招标人如果要求更高的工程质量,则应考虑施工单位能否保证这一目标的实现,同时也应考虑优质优价的因素,待中标后另行补充计算方法。

③ 工期适当。投标工期应根据住房和城乡建设部颁发的工期定额确定,并考虑采取技术措施和改进管理办法后可能压缩的工期。若招标项目有工期提前的要求,则投标工期应接近或少于标底所规定的工期。

④ 社会信誉高。社会信誉主要以投标单位过去的相关情况,包括执行承包合同的情况良好、承建类似建设项目的质量好、工程造价合理、工期适当、有较丰富的施工经验等,具体以企业资质、优质工程年竣工面积、上年度获得的荣誉称号、上两年度获"鲁班奖"等工程质量奖情况、上年度安全生产情况、建设项目班子业绩、建设项目班长管理水平等为指标,进行定量分析,加权平均后汇总计算。

(2) 评标基准价法。该方法主要根据各有效投标报价的算术平均值确定工程标底价。主要思路是:根据编制的工程标底确定有效投标报价(一般在工程标底价的一定范围内,如标底价的5%),然后将这些有效投标报价的算术平均值作为实施标底价,将最接近实施标底价的投标价作为中标价,或者以实施标底价为依据计算报价分值。该方法有效地提高了工程标底、报价的保密性,维护了招投标工作的客观公正性。

3. 定标

1) 确定中标人

评标完成后,评标委员会应当向招标人提交书面评标报告和中标候选人名单。中标候选人应当不超过 3 个,并标明排序。

中标人的投标应当符合下列条件之一。

(1) 能够最大限度满足招标文件中规定的各项综合评价标准。

(2) 能够满足招标文件的实质性要求,并且经评审的投标价格最低,但是投标价格低于成本的除外。

经过评标后,就可确定出中标候选人(或中标人)。评标委员会推荐的中标候选人应当限定为 1~3 个,并标明顺序。对使用国有资金投资或者国家融资的建设项目,招标人应当确定排名第一的中标候选人为中标人。排名第一的中标候选人放弃中标、因不可抗力提出不能履行合同,或者招标文件规定应当提交履约保证金而在规定的期限内未能提交,招标人可以确定排名第二的中标候选人为中标人。

评标报告应当由评标委员会全体成员签字。对评标结果有不同意见的评标委员会成员应当以书面形式说明其不同意见和理由,评标报告应当注明该不同意见。评标委员会成员拒绝在评标报告上签字又不书面说明其不同意见和理由的,视为同意评标结果。

依法必须进行招标的建设项目,招标人应当自收到评标报告之日起 3 日内公示中标候选人,公示期不得少于 3 日。

投标人或者其他利害关系人对依法必须进行招标的建设项目的评标结果有异议的,应当在中标候选人公示期间提出。招标人应当自收到异议之日起 3 日内做出答复。在招标人做出答复前,应当暂停招标投标活动。

2) 发出中标通知书并订立书面合同

(1) 中标人确定后,招标人应当向中标人发出中标通知书,并同时将中标结果通知所有未中标的投标人。中标通知书对招标人和中标人具有法律效力。中标通知书发出后,招标人改变中标结果,或者中标人放弃中标项目的,应当依法承担法律责任。

(2) 招标人和中标人应当自中标通知书发出之日起 30 日内,按照招标文件和中标人的投标文件订立书面合同。招标人和中标人不得再行订立背离合同实质性内容的其他协议。住房和城乡建设部还规定,招标人无正当理由不与中标人签订合同,给中标人造成损失的,招标人应当给予赔偿。

(3) 招标人与中标人签订合同后 5 个工作日内,应当向中标人和未中标的投标人退还投标保证金。

(4) 中标人应当按照合同约定履行义务,完成中标项目。中标人不得向他人转让中标项目,也不得将中标项目肢解后分别向他人转让。中标人按照合同约定或者经招标人同意,可以将中标项目的部分非主体、非关键性工程分包给他人完成。接受分包的人应当具备相应的资格条件,并不能再次分包。中标人应当就分包项目向招标人负责,接受分包的人就分包项目承担连带责任。

5.2 招标控制价编制

5.2.1 招标控制价的概念

招标控制价是指招标人根据国家以及当地有关规定的计价依据和计价办法、招标文件、市场行情,按建设项目设计施工图等具体条件调整编制的,对招标项目限定的最高工程造价,也称为拦标价、预算控制价或最高报价等。

《建设工程工程量清单计价规范》对招标控制价的一般规定如下。

(1) 国有资金投资的工程建设项目应实行工程量清单招标,招标人应编制招标控制价。

(2) 招标控制价超过批准的概算时,招标人应将其报原概算审批部门审核。

(3) 投标人的投标报价高于招标控制价的,其投标应予以拒绝。

(4) 招标控制价应由具有编制能力的招标人或受其委托具有相应资质的工程造价咨询人编制和复核。

(5) 招标控制价应在招标时公布,不应上调或下浮,招标人应将招标控制价及有关资料报送项目所在地工程造价管理机构审查。

5.2.2 招标控制价的编制依据及编制规定

1.招标控制价的编制依据

(1)《建设工程工程量清单计价规范》。

(2) 国家或省级、行业建设行政主管部门颁发的计价定额和计价办法。

(3) 建设项目设计文件及相关资料。

(4) 拟定的招标文件及招标项目工程量清单。

(5) 与建设项目相关的标准、规范、技术资料。

(6) 施工现场情况、工程特点及常规施工方案。

(7) 工程造价管理机构发布的工程造价信息或市场价格。

（8）其他相关资料。

2. 招标控制价的编制规定

1）招标控制价与标底的关系

（1）设标底招标。采用设标底招标，易出现泄露标底情况，从而失去招标的公平公正性。同时将标底作为衡量投标人报价的基准，导致投标人尽力地去迎合标底，招投标过程反映的往往不是投标人实力的竞争。

（2）无标底招标。采用无标底招标，有可能出现哄抬价格或者不合理的底价招标的情况，同时评标时招标人对投标人的报价没有参考依据和评判标准。

（3）招标控制价招标。

采用招标控制价招标的优点是：可有效控制投资；提高了透明度；投标人自主报价；既设置了控制上限，又尽量地减少了建设单位依赖评标基准价的影响。

采用招标控制价招标也有可能出现如下问题：最高限价大大高于市场平均价时，可能诱导投标人串标、围标；公布的最高限价远远低于市场平均价，就会影响招标效率。

2）编制招标控制价的规定

（1）若投标人的投标报价超过招标控制价，则将其投标作为废标处理。

（2）工程造价咨询人不得同时接受招标人和投标人对同一建设项目的招标控制价和投标报价的编制。

（3）招标控制价应在招标文件中公布，且在公布招标控制价时，除公布招标控制价的总价外，还应公布各单位工程的分部分项工程费、措施项目费、其他项目费、规费和税金。

（4）投标人经复核认为招标人公布的招标控制价未按规定进行编制的，应在招标控制价公布后5日内向工程招标投标监督管理机构和工程造价管理机构投诉。工程造价管理机构受理投诉后，应立即对招标控制价进行复查，组织投诉人、被投诉人或其委托的招标控制价编制人等单位人员对投诉问题逐一核对。当复查结论与原公布的招标控制价的误差超过±3%时，应责成招标人改正。

3. 招标控制价的编制注意事项

（1）国有资金投资的工程建设项目招投标必须编制招标控制价。

（2）招标控制价编制的表格格式等应执行工程量清单计价规范的有关规定。

（3）编制招标控制价采用的材料单价应是工程造价管理机构通过工程造价信息发布的材料单价。未发布单价的材料，其单价应通过市场调查确定。未采用工程造价管理机构发布的单价信息，需在招标文件或答疑补充文件中予以说明。

（4）施工机械的类型应根据建设项目特点和施工条件，按照经济实用、先进高效原则确定。

（5）全面正确地使用行业和地方计价定额以及相关文件。

（6）非竞争性措施项目费和规费、税金等费用的计算均属于强制性条款，编制招标控制价时应该按国家有关规定计算。

（7）对于竞争性措施项目费的编制，应该首先编制施工组织设计或施工方案，然后根据经过专家论证后的施工方案合理地确定竞争性措施项目费。

（8）招标控制价超过批准的概算，招标人应将其报原概算审批部门审核。若投标人的投标报价高于招标控制价，其投标将被拒绝。

5.2.3　招标控制价的编制程序

编制招标控制价时应当遵循以下程序。

（1）了解编制要求与范围。

（2）熟悉工程图纸及有关设计文件。

（3）熟悉与建设项目有关的标准、规范、技术资料。

（4）熟悉拟定的招标文件及其补充通知、答疑纪要等。

（5）了解施工现场情况、工程特点。

（6）熟悉工程量清单。

（7）掌握工程量清单涉及计价要素的信息价格和市场价格，根据招标文件确定其价格。

（8）进行分部分项工程项目清单计价。

（9）论证并拟定常规的施工组织设计或施工方案。

（10）进行措施项目清单计价。

（11）进行其他项目、规费项目、税金项目清单计价。

（12）工程造价汇总、分析、审核。

（13）成果文件签认、盖章。

（14）提交成果文件。

5.2.4　招标控制价的内容

招标控制价的编制内容包括分部分项工程费、措施项目费、其他项目费、规费和税金，各个部分有不同的计价要求。

1. 分部分项工程费的编制要求

（1）分部分项工程费应根据招标文件中的分部分项工程项目清单及有关要求，按《建设工程工程量清单计价规范》有关规定确定综合单价计价。

（2）工程量根据招标文件中提供的分部分项工程项目清单确定。

（3）招标文件提供了暂估单价的材料，投标人应按暂估单价将材料费计入综合单价。

（4）为使招标控制价与投标报价所包含的内容一致，综合单价中应包括招标文件中招标人要求投标人所承担的风险内容及其范围（幅度）产生的风险费用。

2. 措施项目费的编制要求

（1）措施项目费中的安全文明施工费应当按照国家或省级、行业建设行政主管部门的规定标准计价，该部分不得作为竞争性费用。

（2）措施项目应按招标文件中提供的措施项目清单确定，措施项目分为以量计算和以项计算两种。对于可精确计量的措施项目，以量计算即按其工程量用与分部分项工程项目清单单价相同的方式确定综合单价。对于不可精确计量的措施项目，以项为单位，采用费率法按有关规定综合取定，采用费率法时需确定某项费用的计费基数及其费率，结果应是包括除规费、税金以外的全部费用，计算公式为

$$以项计算的措施项目费＝措施项目计费基数×费率$$

3. 其他项目费的编制要求

（1）暂列金额。暂列金额可根据建设项目的复杂程度、设计深度、环境条件（包括地质、水

文、气候条件等）进行估算,一般可以分部分项工程费的 10%~15%为参考。

(2) 暂估价。暂估价中的材料单价应按照工程造价管理机构发布的工程造价信息中的材料单价计算。对于工程造价信息未发布单价的材料,其单价参考市场价格估算。暂估价中的专业工程暂估价应分不同专业,按有关计价规定估算。

(3) 计日工。在编制招标控制价时,对计日工中的人工单价和施工机械台班单价应按省级、行业建设行政主管部门或其授权的工程造价管理机构公布的单价计算,材料单价应按工程造价管理机构发布的工程造价信息中的材料单价计算,对于工程造价信息未发布单价的材料,其单价应按通过市场调查确定的单价计算。

(4) 总承包服务费。总承包服务费应按照省级或行业建设行政主管部门的规定计算,在计算时可参考以下标准。

① 招标人仅要求对分包的专业工程进行总承包管理和协调时,按分包的专业工程估算造价的 1.5%计算。

② 招标人要求对分包的专业工程进行总承包管理和协调,并同时要求提供配合服务时,根据招标文件中列出的配合服务内容和提出的要求,按分包的专业工程估算造价的 3%~5% 计算。

③ 招标人自行供应材料的,按招标人供应材料价值的 1%计算。

4. 规费和税金的编制要求

规费和税金必须按国家或省级、行业建设行政主管部门的规定计算。税金的计算公式如下。

$$税金 = (分部分项工程费 + 措施项目费 + 其他项目费 + 规费) \times 综合税率 \qquad (5\text{-}1)$$

5.2.5 招标控制价的计价与组价

1. 招标控制价的计价程序

建设项目的招标控制价反映的是单位工程费用,各单位工程费用由分部分项工程费、措施项目费、其他项目费、规费和税金组成,按此构成依次计算加总构成招标控制价。建设单位建设项目招标控制价的计价程序如表 5-2 所示。

表 5-2 建设单位建设项目招标控制价的计价程序

工程名称:　　　　　　　　标段:

序　号	内　　容	计　算　方　法	金额/元
1	分部分项工程费	按计价规定计算	
1.1			
1.2			
2	措施项目费	按计价规定计算	
2.1	其中:安全文明施工费	按规定标准计算	
3	其他项目费		
3.1	其中:暂列金额	按计价规定估算	

续表

序　号	内　　容	计　算　方　法	金额/元
3.2	其中:专业工程暂估价	按计价规定估算	
3.3	其中:计日工	按计价规定估算	
3.4	其中:总承包服务费	按计价规定估算	
4	规费	按规定标准计算	
5	税金(扣除不列入计税范围的工程设备金额)	(1+2+3+4)×综合税率	

招标控制价合计 = 1+2+3+4+5

2. 综合单价的组价

(1) 确定所组价的定额项目名称,并计算出相应的工程量。

(2) 根据工程造价政策规定或工程造价信息确定人工、材料、机械台班单价。

(3) 在考虑风险因素确定企业管理费费率和利润率的基础上,计算定额项目合价。

$$定额项目合价 = 定额项目工程量 × [\sum(定额人工消耗量 × 人工单价)$$
$$+ \sum(定额材料消耗量 × 材料单价)$$
$$+ \sum(定额机械台班消耗量 × 机械台班单价)$$
$$+ 价差(基价或人工费、材料费、施工机械使用费) + 企业管理费和利润]$$

(5-2)

(4) 计算工程量清单综合单价,未计价材料费(包括暂估单价的材料费)应计入综合单价。

(5-3)

$$工程量清单综合单价 = \frac{\sum 定额项目合价 + 未计价材料费}{工程量清单项目工程量}$$

(5-4)

3. 确定综合单价应考虑的因素

在编制招标控制价的过程中,在确定综合单价时,应考虑一定范围内的风险因素。在招标文件中应通过预留一定的风险费用,或明确说明风险所包括的范围及超出该范围的价格调整方法。对于招标文件未做要求的,可按以下原则确定综合单价。

(1) 技术难度较大和管理复杂的建设项目,可考虑将一定的风险费用纳入综合单价。

(2) 工程设备、材料价格的市场风险,应根据招标文件的规定、项目所在地或行业工程造价管理机构的有关规定,以及市场价格趋势,考虑一定率值的风险费用,纳入综合单价。

(3) 税金、规费法律、法规、规章和政策变化等风险费用和人工单价风险费用,不应纳入综合单价。

招标项目发布的分部分项工程项目清单对应的综合单价,应按照招标人发布的分部分项工程项目清单的项目名称、工程量、项目特征,根据工程所在地区颁发的计价定额和人工、材料、机械台班价格信息等进行组价确定,并应编制工程量清单综合单价分析表。

5.2.6　招标控制价的投诉与处理

(1) 投标人经复核认为招标人公布的招标控制价未按照现行《建设工程工程量清单计价规

范》的规定进行编制的,应在招标控制价公布后 5 日内向工程招标投标监督管理机构和工程造价管理机构投诉。

（2）当招标控制价复查结论与原公布的招标控制价的误差超过±3%时,应当责成招标人改正。

（3）招标人根据招标控制价复查结论需要重新公布招标控制价的,其最终公布的时间至招标文件要求提交投标文件截止时间不足 15 日的,应相应延长投标文件的截止时间。

5.3 施工投标报价编制

投标是指建筑施工企业根据建设单位的要求或以招标文件为依据,在规定期限内向投标单位递交投标文件及报价,争取工程承包权的活动。投标是建筑施工企业取得工程施工承包任务的主要途径,也是建筑施工企业经营决策的重要组成部分。它是针对招标的建设项目,力求实现决策最优化的经济活动。

属于要约与承诺特殊形式的招标与投标是合同的形成过程,投标文件是建筑施工企业对建设单位发出的要约。投标人一旦提交了投标文件,就必须在招标文件规定的期限内信守承诺,不得随意退出投标竞争。因为投标是一种法律行为,投标人必须承担中途违约的经济和法律责任。

5.3.1 建设项目投标程序

任何一项建设项目投标报价都是一项系统工程,必须遵循一定的程序。通常建设项目投标要经历以下程序。

1. 投标决策

投标决策是企业经营活动中的重要环节,它关系到投标人能否中标及中标后的经济效益,所以要高度重视。要进行投标决策,通常要做两方面工作:一方面,进行市场调查研究,收集并分析市场资料、信息;另一方面,对是否投标做出决策。

1）进行市场调查研究,收集并分析市场资料、信息

在投标决策前要收集大量的市场资料、信息。收集的渠道主要有招标广告、投标邀请书、政府有关部门、行业协会、各类咨询机构、设计单位、投资银行等。收集的资料、信息主要包括以下内容。

（1）政治和法律方面:招标投标活动中及合同履行过程中可能涉及的法律、法规,与建设项目有关的政治形势、国家政策等。

（2）自然条件:包括项目所在地的地理位置和地形、地貌、气象状况等。

（3）市场状况:包括材料、设备、机械、燃料、动力等的供应情况、价格水平以及价格变化趋势和预测,劳务市场情况,金融市场情况等。

（4）建设项目方面的情况:包括建设项目的性质、规模、发包范围,建设项目的技术规模和对材料性能及工人技术水平的要求,总工期及分批竣工交付使用的要求,施工场地的地形、地质、地下水、交通运输、给排水、供电、通信条件的情况,建设项目资金来源,工程价款的支付方式等。

（5）建设单位情况：包括建设单位的资信情况、履约态度、支付能力，有无欠款的前例，对实施建设项目的需求程度等。

（6）投标人自身情况：包括自身的资质、资金、人力、物资、管理经验、在建建设项目的数量等。

（7）竞争对手资料：包括竞争对手的技术等级、经营实力、施工水平、信誉、资金、装备、人力、管理经验、对投标项目有无特殊优势等。

收集了资料、信息后，应认真分析资料、信息，为是否投标做出决策。

2）对是否投标做出决策

经过上述的资料、信息收集和分析后，建筑施工企业在进行投标决策时还应考虑以下几个方面的问题。

（1）承包招标项目的可能性与可行性：如是否有能力承包该建设项目，能否抽调出管理力量、技术力量参加建设项目实施，竞争对手是否有明显优势。

（2）招标项目的可靠性：如建设项目审批是否已经完成、资金是否已经落实等。

（3）招标项目的承包条件是否有额外的要求或风险。

（4）影响中标机会的内部因素、外部因素等。

2. 申请投标和递交资格预审书

投标人向投标单位申请投标，可以采用直接报送资料的方式，也可以采用信函、电报、电传或传真方式。投标人的报送方式和所报资料必须满足招标人在招标公告中提出的有关要求，如资质要求、财务要求、业绩要求、信誉要求、项目经理资格等。申请投标和争取获得投标资格的关键是通过资格审查，因此申请投标的建筑施工企业除向招标人索取和递交资格预审文件外，还可以通过其他辅助方式，如发送宣传本企业的印刷品，邀请招标人参观本企业承建的工程等，使招标人对本企业的情况有更多的了解。在我国建设项目招标中，投标人在获悉招标公告或收到投标邀请书后，应当按照招标公告或投标邀请书中提出的资格审查要求，向招标人申报资格审查。资格审查是投标人投标过程中的第一关。

投标人应熟悉资格预审程序，把握好获得资格预审文件、准备资格预审文件、报送资格预审文件等几个环节的工作，争取顺利通过投标资格审查。

3. 接受投标要求和购买招标文件

投标人接到招标人的投标邀请书或资格预审通过通知书，就表明投标人已具备并获得参加该建设项目投标的资格。如果投标人决定参加投标，就应按招标人规定的日期和地点凭投标邀请书或资格预审通过通知书及有关证件购买招标文件。

4. 组织投标班子或委托投标代理机构

投标人购买了招标文件后，按招标文件确定的投标准备时间着手开展投标准备工作。投标准备时间是指从开始发放招标文件之日起到投标截止时间为止的期限，它由招标人根据建设项目的具体情况确定，一般为 28 日之内。

投标人首先要组织投标班子，即成立专门的投标机构对投标全过程加以组织和管理，以提高工作效率和中标的可能性。投标班子的设立和人员的组成必须考虑到招标人招标项目的侧重因素，如价格、质量、工期，因此投标班子通常由经营管理类、专业技术类、商务金融类等方面的人员组成。投标班子不仅仅要求成员个体素质良好，还需要各方人员共同协作，并保持成员的相对稳定，不断提高成员的整体素质和水平。投标人如果不能组建投标班子，则可以委托投标代理机构代为进行投标活动。投标代理机构协助投标人进行资格审查、编制投标书、办理各种证件的申领手续等工作,按照合同的约定收取一定的代理费用。

5. 参加现场踏勘和标前会议

投标人购领招标文件后,应进行全面细致的调查研究,研究招标文件中有关概念的含义和各项要求,尤其是招标文件中的工作范围、专业条款及设计图样和说明等。若有需要招标人予以澄清和解答的疑问或不清楚的内容,则投标人应在收到招标文件后的 7 日内以书面形式向招标人提出,以便招标人安排现场踏勘及标前会议的解答内容和问题。招标人在招标文件规定的时间内,组织投标人踏勘现场和标前会议,投标人派代表参加。对于投标人的疑问和问题,招标人通过现场踏勘和标前会议予以解答,并在标前会议上形成会议记录,经招标人、投标人确认后,以书面形式发送给所有投标人,同时作为招标文件的组成部分。

6. 编制并递交投标书

现场踏勘和标前会议后,投标人就要着手编制投标文件。投标人编制和递交投标文件的具体步骤和要求如下。

1)根据现场踏勘和标前会议的结果,进一步分析招标文件

招标文件是编制投标文件的主要依据,因此投标人必须结合已获取的有关信息认真、仔细地加以分析研究,特别是重点研究其中的投标人须知、专用条款、设计图样、工程范围及工程量表等,弄清楚到底有没有特殊要求或有哪些特殊要求。

2)校核招标文件中的工程量清单

通过认真校核工程量清单中的工程量,投标人大体确定了工程总报价后,估计某些项目工程量可能会增加或减少,就可以相应地提高或降低单价。如果发现工程量有重大出入,特别是有漏项,则投标人可以找招标人核对,要求招标人认可,并给予书面确认。

3)编制施工组织设计

施工组织设计编制的依据主要是设计图样,技术规范,复核完成后的工程量清单,工程的开工、竣工日期,以及市场人工、材料、机械价格等。编制的施工组织设计要在保证工期和质量的前提下,尽可能使成本最低、利润最大。也就是说,投标人要根据工程类型编制出最合理的施工程序,选择和确定技术上先进、经济上合理的施工方法,选择最有效的施工设备、设施和劳动组织,周密且均衡地安排人力、物力和生产,正确编制施工进度计划,合理布置施工现场的平面和空间。

4)进行工程估价,确定利润方针,计算和确定投标报价

投标报价是投标的一个核心环节,投标人要根据工程造价的构成对工程进行合理估价,确定切实可行的利润方针,正确计算和确定投标报价,但投标人不得以低于成本的报价竞标。报价时,投标人要考虑报价策略和技巧。

5)编制投标文件

投标文件应按照招标文件中的投标文件格式和各项要求来编写,应当对招标文件提出的实质性要求和条件做出响应,一般不能有任何附加条件,否则将被视为无效投标文件。

投标文件一般包括以下内容。

(1)投标书(函)及投标书(函)附录。

(2)法定代表人身份证明或附有身份证明的授权委托书。

(3)联合体协议书(如采用联合体投标)。

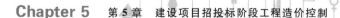

（4）投标保证金。

（5）具有标价的工程量清单和报价表。

（6）施工组织设计。

（7）项目机构表和主要工程管理人员人选及其简历、业绩。

（8）拟分包项目情况表。

（9）资格审查资料（资格预审不用）。

（10）投标人须知前附表规定的其他资料。

投标书是投标人编制的用于投标的综合性经济技术文件，包括下列内容：综合说明；按照工程量清单计算的标价及钢材、木材、水泥等主要材料用量；施工方案和选用的主要施工机械；保证工程质量、进度、施工安全的主要技术组织措施；计划开工、竣工日期，工程总进度；对合同主要条件的确认。

投标人在完成了投标文件的各组成部分后，经认真仔细检查，即可按照招标文件要求的顺序装订成册，签字盖章、密封，装进文件袋。

6）递交投标文件

投标人按照招标文件要求，在提交投标文件的截止时间前，将准备好的投标文件密封送达指定的投标地点。招标人收到投标文件后，应当签收保存，不得开启。投标人在递交投标文件后、投标截止时间前，可以对所递交的投标文件进行修改、补充或撤回，并书面通知招标人，修改或撤回通知必须按招标文件的规定编制、密封和标志，补充、修改的内容是投标文件的组成部分。

7. 参与开标和评标期间的澄清会谈

递交投标文件后，投标人应参加开标会议。在开标会议中，投标人应注意其投标文件是否被正确启封、宣读。对于被错误地认定无效的投标文件或唱标出现的错误，投标人应当场提出异议。

在评标期间，评标委员会对投标文件中不清楚或有疑问的地方要求澄清的，投标人应积极予以说明、解释、澄清。有关澄清的问题和内容，均要求以书面形式表示，经招标人和投标人签字确认后，作为投标文件的组成部分。在澄清会谈中，投标人不得更改标价、工期等实质性的内容，开标后和定标前提出的任何修改声明或附加优惠条件，一律不得作为评标的依据。

8. 接受中标通知书，签订合同

评标后，投标人若中标，就会收到招标人发出的中标通知书；若未中标，也应收到招标人发出的未中标通知结果。

中标人收到中标通知书后，应在规定时间和地点与招标人签订合同，所签订的合同草案应报工程招标投标监督管理机构审查。审查后，按照招标文件的要求，投标人提交履约担保金，双方签订合同。在合同签完后5个工作日内，招标人应退还投标人和中标人的投标保证金，不予退还的情形除外。

中标人若拒绝在规定时间内提交履约担保金和签订合同，那么招标人可以报请工程招标投标监督管理机构批准同意后取消其中标资格，按规定不退还其投标保证金，并考虑在其他中标候选人中确定新中标人，签订合同，或重新招标。双方签订合同后，应在15日内将合同副本分送有关管理部门备案。

5.3.2 联合体投标

两个以上法人或者其他组织可以组成一个联合体,以一个投标人的身份共同投标。联合体投标需遵循以下规定。

(1) 联合体各方应按招标文件提供的格式签订联合体协议书,联合体各方应当指定牵头人,授权其代表所有联合体成员负责投标和合同实施阶段的主办、协调工作,并应当向招标人提交由所有联合体成员法定代表人签署的授权书。

(2) 联合体各方签订联合体协议书后,不得再以自己的名义单独投标,也不得组成新的联合体或参加其他联合体在同一建设项目中投标。联合体各方在同一招标项目中以自己的名义单独投标或者参加其他联合体投标的,相关投标均无效。

(3) 招标人接受联合体投标并进行资格预审的,联合体应当在提交资格预审申请文件前组成。资格预审后联合体增减、更换成员的,其投标无效。

(4) 由同一专业的单位组成的联合体,按照资质等级较低的单位确定资质等级。

(5) 联合体投标应当以联合体各方或者联合体牵头人的名义提交投标保证金。以联合体牵头人的名义提交的投标保证金,对联合体各成员具有约束力。

【课堂练习】

下列关于联合体投标的说法,正确的有(　　　)。

A.联合体各方应当指定牵头人

B.各方签订联合体协议书后,不得再以自己的名义在同一建设项目单独投标

C.联合体投标应当向招标人提交由所有联合体成员法定代表人签署的授权书

D.同一专业的单位组成联合体,资质等级就低不就高

E.提交投标保证金必须由联合体牵头人实施

【分析】　本题考查的是建设项目施工投标与投标文件的编制。联合体各方应签订联合体协议书,指定牵头人,授权其代表所有联合体成员负责投标和合同实施阶段的主办、协调工作,并应当向招标人提交由所有联合体成员法定代表人签署的授权书。联合体各方签订联合体协议书后,不得再以自己的名义单独投标,也不得组成新的联合体或参加其他联合体在同一建设项目中投标。如果出现上述情况,相关投标均无效。招标人接受联合体投标并进行资格预审的,联合体应当在提交资格预审申请文件前组成。资格预审后联合体增减、更换成员的,其投标无效。由同一专业的单位组成的联合体,按照资质等级较低的单位确定资质等级。联合体投标应当以联合体各方或者联合体牵头人的名义提交投标保证金。以联合体牵头人的名义提交的投标保证金,对联合体各成员具有约束力。

【答案】　ABCD。

5.3.3 投标报价的编制

1.投标报价的编制原则

投标报价的编制主要是投标人对承建招标项目所要发生的各种费用的计算。投标人在进行投标计算时,必须首先根据招标文件进一步复核工程量,预先确定施工方案和施工进度。此外,投标计算还必须与采用的合同形式相协调。报价是投标的关键性工作,报价是否合理直接关系

到投标的成败。

(1) 投标报价由投标人自主确定,但必须执行相关强制性规定。

(2) 投标报价不得低于成本。投标报价明显低于标底,进而可能低于成本的,应当要求投标人做出书面说明并提供证明材料。不能提供的,其投标无效。

(3) 投标报价以招标文件中设定的发承包双方责任划分,作为考虑投标报价费用项目和费用计算的基础。

(4) 投标报价以施工方案、技术措施作为计算的基本条件,以企业定额作为计算人材机消耗量的基本依据。

(5) 投标报价的计算方法要科学严谨,简明适用。

2. 投标报价的编制依据

(1) 现行《建设工程工程量清单计价规范》。

(2) 国家或省级、行业建设行政主管部门颁发的计价办法。

(3) 企业定额,国家或省级、行业建设行政主管部门颁发的计价定额和计价办法。

(4) 招标文件、工程量清单及其补充通知、答疑纪要。

(5) 建设项目设计文件及相关资料。

(6) 施工现场情况、工程特点及拟定的投标施工组织设计或施工方案。

(7) 与建设项目相关的标准、规范等技术资料。

(8) 市场价格信息或工程造价管理机构发布的工程造价信息。

(9) 其他的相关资料。

3. 我国投标报价的模式

我国工程造价改革的总体目标是形成以市场价格为主的价格体系。目前投标报价的模式有定额计价模式和工程量清单计价模式两种。

(1) 以定额计价模式投标报价。采用定额计价模式的投标报价一般采用预算定额来编制,即按照规定的分部分项工程子目逐项计算工程量,套用定额基价或根据市场价格确定人工费、材料费、施工机具使用费,然后按规定的费用定额计取各项费用,最后汇总形成投标报价。

(2) 以工程量清单计价模式投标报价。这是与市场经济相适应的投标报价方法,也是国际通用的竞争性招标方式所要求的。一般由招标人将拟建招标工程全部项目和工程内容按工程量清单计算规则计算出工程量,编制工程量清单,将工程量清单作为招标文件的组成部分,供投标人逐项填报单价,同时计算出总价作为投标报价,然后通过评标竞争确定合同价。工程量清单填报的单价应完全根据企业技术、管理水平等企业实力而定,以满足市场竞争的需要。

4. 投标报价的编制方法

编制投标报价时,投标人应首先根据招标人提供的工程量清单编制分部分项工程和措施项目清单与计价表,其他项目清单与计价汇总表,规费、税金清单与计价表,计算完毕之后,汇总得到单位工程投标报价汇总表,再层层汇总,分别得出单项工程投标报价汇总表和建设项目投标报价汇总表。建设项目施工投标总价的组成如图 5-1 所示。在编制投标报价的过程中,投标人应按招标人提供的工程量清单填报价格。投标人填写的项目编码、项目名称、项目特征、计量单位、工程量必须与招标人提供的一致。

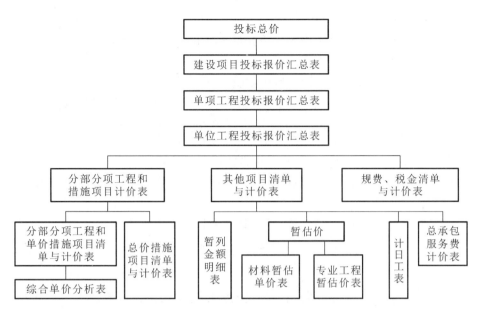

图 5-1　建设项目施工投标总价的组成

5.3.4　工程量清单报价表格填写及投标报价的汇总

1.分部分项工程和措施项目计价表的编制

1）分部分项工程和单价措施项目清单与计价表的编制

确定综合单价是最主要的内容。

$$综合单价 = 人工费 + 材料费 + 施工机具使用费 + 企业管理费 + 利润（考虑风险费用）$$
（5-5）

（1）确定综合单价时,应注意以下事项。

① 以项目特征为依据。

当招标项目工程量清单中的项目特征与设计图纸不符时,应以招标项目工程量清单中的项目特征为准,确定投标报价的综合单价。

当施工中施工图纸或设计变更与招标项目工程量清单中的项目特征不一致时,应按实际施工的项目特征,根据合同约定重新确定综合单价。

② 材料暂估单价计入清单项目的综合单价。

③ 考虑合理的风险。在施工过程中,当出现的风险内容及其范围（幅度）在招标文件规定的范围（幅度）内时,综合单价不得变动,合同价款不做调整。

其中,工程施工阶段的风险宜采用如下分摊原则。对于主要由市场价格波动导致的价格风险,承包人承担 5% 以内的材料价格风险、10% 以内的施工机具使用费风险。对于法律、法规、规章或有关政策出台导致工程税金、规费、人工费发生变化,并由省级、行业建设行政主管部门或其授权的工程造价管理部门根据上述变化发布政策性调整等风险,承包人不应承担,应按照有关调整规定执行;对于承包人根据自身技术水平、管理、经营状况能够自主控制的风险,如承包人的企业管理费、利润的风险,根据企业自身的实际合理确定、自主报价,该部分风险由承包人全部承担。

（2）综合单价确定的步骤和方法。

① 确定计算基础。计算基础主要包括消耗量指标和生产要素单价。

② 分析每一清单项目的工程内容。

③ 计算工程内容的工程数量与清单单位含量。

清单单位含量是指每一计量单位的清单项目所分摊的工程内容的工程数量。

$$清单单位含量 = \frac{某工程内容的定额工程量}{清单工程量} \tag{5-6}$$

（3）分部分项工程人工费、材料费、施工机具使用费的计算。

每一计算单位清单项目某种资源的使用量＝该种资源的定额单位用量×相应定额条目的清
单单位含量 (5-7)

人工费＝完成单位清单项目所需人工的工日数量×人工工日单价 (5-8)

$$材料费 = \sum（完成单位清单项目所需各种材料、半成品的数量 \times 各种材料、半成品单价）$$
$$\tag{5-9}$$

施工机具使用费 $= \sum$（完成单位清单项目所需各种机械的台班数量 × 各种机械的台班单
价 ＋ 仪器仪表使用费） (5-10)

当招标人提供的其他项目清单中列示了材料暂估价时，应根据招标人提供的价格计算材料
费，并在分部分项工程项目清单与计价表中表现出来。

（4）计算综合单价。

企业管理费可按照人工费、材料费、施工机具使用费之和乘以一定的企业管理费费率计算。
利润可按照人工费、材料费、施工机具使用费、企业管理费之和乘以利润率计算。

企业管理费＝（人工费＋材料费＋施工机具使用费）×企业管理费费率 (5-11)

利润＝（人工费＋材料费＋施工机具使用费＋企业管理费）×利润率 (5-12)

将上述五项费用汇总，并考虑合理的风险费用后，即可得到清单综合单价。根据计算出的综
合单价，可编制分部分项工程和单价措施项目清单与计价表。

2）总价措施项目清单与计价表的编制

对于不能精确计量的措施项目，投标人应编制总价措施项目清单与计价表。

总价措施项目清单与计价表的编制应遵循以下原则。

（1）内容应根据招标人提供的措施项目清单和投标人投标时拟定的施工组织设计或施工方
案确定。

（2）投标人自主确定投标报价，但其中安全文明施工费不得作为竞争性费用。

2. 其他项目清单与计价表的编制

（1）暂列金额：投标人按照其他项目清单中列出的金额填写，不得变动。

（2）暂估价不得变动和更改。

① 材料暂估价必须按照招标人提供的暂估单价计入分部分项工程费中的综合单价。

② 专业工程暂估价必须按照招标人提供的其他项目清单中列出的金额填写。

（3）计日工：投标人按照招标人提供的其他项目清单列出的项目和估算的数量，自主确定各
项综合单价并计算费用。

（4）总承包服务费：投标人按照招标人提出的协调、配合与服务要求和施工现场管理需要自
主确定。

3. 规费、税金清单与计价表的编制

规费和税金应按国家或省级、行业建设行政主管部门的规定计算,不得作为竞争性费用。

4. 投标报价的汇总

投标人的投标总价应当与组成工程量清单的分部分项工程费、措施项目费、其他项目费、规费和税金的合计金额相一致,即投标人在进行工程量清单招标的投标报价时,不能进行投标总价优惠(或降价、让利),投标人对投标报价的任何优惠(或降价、让利)均应反映在相应清单项目的综合单价中。

【课堂练习】

1. 关于采用工程量清单计价方式的招标项目的合同价格风险及风险分担,下列说法中正确的是( )。

A. 当出现的风险内容及幅度在招标文件规定的范围内时,综合单价不变

B. 市场价格波动导致施工机具使用费发生变化时,承包人只承担5%以内的价格风险

C. 人工费变化发生的风险全部由发包人承担

D. 承包人企业管理费的风险一般由发承包双方共同承担

【分析】 本题考查的是投标报价的编制方法和内容。工程施工阶段的风险宜采用以下分摊原则。

(1) 对于主要由市场价格波动导致的价格风险,承包人承担5%以内的材料价格风险、10%以内的施工机具使用费风险。

(2) 对于法律、法规、规章或有关政策出台导致工程税金、规费、人工费发生变化,并由省级、行业建设行政主管部门或其授权的工程造价管理部门根据上述变化发布政策性调整等风险,承包人不应承担,应按照有关调整规定执行。

(3) 对于承包人根据自身技术水平、管理、经营状况能够自主控制的风险,如承包人的企业管理费、利润的风险,根据企业自身的实际合理确定、自主报价,该部分风险由承包人全部承担。

【答案】 A。

2. 对于其他项目中的计日工,投标人正确的报价方式是( )。

A. 按政策规定标准估算报价

B. 按招标文件提供的金额报价

C. 自主报价

D. 待签证时报价

【分析】 本题考查的是投标报价的编制方法和内容。计日工应按照招标人提供的其他项目清单列出的项目和估算的数量,自主确定各项综合单价并计算费用。

【答案】 C。

3. 关于规费的计算,下列说法正确的是( )。

A. 规费虽具有强制性,但根据其组成又可以细分为竞争性费用和非竞争性费用

B. 规费由社会保险费和工程排污费组成

C. 社会保险费由养老保险费、失业保险费、医疗保险费、生育保险费、工伤保险费组成

D. 规费由意外伤害保险费、住房公积金、工程排污费组成

【分析】 本题考查的是投标报价的编制方法和内容。规费由社会保险费(养老保险费、医疗

保险费、失业保险费、工伤保险费、生育保险费)、工程排污费和住房公积金组成。

【答案】 C。

5.3.5 投标报价的策略

评标办法中投标报价所占比重一般在 60% 左右,故建筑施工企业的投标报价直接决定其中标与否,建筑施工企业应更好地掌握投标报价的控制方法和技巧。在实际生活中,承包商常用的投标技巧有不平衡报价法、计日工报价法、多方案报价法、增加建议方案法、突然降价法、先亏后盈法等。

1. 不平衡报价法

不平衡报价是指投标人按预定的策略上下浮动工程量清单中各项目的单价,但不变动按中标要求确定的总报价,使中标后能获取较好收益的报价技巧。在建设项目施工投标中,不平衡报价的具体方法主要有以下几种。

(1)前高后低:对早期工程可适当提高单价,相应地适当降低后期工程的单价。这种方法对竣工后一次结算的工程不适用。

(2)工程量增加的报高价:对于工程量有可能增加的建设项目,单价可适当提高;反之,则单价适当降低。这种方法适用于按工程量清单报价、按实际完成工程量结算工程款的招标项目。

(3)工程内容不明确的报低价:对于没有工程量只填报单价的项目,如果不计入总报价,单价可适当提高;对于工程内容不明确的项目,单价可以适当降低。

(4)量大价高的提高报价:工程量大的少数子项适当提高单价,工程量小的大多数子项报低价。这种方法适用于采用单价合同的建设项目。

2. 计日工报价法

如果是单纯报计日工的报价,可以报高一些,以便在日后建设单位用工或使用机械时多盈利。但如果招标文件中有一个假定的名义工程量时,则需要具体分析是否报高价。总之,投标人要分析建设单位在开工后可能使用的计日工数量,从而确定报价方针。

3. 多方案报价法

对一些招标文件,如果发现工程范围不很明确,条款不清楚或很不公正,或者技术规范要求过于苛刻,投标人可在充分估计投标风险的基础上,按多方案报价法处理,即按原招标文件报一个价,然后提出"如某条款(如某规范规定)做某些变动,报价可降低……",报一个较低的价。这样可以降低投标总价,吸引建设单位。另外,投标人还可对某部分工程按成本加酬金合同方式处理,其余部分工程报一个总价。

4. 增加建议方案法

有时招标文件中规定,可以提出建议方案,即可以修改原设计方案,提出投标人的方案。投标人这时应组织一批有经验的设计人员和施工工程师,对原招标文件的设计和施工方案仔细研究,提出更合理的方案,以吸引建设单位,促成自己方案中标。建议方案可以降低总造价、提前竣工或使工程运用更合理。但要注意的是,对原设计方案一定要标价,以便建设单位进行比较。增加建议方案时,不要将方案写得太具体,保留方案的技术关键,防止建设单位将此方案交给其他承包商。同时要强调的是,建议方案一定要比较成熟,或投标人有这方面的实践经验。因为投标时间不长,如果仅为中标而匆忙提出一些没有把握的建议方案,可能引起很多后患。

5.突然降价法

报价是一项保密性很强的工作,但是对手往往通过各种渠道、手段来刺探情况,因此在报价时可以采取迷惑对方的手法,即先按一般情况报价或表现出自己对该建设项目兴趣不大,到投标快截止时,再突然降价。采用这种方法时,投标人一定要在准备投标报价的过程中考虑好降价的幅度,在临近投标截止日期前,根据情报信息与分析判断,做最后的决策。如果由于采用突然降价法而中标,因为开标只降总价,投标人在签订合同后可采用不平衡报价的思想调整工程量表内的各项单价或价格,以取得更高的效益。

6.先亏后盈法

有的建筑施工企业,因为缺乏竞争优势,为了打进某地区市场,依靠雄厚的资本实力,采取一种不惜代价、不考虑利润、只求中标的低价报价方案。应用这种方法的建筑施工企业必须有较好的资信条件,并且所提出的施工方案先进可行,同时要加强对企业情况的宣传,争取前期中标,后期利用自己的信誉为今后的长期合作打基础,在后期工程中赚取利润。其他建筑施工企业遇到这种情况,应避免硬碰硬,努力争取后期中标,同时增加自己的经验并提升自己的信誉。

【课堂练习】

某投标人通过资格预审后,对招标文件进行了仔细分析,发现建设单位所提出的工期要求过于苛刻,且合同条款中规定每拖延 1 天工期逾期违约金为合同价的 1‰。若要保证实现该工期要求,必须采取特殊措施,从而大大增加成本。另外,该承包商还发现原设计结构方案采用框架剪力墙体系过于保守。

因此,该投标人在投标文件中说明招标人的工期要求难以实现,因而按自己认为的合理工期(比建设单位要求的工期增加 6 个月)编制施工进度计划并据此报价;还建议将框架剪力墙体系改为框架体系,并对这两种结构体系进行了技术经济分析和比较,证明框架体系不仅能保证工程结构的可靠性和安全性、增加使用面积、提高空间利用的灵活性,而且可降低造价约 3%。

该承包商将技术标和商务标分别封装,在封口处加盖本单位公章和由项目经理签字后,在投标截止日期前 1 天上午将投标文件报送建设单位。次日(即投标截止日当天)下午,在规定的开标时间前 1 小时,该承包商又递交了一份补充材料,其中声明将原报价降低 4%。但是,招标单位的有关工作人员认为,根据国际上"一标一投"的惯例,一个承包商不得递交两份投标文件,因而拒收承包商的补充材料。

开标会由市工程招标投标监督管理办公室的工作人员主持,市公证处有关人员到会,各投标人代表均到场。开标前,市公证处人员对各投标人的资质进行审查,并对所有投标文件进行审查,确认所有投标文件均有效后,正式开标。主持人宣读投标人名称、投标价格、投标工期和有关投标文件的重要说明。

问题:

(1) 招标人对投标人进行资格预审应包括哪些内容?

(2) 从所介绍的背景资料来看,在该建设项目招标程序中存在哪些不妥之处?请分别做简单说明。

【解】

(1) 问题(1)。

招标人对投标人进行资格预审应包括以下内容。

① 投标人签订合同的权力：营业执照和资质证书。

② 投标人履行合同的能力：人员情况、技术装备情况、财务状况等。

③ 投标人目前的状况：投标资格是否被取消、账户是否被冻结等。

④ 近三年情况：是否发生过重大安全事故和质量事故。

⑤ 法律、行政法规规定的其他内容。

（2）问题（2）。

该建设项目招标程序中存在以下不妥之处。

① 招标单位的有关工作人员拒收投标人的补充材料不妥，因为投标人在投标截止时间之前所递交的任何正式书面文件都是有效文件，都是投标文件的有效组成部分，也就是说，补充文件与原投标文件共同构成一份投标文件，而不是两份相互独立的投标文件。

② 开标会由市工程招标投标监督管理办公室的工作人员主持不妥，因为开标会应由招标人（招标单位）或招标代理机构主持，并宣读投标人名称、投标价格、投标工期等内容。

③ 开标前，市公证处人员对各投标人的资质进行了审查不妥，因为市公证处人员无权对投标人的资格进行审查，其到场的作用在于确认开标的公正性和合法性（包括投标文件的合法性），资格审查应在投标之前进行（背景资料说明了承包商已通过资格预审）。

④ 市公证处人员对所有投标文件进行审查不妥，因为市公证处人员在开标时只是检查各投标文件的密封情况，并对整个开标过程进行公正。

⑤ 市公证处人员确认所有投标文件均有效不妥，因为该承包商的投标文件仅有投标人的公章和项目经理的签字，而无法定代表人或其代理人的签字或盖章，应当作为废标处理。

5.4 施工合同类型与选择

5.4.1 建设项目施工合同的类型

按计价方式不同，建设项目施工合同可以分为总价合同、单价合同和成本加酬金合同三大类。根据招标准备情况和建设项目的特点不同，建设项目施工合同可选用其中的任何一种。

1. 总价合同

总价合同又分为固定总价合同和可调总价合同。

1）固定总价合同

承包商按投标时建设单位接受的合同价格一笔包死。在合同履行过程中，如果建设单位没有要求变更原定的承包内容，承包商在完成承包任务后，不论其实际成本如何，均应按合同价获得工程款。

采用固定总价合同时，承包商要考虑承担合同履行过程中的全部风险，因此投标报价较高。固定总价合同的适用条件如下。

（1）工程招标时的设计深度已达到施工图设计的深度，合同履行过程中不会出现较大的设计变更，以及承包商所依据的报价工程量与实际完成的工程量不会有较大差异。

（2）工程规模较小，技术不太复杂的中小型工程或承包内容较为简单的工程部位。这样，可以使承包商在报价时能够合理地预见到实施过程中可能遇到的各种风险。

（3）工程合同期较短（一般在 1 年之内），双方可以不必考虑市场价格浮动可能对承包价格的影响。

2）可调总价合同

这类合同与固定总价合同基本相同，但合同期较长（在 1 年以上），只是在固定总价合同的基础上，增加合同履行过程因市场价格浮动对承包价格调整的条款。由于合同期较长，承包商不可能在投标报价时合理地预见 1 年后市场价格的浮动影响，因此应在合同内明确约定合同价款的调整原则、方法和依据。常用的调价方法有文件证明法、票据价格调整法和公式调价法。

2. 单价合同

单价合同是指承包商按工程量报价单内分项工作内容填报单价，以实际完成工程量乘以所报单价确定结算价款的合同。承包商所填报的单价应为计入各种摊销费后的综合单价，而非直接费单价。

单价合同大多用于工期长、技术复杂、实施过程中各种不可预见因素较多的大型土建工程，以及建设单位为了缩短工程建设周期，初步设计完成后就进行施工招标的工程。单价合同工程量清单内所开列的工程量一般为估计工程量，而非准确工程量。

3. 成本加酬金合同

成本加酬金合同将建设项目的实际工程造价划分为直接成本费和承包商完成工作后应得的酬金两个部分。工程实施过程中发生的直接成本费实报实销，建设单位另按合同约定的方式付给承包商相应的报酬。

成本加酬金合同大多适用于边设计、边施工的紧急工程或灾后修复工程。由于在签订合同时，建设单位还不可能为承包商提供用于准确报价的详细资料，因此在合同中只能商定酬金的计算方法。在成本加酬金合同中，建设单位需承担建设项目实际发生的一切费用，因而也就承担了建设项目的全部风险；而承包商由于无风险，报酬往往较低。

按照酬金的计算方式不同，成本加酬金合同的形式有成本加固定酬金合同、成本加固定百分比酬金合同、成本加浮动酬金合同、目标成本加奖罚合同四种。

建设项目施工合同类型比较如表 5-3 所示。

表 5-3 建设项目施工合同类型比较

合同类型	总价合同	单价合同	成本加酬金合同			
			成本加固定百分比酬金合同	成本加固定酬金合同	成本加浮动酬金合同	目标成本加奖罚合同
应用范围	广泛	广泛	有局限性			酌情
建设单位工程造价控制	易	较易	最难	难	不易	有可能
承包商风险	风险大	风险小	基本无风险		风险不大	有风险

5.4.2 建设项目施工合同类型的选择

1. 建设项目的建设规模和工期

建设规模小、工期短，总价合同、单价合同、成本加酬金合同都可选择。建设规模大、工期长，则建设项目风险大、不可预见因素多,此类建设项目不宜采用总价合同。

2. 建设项目竞争情况

承包商较多,建设单位主动权大,总价合同、单价合同、成本加酬金合同都可选择。

3. 建设项目复杂程度

技术要求高、风险大的建设项目,承包商主动权大,总价合同被选择的可能性较小。

4. 建设项目单项工程的明确程度

类别和工程量十分明确,总价合同、单价合同、成本加酬金合同都可选择。类别明确,但工程量与预计工程量可能出入较大时,优先选择单价合同。类别和工程量都不明确,不能采用单价合同。

5. 建设项目准备时间的长短

建设项目的准备时间包括建设单位的准备时间和承包商的准备时间。总价合同需要的准备时间较长,单价合同稍短,成本加酬金合同最短。有些紧急工程(如灾后恢复工程等)要求尽快开工且工期较紧时,可能仅有实施方案,还没有施工图纸,因此承包商不可能报出合理的价格,宜采用成本加酬金合同。

6. 建设项目外部环境因素

如果建设项目外部条件恶劣,则建设项目成本高、风险大,承包商很难接受总价合同,而宜采用成本加酬金合同。

总之,在选择合同类型时,一般建设单位拥有主动权,但要综合考虑建设项目的各项因素,包括承包商的承受能力,双方共同协商采用都认可的类型。

【课堂练习】

某工程采用单价合同方式,总报价为 2 700 000 元,投标书中混凝土的单价为 550 元/m³,工程量为 1 000 m³,合价为 55 000 元,试确定承包商的正确报价。

【分析】

(1) 单价合同的特点是单价优先,实际上承包商混凝土的合价为 550 000 元,所以评标时应将总报价修正。承包商的正确报价为

$$2\ 700\ 000\ 元 + (550\ 000 - 55\ 000)\ 元 = 3\ 195\ 000\ 元$$

(2) 如果承包商按图纸实际完成了 1 200 m³ 的混凝土量(由于建设单位的工作量表是错的,或建设单位指令增加工程量),则实际混凝土的结算价格为

$$550\ 元/m³ \times 1\ 200\ 元/m³ = 660\ 000\ 元$$

(3) 单价的风险由承包商承担,如果承包商将 550 元/m³ 误写成 50 元/m³,则按 50 元/m³ 结算。

单价合同的特点是单价优先,在工程结算时,按实际发生的工程量乘以单价来支付价款,所以在评标时要考虑计算错误对总价的影响。

本 章 小 结

本章结合全国造价工程师、一级建造师执业资格考试用书,主要介绍了建设项目招标投标的

概念和性质,详细阐述了建设项目招标的范围、种类与方式,建设项目招标控制价的编制方法,建设项目施工投标程序及投标报价、合同价款的确定。招标控制价是《建设工程工程量清单计价规范》中的术语,其编制内容为分部分项工程费、措施项目费、其他项目费、规费和税金。我国投标报价模式有工程定额计价模式和工程量清单计价模式两种。报价策略有不平衡报价法、多方案报价法等。建设项目施工合同按计价方式不同,一般分为总价合同、单价合同和成本加酬金合同三大类。

【实践案例】

1.某省使用国有资金投资的某重点工程项目计划于 2018 年 9 月 8 日开工,招标人拟采用公开招标方式进行项目施工招标,并委托某具有招标代理和造价咨询资质的招标代理机构编制了招标文件,文件中允许联合体投标。招标过程中发生了以下事件。

事件 1:招标人规定 2018 年 1 月 20—25 日为招标文件发售时间,2 月 16 日下午 4 时为投标截止时间,投标有效期自投标文件发售时间算起总计 60 日。

事件 2:2018 年 2 月 10 日招标人书面通知各投标人,删除该项目所有房间精装修的内容,代之以水泥砂浆地面、抹灰墙及抹灰天棚,投标文件可顺延至 2018 年 2 月 21 日。

事件 3:投标人 A、B 组成了联合体,资格预审通过后,为提高中标概率,在编制投标时又邀请了比 A、B 企业资质高一级的 C 企业共同组织联合体。

事件 4:评标委员会于 2018 年 4 月 29 日提出了书面评标报告:E、F 企业分列综合得分第一名、第二名。2018 年 4 月 30 日,招标人向 F 企业发出了中标通知书。2018 年 5 月 2 日,F 企业收到中标通知书。双方于 2018 年 6 月 1 日签订了书面合同。2018 年 6 月 15 日,招标人向其他未中标企业退还投标保证金。

问题:

(1)该项目必须编制招标控制价吗?招标控制价应根据哪些依据编制与复核?如果投标人认为招标控制价编制得过低,应在什么时间内向何机构投诉?

(2)请指出事件 1 的不妥之处,说明理由。

(3)事件 2 中招标人的做法妥当吗?说明理由。

(4)事件 3 中投标人的做法妥当吗?说明理由。

(5)请指出事件 4 的不妥之处,说明理由。

解答:

(1)问题(1)。

① 因为国有资金投资的建设项目招标必须编制招标控制价,所以该项目必须编制指标控制价。

② 招标控制价应根据下列依据编制与复核。

a.《建设工程工程量清单计价规范》。

b.国家或省级、行业建设行政主管部门颁发的计价定额和计价办法。

c.建设项目设计文件及相关资料。

d.拟定的招标文件及招标工程量清单。

e.与建设项目相关的标准、规范、技术资料。

f.施工现场情况、工程特点及常规施工方案。

g.工程造价管理机构发布的工程造价信息。当工程造价信息没有发布时,参照市场价格。

h.其他的相关资料。

③ 投标人经复核认为招标人公布的招标控制价未按照《建设工程工程量清单计价规范》的规定进行编制的,应在招标控制价公布后5日内向工程招标投标监督管理机构和工程造价管理机构投诉。

(2)问题(2)。

投标有效期自投标文件发售时间算起总计60日的做法不妥当,按照有关规定,投标有效期应从提交投标文件的截止之日起算。

(3)问题(3)。

时间不妥。招标人对已发出的招标文件进行必要的澄清或者修改的,应当在招标文件要求提交投标文件截止时间至少15日前,以书面形式通知所有招标文件收受人。

(4)问题(4)。

不妥。招标人接受联合体投标并进行资格预审的,联合体应当在提交资格预审申请文件前组成。资格预审后联合体增减、更换成员的,其投标无效。

(5)问题(5)。

事件4存在以下不妥之处。

① 2018年4月30日,招标人向F企业发出了中标通知书的做法有两处不妥。

a.依法必须进行招标的建设项目,没有特殊原因,第一候选人是中标人,即本建设项目应是E企业中标。只有排名第一的中标候选人在由于自身原因放弃中标、因不可抗力不能履行合同或未按招标文件要求提交履约保证金(或履约保函)的情况下,招标人可以确定排名第二的中标候选人为中标人。

b.依法必须进行招标的建设项目,招标人应当自收到评标报告之日起3日内公示中标候选人,公示期不得少于3日。

② 合同签订的日期违规。按有关规定,招标人和中标人应当自中标通知书发出之日起30日内,按照招标文件和中标人的投标文件订立书面合同,即招标人必须在2018年5月30日前与中标人签订书面合同。

③ 2018年6月15日,招标人向其他未中标企业退还投标保证金的做法不妥。因为按有关规定:招标人最迟应当在书面合同签订后5日内向中标人和未中标的投标人退还投标保证金及银行同期存款利息。

2.某承包商参与某高层商用办公楼土建工程的投标(安装工程由业主另行招标)。为了既不影响中标,又能在中标后取得较好的收益,该承包商决定采用不平衡报价法对原估价做适当调整,投标报价调整前后对比表如表5-4所示。

表5-4　某承包商对某高层商用办公楼土建工程的投标报价调整前后对比表　　　单位:万元

项目	桩基围护工程	主体结构工程	装饰工程	总价
调整前(投标估价)	1 480	6 600	7 200	15 280
调整后(正式估价)	1 600	7 200	6 480	15 280

现假设桩基围护工程、主体结构工程、装饰工程的工期分别为4个月、12个月、8个月,贷

款月利率为 1%，通过计算，投标估价为 13 265.45 万元。假设各分部工程每月完成的工作量相同且能按月度及时收到工程款（不考虑工程款结算所需要的时间）。已知现值系数如表 5-5 所示。

表 5-5　现值系数

n	4	8	12	16
$(P/A,1\%,n)$	3.902 0	7.651 7	11.255 1	14.717 9
$(P/F,1\%,n)$	0.961 0	0.923 5	0.887 4	0.852 8

问题：

（1）该承包商运用不平衡报价法是否恰当？为什么？

（2）采用不平衡报价法后，该承包商所得工程款的现值比原估价增加多少（以开工日期为折现点）？

解答：

（1）问题（1）。

该承包商运用不平衡报价法恰当。因为该承包商是将属于前期工程的桩基围护工程和主体结构工程的单价调高，而将属于后期工程的装饰工程的单价调低，可以在施工的早期阶段收到较多的工程款，从而可以提高所得工程款的现值，而且这三类工程单价的调整幅度均在 $\pm 10\%$（含 $\pm 10\%$）以内，在合理范围内。

（2）问题（2）。

桩基围护工程每月工程款为

$$A_1 = \frac{1\ 600}{4}\ 万元 = 400\ 万元$$

主体结构工程每月工程款为

$$A_2 = \frac{7\ 200}{12}\ 万元 = 600\ 万元$$

装饰工程每月工程款为

$$A_3 = \frac{6\ 480}{8}\ 万元 = 810\ 万元$$

单价调整后的工程款现值为

$\text{PV} = A_1(P/A,1\%,4) + A_2(P/A,1\%,12)(P/F,1\%,4) + A_3(P/A,1\%,8)(P/F,1\%,16)$

$\quad = 400 \times 3.902\ 0\ 万元 + 600 \times 11.255\ 1\ 万元 \times 0.961\ 0 + 810 \times 7.651\ 7 \times 0.852\ 8$
　　万元

$\quad = 1\ 560.80\ 万元 + 6\ 489.69\ 万元 + 5\ 285.55\ 万元$

$\quad = 13\ 336.04\ 万元$

调整后与调整前的差额为

$\qquad \text{PV} - 13\ 265.45\ 万元 = 13\ 336.04\ 万元 - 13\ 265.45\ 万元 = 70.59\ 万元$

因此，采用不平衡报价法后，该承包商所得工程款的现值比原估价增加 70.59 万元。

177

课后练习

一、单项选择题

1.经有关审批部门批准,可以不招标的建设项目是(   )。

A.使用国家政策性贷款的污水处理项目,其重要设备采购单项合同估算价为 120 万元

B.某市福利院建设项目,施工单项合同估算价为 205 万元

C.在建工程追加的附属小型工程或者主体加层工程,原中标人仍具备承包能力

D.使用外国政府援助资金、项目总投资额达到 3 800 万元

2.评标委员会中的专家成员应(   )。

A.在建设单位从事工作

B.从事相关专业领域工作满 8 年并具有高级职称或者同等专业水平

C.是投标人集体认可的高级职称人员

D.参与过国家招标投标相关法律法制定的人员

3.关于标底与招标控制价的编制,下列说法中正确的是(   )。

A.招标人不得自行决定是否编制标底

B.招标人不得规定最低投标限价

C.编制标底时必须同时设最高投标限价

D.招标人不编制标底时应规定最低投标限价

4.下列关于招标控制价的说法中,正确的是(   )。

A.招标控制价必须由招标人编制

B.招标控制价只需要公布总价

C.投标人不得对招标控制价提出异议

D.招标控制价不应上调或下浮

5.不论采用何种投标报价体系,一般投标报价的编制程序是(   )。

①确定风险费;②确定投标价格;③复核或计算工程量;④确定单价,计算合价;⑤确定分包工程费;⑥确定利润。

A.③—④—⑤—⑥—①—②   B.⑥—①—③—④—⑤—②

C.①—⑤—⑥—③—④—②   D.⑤—①—③—④—⑥—②

6.关于投标报价策略的论述,正确的是(   )。

A.工期要求紧但支付条件理想的工程应较大幅度提高报价

B.施工条件好且工程量大的工程可适当提高报价

C.一个建设项目总报价确定后,内部调整时,地基基础部分可适当提高报价

D.当招标文件中部分条件不公正时,可采用增加建议方案法报价

7.对于单价合同,下列叙述正确的是(   )。

A.采用单价合同,要求工程量清单数量与实际工程数量偏差很小

B.可调单价合同只适用于地质条件不太落实的情况

C.单价合同的特点之一是风险由合同双方合理分担

D.固定单价合同对发包人有利,而对承包人不利

8.根据我国《建设工程施工合同(示范文本)》,在没有其他约定的情况下,下列对施工合同文件解释先后顺序的排列,表述正确的是(　　)。

A. 协议书—专用条款—通用条款—中标通知书—投标书及其附件

B. 协议书—中标通知书—专用条款—通用条款—投标书及其附件

C. 协议书—中标通知书—投标书及其附件—专用条款—通用条款

D. 协议书—专用条款—中标通知书—投标书及其附件—通用条款

9.关于合同价款与合同类型,下列说法正确的是(　　)。

A. 招标文件与投标文件不一致的地方,以招标文件为准

B. 中标人应当自中标通知书收到之日起30日内与招标人订立书面合同

C. 工期特别紧、技术特别复杂的建设项目应采用总价合同

D. 实行工程量清单计价的工程,应(鼓励)采用单价合同

二、多项选择题

1.建筑安装工程费按工程造价形成顺序分为(　　)。

A. 分部分项工程费　　　B. 措施项目费　　　　　C. 其他项目费

D. 规费和税金　　　　　E. 间接费

2.我国建设项目施工招标的方式有(　　)。

A. 公开招标　　　　　　B. 单价招标　　　　　　C. 总价招标

D. 邀请招标　　　　　　E. 成本加酬金招标

3.可以不招标的建设项目有(　　)。

A. 科技、教育、文化等建设项目

B. 属于利用扶贫资金、实行以工代赈、需要使用农民工的建设项目

C. 使用国有企业事业单位自有资金,并且国有资产投资者实际拥有控制权的建设项目

D. 建筑施工企业自建自用的工程,且该建筑施工企业资质等级符合工程要求

E. 在建工程追加的附属小型工程或者主体加层工程,原中标人仍具备承包能力

4.按照住房和城乡建设部的有关规定,招标文件应不包括(　　)。

A. 投标人须知　　　　　B. 投标文件格式　　　　C. 投标价格

D. 设计图纸　　　　　　E. 评标标准和方法

5.下列对中标相关内容的理解,正确的有(　　)。

A. 中标人可以将中标项目肢解后向他人转包

B. 评标委员会推荐的中标候选人应当限定为1至3个,并标明排列顺序

C. 中标人确定后,招标人应当向中标人发出中标通知书,并将结果通知未中标人

D. 招标人和中标人应当向中标人发出中标通知书,并将结果通知未中标人

E. 招标人与中标人签订合同后15个工作日内,应当向中标人和未中标人退还投标保证金

三、简答题

1.招标控制价的编制内容包括哪些?

2.编制招标控制价应注意哪些问题?

3. 简述我国建设项目施工投标的程序。

4. 什么是不平衡报价法？如何应用不平衡报价法？

四、综合实训题

某承包商通过资格预审后，对招标文件进行了仔细分析，发现建设单位所提出的工期要求过于苛刻，且合同条款中规定每拖延 1 天工期罚合同价的 1‰。若要保证实现该工期要求，必须采取特殊措施，从而大大增加成本。另外，该承包商还发现原设计结构方案采用框架剪力墙体系过于保守。因此，该承包商采取了以下做法。

做法 1：在投标文件中说明建设项目的工期要求难以实现，因而按自己认为的合理工期（比业主要求的工期增加 6 个月）编制施工进度计划并据此报价。

做法 2：建议将框架剪力墙体系改为框架体系，并对这两种结构体系进行了技术经济分析和比较，证明框架体系不仅能保证工程结构的可靠性和安全性、增加使用面积、提高空间利用的灵活性，而且可降低造价约 3%。

做法 3：投标时该承包商将技术标和商务标分别封装，在封口处加盖本单位公章由项目经理签字后，在投标截止日期前 1 天上午将投标文件报送业主。

做法 4：在规定的开标时间前 1 小时，该承包商又递交了一份补充材料，其中声明将原报价降低 4%。但是，招标单位的有关工作人员认为，根据国际上"一标一投"的惯例，一个承包商不得递交两份投标文件，因而拒收承包商的补充材料。

该承包商的造价工程师为了不影响中标，又能在中标后取得较好的收益，决定采用不平衡报价法对原估价做适当调整，投标报价调整前后对比表如表 5-6 所示。

表 5-6　第 5 章课后练习表——投标报价调整前后对比表　　　　　　　　单位：万元

项目	基础工程	上部结构工程	装饰和安装工程	总造价	总工期
调整前（投标估价）	1 100（工期 6 月）	4 560（工期 12 月）	3 340（工期为 6 月）	9 000	24 个月
调整后（正式报价）	1 200（工期 6 月）	4 800（工期 12 月）	3 000（工期为 6 月）	9 000	24 个月

施工合同条款中规定：预付款数额为合同价的 10%，开工日支付，基础工程完工时扣回 30%，上部结构工程完成一半时扣回 70%，工程款按季度支付。

负责报价的造价工程师进一步分析认为，虽然该建设项目有预付款，但平时工程款按季度支付不利于资金周转，建议建设单位除按调整后的价格报价外，将付款条件改为"预付款为合同价的 5%，工程款按月度支付，其余条款不变"。已知年金终值系数 $(F/A, i, n)$ 如表 5-7 所示。

表 5-7　第 5 章课后练习表——年金终值系数 $(F/A, i, n)$

i	n						
	2	3	4	6	9	12	18
1%	2.010	3.030	4.060	6.152	9.369	12.683	19.615
3%	2.030	3.091	4.184	6.468	10.159	14.192	23.414

问题：

(1) 该承包商运用了哪几种报价技巧？运用得是否得当？请逐一加以说明。

(2) 招标人对投标人进行资格预审应包括哪些内容？

(3) 从所介绍的背景资料来看，在该建设项目投标程序中还存在哪些不妥之处？请说明理由。

(4) 该造价工程师采用了哪一种报价技巧？运用得是否得当？

(5) 若承包商中标且建设单位采纳其建议的付款条件，承包商所得工程款的终值比原付款条件增加多少（以预计的竣工时间为终点）？

假定贷款月利率为 1%（为简化计算，季利率取 3%），各分部工程每月完成的工作量相同且能按规定及时收到工程款（不考虑工程款结算所需要的时间）。计算结果保留两位小数。

Chapter 6

第 6 章 建设项目施工阶段工程造价控制

能力目标

了解资金使用计划的编制与应用,掌握工程变更及合同价款调整方法,掌握工程索赔的程序、方法及计算,熟悉工程价款结算的方法及计算。

学习要求

学习目标	能力要求	权 重
工程变更价款确定	掌握工程变更和合同价款的调整方法	10%
工程索赔	熟悉工程索赔的概念及分类,掌握工程索赔的处理原则和计算	25%
工程价款结算	掌握预付款支付及抵扣方法,掌握质量保修金的计算方法,掌握施工过程价款调整计算方法,掌握工程价款的支付和结算办法	40%
投资偏差分析	掌握投资偏差、进度偏差的计算方法,灵活运用横道图、时标网络图、表格法进行投资偏差分析	25%

章节导入

某市建筑公司(甲方)于 2018 年 4 月 20 日与某厂(乙方)签订了修建建筑面积为 3 000 m² 的工业厂房(带地下室)的施工合同,乙方编制的施工方案和施工进度计划已获监理工程师批准。该工程的基坑开挖土方量为 4 500 m³,假设人材机直接工程费单价为 4.2 元/m³,综合费率为直接工程费的 20%。该工程的基坑施工方案规定:土方工程采用租赁一台斗容量为 1 m³ 的反铲挖土机施工(租赁费为 450 元/台班)。甲、乙双方合同约定 2018 年 5 月 11 日开工,2018 年 5 月 20日完工。

在实际施工中发生以下几项事件。

事件 1:基坑开挖后,因遇软土层,接到监理工程师 2018 年 5 月 15 日停工的指令,进行地质复查,配合用工 15 个工日。

事件 2:2018 年 5 月 19 日接到监理工程师于 2018 年 5 月 20 日复工的指令,同时提出基坑开挖深度加深 2 m 的设计变更通知单,由此增加土方开挖量 900 m³。

通过以上事件分析:

(1)假设人工费单价为 130 元/工日,因增加用工所需的其他费为增加人工费的 30%,则对于事件 1,乙方可向甲方索赔吗? 如果可以,合理的工期与费用索赔总额是多少?

(2)对于事件 2,乙方可以向甲方提出的工期顺延、费用结算是多少?

6.1 工程变更

建设项目施工阶段是按照设计规范、文件、图样以及建设单位的要求等,具体组织施工建造的阶段,即把设计图样变为实物形态的过程,是工程价值实现的主要阶段,也是建设项目资金投入最大的阶段。因此,这个阶段的工程造价管理是非常关键的,是建设单位和承包商工作的中心环节,也是建设单位和承包商工程造价管理的中心,各类工程造价从业人员的主要造价工作就集中于这一阶段。建设项目施工是一个动态系统的过程,涉及主体多、环节复杂、难度大、式样多样,最关键的是影响工程造价的因素多,如工程的质量变化、材料的替换、投入的人材机用量和市场价格的变化、工程变更、工程的索赔等都会直接影响工程的实际价格。所以,这一阶段的工程造价管理最为复杂,是工程造价确定与控制理论和方法的重点及难点所在。

建设项目施工阶段工程造价控制的目标,就是把工程造价控制在承包合同价或施工图预算内,并力求在规定的工期内生产出质量好、工程造价低的建设(或建筑)产品。建设项目施工阶段工程造价控制主要包括工程变更价款确定、工程索赔、工程价款结算、投资偏差分析四个方面的内容。

6.1.1 工程变更概述

由于工程建设周期长,涉及的经济法律关系复杂,受外部因素影响大,建设项目的实际情况与建设项目在招标投标期间的情形有所不同,因此工程变更在工程实施过程中客观存在且是常见的。工程变更是合同工程实施过程中由发包人提出或由承包人提出经发包人批准的合同工程的任何改变。

工程变更指令发出后,应当迅速落实指令,全面修改相关的各种文件。承包人应当抓紧落实变更指令。如果承包人不能全面落实变更指令,则扩大的损失应当由承包人承担。

1. 工程变更的范围

根据《中华人民共和国标准施工招标文件(2007 年版)》中的通用合同条款,工程变更的范围和内容如下。

(1) 取消合同中任何一项工作,但被取消的工作不能转由发包人或其他人实施。

(2) 改变合同中任何一项工作的质量或其他特性。

(3) 改变合同工程的基线、标高、位置或尺寸。

(4) 改变合同中任何一项工作的施工时间或者改变已批准的施工工艺、施工顺序。

(5) 为完成工程需要追加的额外工作。

2. 工程变更的程序

1)发包人的指令变更

(1) 发包人直接发布变更指令。发生合同约定的变更情形时,发包人应在合同规定的期限内向承包人发出书面变更指示。变更指示应说明变更的目的、范围、内容以及变更的工程量及其进度和技术要求,并附有关图纸和文件。承包人收到变更指示后,应按变更指示进行变更工作。发包人在发出变更指示前,可以要求承包人提交一份关于变更工作的实施方案,发包人同意该方案后再向承包人发出变更指示。

(2)发包人根据承包人的建议发布变更指令。承包人收到发包人按合同约定发出的图纸和文件后,经检查认为其中存在变更情形的,可向发包人提出书面变更建议,但承包人不得仅仅为了施工便利而要求对工程进行设计变更。承包人的变更建议应阐明要求变更的依据,并附必要的图纸和说明。发包人收到承包人的书面变更建议后,确认存在变更情形,应在合同规定的期限内做出变更指示。发包人不同意变更,应书面答复承包人。

2)承包人的合理化建议引起的变更

承包人对发包人提供的图纸、技术要求以及其他方面提出的合理化建议,均应以书面形式提交给发包人。合理化建议被发包人采纳并构成变更的,发包人应向承包人发出变更指示。发包人同意采用承包人的合理化建议,发生费用和获得收益的分担或分享,由发包人和承包人在合同条款中另行约定。

3. 工程变更价款的确定程序

《建设工程施工合同(示范文本)》和《建设工程价款结算暂行办法》规定的工程变更后合同价款的确定程序如图 6-1 所示。

(1)在工程变更确定后 14 日内,工程变更涉及工程价款调整的,由承包人向发包人提出变更工程价款报告,经发包人审核同意后调整合同价款。

(2)在工程变更确定后 14 日内,若承包人未提出变更工程价款报告,则发包人可根据所掌握的资料决定是否调整合同价款和调整的具体金额。对于重大工程变更,变更工程价款报告和确认的时限由发承包双方协商确定。

(3)收到变更工程价款报告的一方,应在收到之日起 14 日内予以确认或提出协商意见,自变更工程价款报告送达之日起 14 日内,当对方未确认也未提出协商意见时,视为变更工程价款报告已被确认。

(4)确认增(减)的变更工程价款作为追加(减)合同价款与工程进度款同期支付。

(5)对于因承包人自身原因导致的工程变更,承包人无权要求追加合同价款。

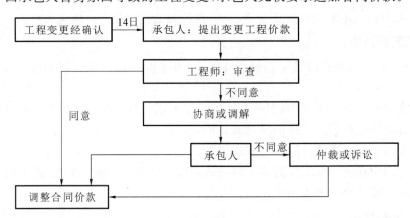

图 6-1 工程变更后合同价款的确定程序

4. 工程变更的价款调整方法

工程变更的价款调整涉及分部分项工程费的调整、措施项目费的调整、删减工程或工作的补偿。

1) 分部分项工程费的调整

工程变更引起分部分项工程发生变化的,应按照下列规定调整分部分项工程费。

(1) 已标价工程量清单中有适用于变更工程项的,且工程变更导致的该清单项目的工程量变化不足 15% 时,采用该项的单价。但当工程变更导致该清单项目的工程量发生变化,且工程量偏差超过 15% 时,调整的原则为:当工程量增加 15% 以上时,其增加部分的工程量的综合单价应予调低;当工程量减少 15% 以上时,减少后剩余部分的工程量的综合单价应予调高。

(2) 已标价工程量清单中没有适用于变更工程项,但有类似于变更工程项的,可在合理范围内参照类似项的单价或总价调整。

(3) 已标价工程量清单中没有适用于变更工程项,也没有类似于变更工程项的,由承包人根据变更工程资料、计量规则和计价办法、工程造价管理机构发布的信息(参考)价格和承包人报价浮动率,提出变更工程项的单价或总价,报发包人确认后调整。承包人报价浮动率 L 可按下列公式计算:

实行招标的工程: $L = (1 - \dfrac{\text{中标价}}{\text{招标控制价}}) \times 100\%$ (6-1)

不实行招标的工程: $L = (1 - \dfrac{\text{报价值}}{\text{施工图预算}}) \times 100\%$ (6-2)

注意:上述公式中的中标价和招标控制价、报价值和施工图预算,均不含安全文明施工费。

(4) 已标价工程量清单中没有适用于变更工程,也没有类似于变更工程项,且工程造价管理机构发布的信息(参考)价格缺价的,由承包人根据变更工程资料、计量规则、计价办法和通过市场调查等确定的有合法依据的市场价格提出变更工程项的单价或总价,报发包人确认后调整。

【课堂练习】

某建筑工程中因设计变更,某工作 E 工程量由招标文件中的 300 m³ 增至 350 m³,超过了 15%;合同中该工作的全费用单价为 110.00 元/m³,经协商,超出部分的全费用单价为 100.00 元/m³。工作 E 的结算价应为多少?

【解】 按原单价结算的工程量: 300 m³×(1+15%)=345 m³
按新单价结算的工程量: 350 m³−345 m³=5 m³
总结算价=345×110.00 元+5×100.00 元=38 450.00 元

2) 措施项目费的调整

工程变更引起措施项目发生变化,由承包人提出调整措施项目费时,承包人应事先将拟实施的方案提交发包人确认,并详细说明与原方案措施项目相比的变化情况。拟实施的方案经发承包双方确认后执行,并应按照下列规定调整措施项目费。

(1) 安全文明施工费按照实际发生变化的措施项目调整,不得浮动。

(2) 采用单价计算的措施项目费按照实际发生变化的措施项目按前述分部分项工程费的调整方法确定单价。

(3) 按总价(或系数)计算的措施项目费,除安全文明施工费外,按照实际发生变化的措施项

目调整,但应考虑承包人报价浮动因素,即调整金额按照实际调整金额乘以按照式(6-1)或式(6-2)得出的承包人报价浮动率计算。

如果承包人未事先将拟实施的方案提交给发包人确认,则视为工程变更不引起措施项目费的调整或承包人放弃调整措施项目费的权利。

3)删减工程或工作的补偿

如果发包人提出的工程变更,非因承包人原因删减了合同中的某项原定工作或工程,致使承包人发生的费用或(和)得到的收益不能被包括在其他已支付或应支付的项目中,也未被包含在任何替代的工作或工程中,则承包人有权得到合理的费用及利润补偿。

6.1.2　FIDIC 合同条件下的工程变更

根据 FIDIC 合同条件的约定,在颁发工程接收证书前的任何时间,工程师可通过发布指令或要求承包商提交建议书的方式提出变更;承包商应遵守并执行变更,除非承包商在规定的时间内向工程师发出通知说明承包商难以取得变更所需的货物;工程师接到此通知后,应取消、确认或改变原指令。在 FIDIC 合同条件下,建设单位提供的设计一般较为粗略,有的设计(施工图)是由承包商完成的,因此设计变更少于我国建设工程施工合同条件下的施工方法变更。

1. 工程变更的范围

由于工程变更属于合同履行过程中的正常管理工作,工程师可以根据施工进展的实际情况,在认为有必要时可以就以下几个方面发布工程变更指令。

(1)对合同中任何工程量的改变。为了便于合同管理,当事人双方应在专用条款内约定工程量变化较大时可以调整单价的百分比(视工程具体情况,可在 15%～25%范围内确定)。

(2)任何工作质量或其他特性的变更。

(3)工程任何部分标高、位置和尺寸的改变。

(4)删减任何合同的约定工作内容,但要交由他人实施的工作除外。

(5)新增工程按单独合同对待。这种工程变更指令是增加与合同工作范围性质一致的工作内容,而且不应以工程变更指令的形式要求承包人使用超过它目前正在使用或计划使用的施工设备范围去完成新增工程。除非承包人同意将此项工作按工程变更对待,一般应将新增工程按一个单独的合同来对待。

(6)改变原定的施工顺序或时间安排。

2. 变更程序

在颁发工程接收证书前的任何时间,工程师可以通过发布工程变更指令或要求承包商递交建议书等方式提出工程变更。

1)指令变更

工程师在建设单位授权范围内根据施工现场的实际情况,在确有需要时有权发布工程变更指令。指令的内容应包括详细的变更内容、变更工程量、变更项目的施工技术要求和有关部门的文件图纸,以及变更处理的原则。

2)要求承包商递交建议书后再确定的变更

变更的程序如下。

(1)工程师将计划变更事项通知承包商,并要求承包商递交实施变更的建议书。

(2)承包商应尽快予以答复。一种情况是承包商通知工程师由于受到某些自身原因的限制而无法执行此项变更；另一种情况是承包商根据工程师的指令递交实施此项变更的说明，内容包括以下方面。

① 将要实施的工作的说明书以及该工作实施的进度计划。

② 承包商根据合同规定对进度计划和竣工时间做出任何必要修改的建议，提出工期顺延要求。

③ 承包商对变更估价的建议，提出变更费用要求。

（3）工程师做出是否变更的决定，尽快向承包商说明批准与否或提出意见。在这一过程中应注意以下问题。

① 承包商在等待答复期间，不应延误任何工作。

② 对于工程师发出的每一项实施变更的指令，承包商应记录支出的费用。

③ 承包商提出的变更建议书，只是作为工程师决定是否实施变更的参考。除了工程师做出指示或批准以总价方式支付的情况外，每一项变更应根据计量工程量进行估价和支付。

3. 变更估价

1）变更估价原则

承包商按照工程师的变更要求工作后，往往会涉及对变更工程的估价问题，变更工程的价格或费率往往是双方协商时的焦点。计算变更工程费用应采用的费率或价格可分为以下 3 种情况。

（1）变更工作在工程量表中有同种工作内容的单价，应以该费率计算变更工程费用。

（2）虽然工程量表中列有同类工作的单价或价格，但对具体变更工作而言已不适用，则应在原单价或价格的基础上制定合理的新单价或新价格。

（3）变更工作在工程量表中没有同类工作的费率和价格，应按照与合同单价水平相一致的原则确定新的费率或价格。

2）可以调整合同工作单价的原则

具备以下条件时，允许对某一项工作规定的费率或单价加以调整。

（1）此项工作实际测量的工程量相对工程量表或其他报表中规定的工程量的变动大于 10%。

（2）工程量的变更与对该项工作规定的具体费率的乘积超过了接受的合同款额的 0.01%。

（3）由此工程量的变更直接造成该项工作每单位工程量费用的变动超过 1%。

3）删减原定工作后对承包商的补偿

工程师发布删减工作的变更指令后，承包商不再实施部分工作，合同价格中包括的直接费部分没有受到损害，但分摊在该部分的间接费、利润和税金实际不能合理回收。此时承包商可以就其损失向工程师发出通知并提供具体的证明资料，工程师与合同双方协商后确定一笔补偿金额加入合同价内。

注意 FIDIC 合同条件下的工程变更和我国建设工程施工合同条件下的工程变更的处理程序和处理价格的区别。

《建设工程施工
合同（示范文本）》

FIDIC 标准合同范本

【课堂练习】

1. 下列关于工程变更的说法，正确的是（　　　）。

A. 除了受自然条件的影响外，一般不得发生变更

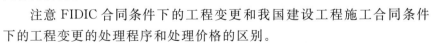

B.尽管变更的起因有多种,但必须一事一变更

C.如果出现了必须变更的情况,则应抢在变更指令发出前尽快落实变更

D.若承包人不能全面落实工程变更指令,则扩大的损失应当由承包人承担

【分析】 工程变更指令发出后,发包人应迅速落实工程变更指令,全面修改相关的各种文件。承包人也应该抓紧落实工程变更指令,如果承包人不能全面落实工程变更指令,扩大的损失应该由承包人承担。

【答案】 D。

2.下列关于工程变更的说法,正确的是(   )。

A.监理人要求承包人改变已批准的施工工艺或顺序不属于变更

B.发包人通过变更取消某项工作从而转由他人实施

C.监理人要求承包人为完成工程需要追加的额外工作不属于变更

D.承包人不能全面落实变更指令而扩大的损失由承包人承担

【分析】 根据《中华人民共和国标准施工招标文件(2007 年版)》中的通用合同条款,工程变更的范围和内容如下。

(1) 取消合同中任何一项工作,但被取消的工作不能转由发包人或其他人实施。

(2) 改变合同中任何一项工作的质量或其他特性。

(3) 改变合同工程的基线、标高、位置或尺寸。

(4) 改变合同中任何一项工作的施工时间或者改变已批准的施工工艺、施工顺序。

(5) 为完成工程需要追加的额外工作。

【答案】 D。

3.某公路工程的 1# 标段实行招标确定承包人,中标价为 5 000 万元,招标控制价为 5 500 万元,其中,安全文明施工费为 500 万元,规费为 300 万元,税金的综合税率为 3.48%,则承包人报价浮动率为(   )。

A.9.09%   B.9.62%   C.10.00%   D.10.64%

【分析】 实行招标的工程:承包人报价浮动率 $=\left(1-\dfrac{\text{中标价}}{\text{招标控制价}}\right)\times 100\%$,应从中标价和招标控制价中扣除安全文明施工费,承包人报价浮动率 $=\left(1-\dfrac{5\,000-500}{5\,500-500}\right)\times 100\%=10\%$。

【答案】 C。

6.2 工程索赔

6.2.1 工程索赔的概念和分类

1.工程索赔的概念

工程索赔是指在工程承包合同履行中,当事人一方由于另一方未履行合同所规定的义务或者出现了应当由对方承担的风险而遭受损失时,向另一方提出赔偿要求的行为。在实际工作中,索赔是双向的,既包括承包人向发包人的索赔,也包括发包人向承包人的索赔。但在工程实践中,发包人向承包人索赔较少,而且处理方便,发包人可以通过冲账、扣拨工程款、扣保证金等实

现向承包人的索赔;而承包人对发包人的索赔比较困难一些。通常情况下,索赔是指承包人(施工单位)在合同实施过程中,对非自身原因造成的工程延期、费用增加而要求发包人给予补偿损失的一种权利要求。

索赔有较广泛的含义,可以概括为以下三个方面。

(1) 一方违约使另一方蒙受损失,受损方向对方提出赔偿损失的要求。

(2) 发生应由建设单位承担责任的特殊风险或遇到不利自然条件等情况,承包人蒙受较大损失而向建设单位提出补偿损失要求。

(3) 承包人本人应获得正当利益,由于没能及时得到监理工程师的确认和建设单位应给予的支付而以正式函件向建设单位索赔。

注意:工程索赔是双向的,承包人提出的索赔习惯称为索赔,发包人提出的索赔称为反索赔。

2. 工程索赔的分类

1) 按索赔的合同当事人分类

根据索赔的合同当事人不同,可以将工程索赔分为以下两种。

(1) 承包人与发包人之间的索赔。该类索赔发生在建设项目施工合同的双方当事人之间,既包括承包人向发包人的索赔,也包括发包人向承包人的索赔。但是在工程实践中,经常发生的索赔,大都是承包人向发包人提出的,书中所提及的索赔,如果未做特别说明,即指此类情形。

(2) 总承包人和分包人之间的索赔。在建设项目分包合同履行过程中,索赔事件发生后,无论是发包人的原因所致还是总承包人的原因所致,分包人都只能向总承包人提出索赔,而不能直接向发包人提出。

2) 按索赔的目的和要求分类

根据索赔的目的和要求不同,可以将工程索赔分为工期索赔和费用索赔。

(1) 工期索赔。工期索赔一般是指承包人根据合同约定,对非因自身原因导致的工期延误向发包人提出工期顺延的要求。工期顺延的要求获得批准后,承包人不仅不用承担拖期违约赔偿金的责任,而且有可能因工期提前而获得赶工补偿(或奖励)。

(2) 费用索赔。费用索赔的目的是要求补偿承包人(或发包人)经济损失。费用索赔的要求如果获得批准,必然会引起合同价款的调整。

3) 按索赔事件的性质分类

根据索赔事件的性质不同,可以将工程索赔分为以下几种。

(1) 工程延误索赔。因发包人未按合同要求提供施工条件,或因发包人指令工程暂停或不可抗力事件等原因造成工期拖延的,承包人可以向发包人提出索赔;如果由于承包人原因导致工期拖延,发包人可以向承包人提出索赔。

(2) 加速施工索赔。加速施工索赔是指由于发包人指令承包人加快施工速度、缩短工期,引起承包人人力、物力、财力的额外开支,承包人提出的索赔。

(3) 工程变更索赔。工程变更索赔是指由于发包人指令增加或减少工程量,或增加附加工程、修改设计、变更工程顺序等,造成工期延长和(或)费用增加,承包人提出的索赔。

(4) 合同终止的索赔。合同终止的索赔,一方面是指由于发包人违约或发生不可抗力事件等原因造成合同非正常终止,承包人因遭受经济损失而提出的索赔;另一方面是指由于承包人的原因导致合同非正常终止,或者合同无法继续履行,发包人提出的索赔。

(5) 不可预见的不利条件索赔。承包人在工程施工期间,施工现场遇到一个有经验的承包人通常不能合理预见的不利施工条件或外界障碍,如地质条件与发包人提供的资料不符,出现不可预见的地下水、地质断层、溶洞、地下障碍物等,承包人可以就因此遭受的损失提出索赔。

(6)不可抗力事件的索赔。工程施工期间因不可抗力事件的发生而遭受损失的一方,可以根据合同中对不可抗力风险分担的约定,向对方当事人提出索赔。

(7)其他索赔。其他索赔包括因货币贬值、汇率变化、物价上涨、政策法令变化等原因引起的索赔。《中华人民共和国标准施工招标文件(2007年版)》的通用合同条款中,按照引起索赔事件的原因不同,对一方当事人提出的索赔可能给予合理补偿工期、费用和(或)利润的情况,分别做出了相应的规定。引起承包人索赔的事件以及可能得到的合理补偿内容如表6-1所示。

表6-1　引起承包人索赔的事件以及可能得到的合理补偿内容

序号	条款号	索赔事件	工期	费用	利润
1	1.6.1	迟延提供图纸	√	√	√
2	1.10.1	施工中发现文物、古迹	√	√	
3	2.3	迟延提供施工场地	√	√	√
4	3.4.5	监理人指令迟延或错误	√	√	
5	4.11	施工中遇到不利的物质条件	√	√	
6	5.2.4	提前向承包人提供材料、工程设备		√	
7	5.2.6	发包人提供的材料、工程设备不合格,或迟延提供,或变更交货地点	√	√	√
8	5.4.3	发包人更换其提供的不合格材料、工程设备	√	√	
9	8.3	承包人根据发包人提供的错误资料导致测量放线错误	√	√	√
10	9.2.6	因发包人原因造成承包人人员工伤事故		√	
11	11.3	因发包人原因造成工期延误	√	√	√
12	11.4	异常恶劣的气候条件导致工期延误	√		
13	11.6	承包人提前竣工		√	
14	12.2	发包人暂停施工造成工期延误	√	√	√
15	12.4.2	工程暂停后因发包人原因无法按时复工	√	√	√
16	13.1.3	因发包人原因导致承包人工程返工	√	√	√
17	13.5.3	监理人对已经覆盖的隐蔽工程要求重新检查且检查结果合格	√	√	
18	13.6.2	因发包人提供的材料、工程设备造成工程质量不合格	√	√	
19	14.1.3	承包人应监理人要求对材料、工程设备和工程重新检验且检验结果合格	√	√	√
20	16.2	基准日后法律的变化		√	
21	18.4.2	发包人在工程竣工前提前占用工程	√	√	√
22	18.6.2	因发包人的原因导致工程试运行失败	√	√	√
23	19.2.3	工程移交后因发包人原因出现新的缺陷或损坏的修复		√	√

序 号	条 款 号	索 赔 事 件	可补偿内容		
			工 期	费 用	利 润
24	19.4	工程移交后因发包人原因出现的缺陷修复后的试验和试运行		√	
25	21.3.1(4)	因不可抗力停工期间应监理人要求照管、清理、修复工程		√	
26	21.3.1(4)	因不可抗力造成工期延误	√		
27	22.2.2	因发包人违约导致承包人暂停施工	√	√	√

【课堂练习】

1. 根据《中华人民共和国标准施工招标文件（2007年版）》的规定，承包人只能获得"工期＋费用"补偿的事件有（   ）。

A. 基准日后法律的变化

B. 施工中发现文物、古迹

C. 因发包人提供的材料、工程设备造成工程质量不合格

D. 施工中遇到不利的物质条件

E. 发包人更换其提供的不合格材料、工程设备

【分析】 选项 A 只能索赔费用，选项 C 还能索赔利润。

【答案】 BDE。

2. 下列索赔事件引起的费用索赔中，可以获得利润补偿的有（   ）。

A. 施工中发现文物、古迹   B. 延迟提供施工场地

C. 承包人提前竣工   D. 延迟提供图纸

E. 基准日后法律的变化

【分析】 选项 A 只能索赔工期和费用，选项 C、选项 E 只能索赔费用。

【答案】 BD。

6.2.2 索赔的依据和前提条件

1. 索赔的依据

提出索赔和处理索赔要以下列文件或凭证为依据。

（1）工程施工合同。工程施工合同是工程索赔中最关键和最主要的依据，工程施工期间发承包双方关于工程洽商、变更等的书面协议或文件是索赔的重要依据。

（2）国家法律、法规。国家制定的相关法律、行政法规，是工程索赔的法律依据。工程项目所在地的地方性法规或地方政府规章，也可以作为工程索赔的依据，但应当在建设项目施工合同专用条款中约定为工程合同的适用法律。

（3）国家、部门和地方有关的标准、规范和定额。工程建设的强制性标准是合同双方必须严格执行的；非强制性标准必须在合同中有明确规定的情况下，才能作为索赔的依据。

（4）工程施工合同履行过程中与索赔事件有关的各种凭证。这是承包人因索赔事件所遭受

费用或工期损失的事实依据,反映了工程的计划情况和实际情况。

2. 索赔成立的条件

承包人工程索赔成立的基本条件包括以下 3 个。

(1) 索赔事件已造成承包人直接经济损失或工期延误。

(2) 造成费用增加或工期延误的索赔事件不是由于承包人的原因引起的。

(3) 承包人已经按建设项目施工合同规定的期限和程序提交索赔意向通知及相关证明材料。

6.2.3　工程索赔处理程序

1.《建设工程施工合同(示范文本)》中规定的工程索赔的程序

(1) 承包人提出索赔申请,向工程师发出索赔意向通知。在索赔事件发生 28 日内,承包人以正式函件通知工程师,声明对此事件要求索赔。逾期申报,工程师有权拒绝承包人的要求。

(2) 承包人发出索赔报告及有关资料。索赔意向通知发出 28 日内,承包人向工程师提出补偿经济损失和延长工期的索赔报告及有关资料。在索赔报告中,应对事件的原因、索赔的依据、索赔额度计算和申请工期的天数进行详细说明。

(3) 工程师审核承包人的申请。工程师在收到承包人送交的索赔报告及有关资料后 28 日内给予答复,或要求承包人进一步补充索赔理由和证据。工程师收到索赔报告及有关资料 28 日内未予答复或未对承包商做进一步要求,视为该项索赔已经被认可。

(4) 当该索赔事件持续进行时,承包人应当阶段性向工程师发出索赔意向,并在索赔事件终了后 28 日内,向工程师送交最终索赔报告及有关资料。

(5) 工程师与承包人谈判。若双方对该事件的责任、索赔金额、工期延长等不能达成一致,则工程师有权确定一个他认为合理的单价或价格作为处理意见,报送建设单位并通知承包人。

(6) 承包人接受或不接受最终索赔决定。承包人接受索赔决定,索赔事件即告结束;承包人不接受工程师的决定,按照合同纠纷处理方式解决。

2. FIDIC 合同条件规定的工程索赔程序

(1) 承包人发出索赔通知。承包人察觉或应当察觉事件或情况后 28 日内,向工程师发出索赔通知,说明索赔的事件或情况。若承包人未能在 28 日内发出索赔通知,则竣工时间不得延长,承包商无权获得追加的付款,建设单位不承担有关该索赔的全部责任。

(2) 承包人递交详细的索赔报告。在承包人察觉或应当察觉事件或情况后 42 日内,或在承包人可能建议并经工程师认可的其他期限内,承包人应向工程师递交详细的索赔报告。若引起索赔的事件连续产生影响,则承包人每月递交中间索赔报告,说明累计索赔延误时间和金额,并在索赔事件产生影响结束后 28 日内,递交最终索赔报告。

(3) 工程师答复。在工程师收到索赔报告或对过去索赔的任何进一步证明资料后 42 日内,或在工程师可能建议并经承包人认可的其他期限内,工程师做出答复,表示批准或不批准,若批准应附具体意见。

具体工程索赔程序如图 6-2 所示。

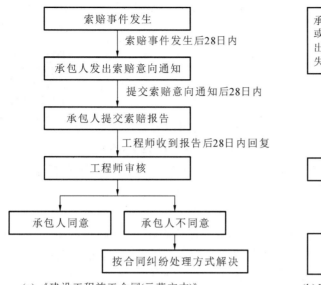

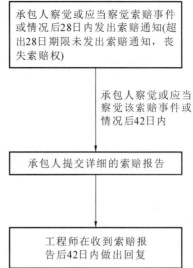

(a)《建设工程施工合同(示范文本)》　　　　(b) FIDIC合同条件规定的工程索赔程序
中规定的工程索赔程序

图 6-2　工程索赔程序

6.2.4　索赔报告的内容

索赔报告的具体内容,随索赔事件的性质和特点不同而有所不同。一般来说,完整的索赔报告应包括以下四个部分。

1. 总论部分

总论部分包括序言、索赔事项概述、具体索赔要求、索赔报告编写及审核人员。

在总论部分应概要地论述索赔事件的发生日期与过程、施工单位为该索赔事件所付出的努力和附加开支,以及索赔要求。

2. 根据部分

根据部分一般包括索赔事件发生的情况、已递交索赔(意向)通知的情况、索赔事件的处理过程、索赔要求的合同根据,以及所附证据资料。

该部分是索赔是否成立的关键,主要说明索赔人具有的索赔权利。根据部分的内容主要来自工程项目的合同文件和有关法律规定。

3. 计算部分

该部分以具体的计算方法和计算过程,说明索赔人应得的经济补偿的款额或延长的时间。该部分主要解决获得索赔的额度(包括费用和工期)。

涉及费用索赔问题的,必须阐明:索赔款的要求总额;各项索赔款的计算,如额外开支的人工费、材料费、施工机具使用费、企业管理费和损失利润等;各项开支的计算依据及证据资料。要注意计价方法的选用和每项开支款的合理性,并指出相应的依据资料的名称及编号。

4. 证据部分

证据部分包括索赔事件所涉及的一切证据资料,以及对这些证据的说明。在引用证据时,要注意该证据的效力及可信程度。例如,对一个重要的电话内容,仅附上自己的记录本是不够的,最好附上经双方签字确认的电话记录,或附上发给对方要求确认该电话记录的函件(即使对方未给复函,也可说明责任在对方)。

6.2.5 费用索赔的计算

工程索赔报告书实例

1. 索赔费用的组成

对于由不同原因引起的索赔,承包人可索赔的具体费用内容是不完全一样的。但归纳起来,索赔费用的要素与工程造价的构成基本类似,索赔费用一般可归结为人工费、材料费、施工机械使用费、现场管理费、总部管理费、保险费、保函手续费、利息、利润、分包费等。

1)人工费

索赔的人工费包括由于完成合同之外的额外工作所花费的人工费,超过法定工作时间加班劳动、法定人工费增长、非因承包人原因导致工效降低所增加的人工费,非因承包人原因导致工程停工所增加的人员窝工费和工资上涨费等。对停工损失中的人工费,通常以人工单价乘以折算系数进行计算。

2)材料费

索赔的材料费包括由于索赔事件的发生造成材料实际用量超过计划用量而增加的材料费,以及由于发包人原因导致工程延期期间的材料价格上涨费和超期储存费用。材料费中应包括运输费、仓储费以及合理的损耗费用。如果由于承包人管理不善,材料损坏失效,则该部分材料费不能列入索赔款项内。

3)施工机械使用费

索赔的施工机械使用费包括由于完成合同之外的额外工作所增加的施工机械使用费、非因承包人原因导致工效降低所增加的施工机械使用费、由于发包人或工程师指令错误或迟延导致施工机械停工的台班停滞费。在计算机械设备台班停滞费时,不能按机械设备台班费计算,因为机械设备台班费中包括设备使用费。理论上,如果机械设备是承包人自有设备,机械设备台班停滞费一般按台班折旧费计算;如果机械设备是承包人租赁的设备,机械设备台班停滞费一般按台班租金加上每台班分摊的施工机械进退场费计算。而在实际工作中,应参照市场价格确定机械设备台班停滞费。

4)现场管理费

索赔的现场管理费包括承包人完成合同之外的额外工作,以及由于发包人的原因导致工期延期期间的现场管理费,包括管理人员工资、办公费、通信费、交通费等。

现场管理费索赔金额的计算公式为

$$现场管理费索赔金额＝索赔的直接成本费×现场管理费费率 \qquad (6\text{-}3)$$

式中现场管理费费率的确定可以选用下面的方法。

(1)合同百分比法,即管理费费率在合同中规定。

(2)行业平均水平法,即采用公开认可的行业标准费率。

(3)原始估价法,即采用投标报价时确定的费率。

(4)历史数据法,即采用以往相似工程的管理费费率。

5)总部管理费

索赔的总部管理费主要指的是由于发包人原因导致工程延期期间所增加的承包人向公司总

部提交的管理费,包括总部职工工资、办公大楼折旧、办公用品、财务管理、通信设施以及总部领导人员赴工地检查指导工作等开支。对于总部管理费索赔金额的计算,目前还没有统一的方法,通常可采用以下几种方法。

(1) 按总部管理费的比率计算。

$$总部管理费索赔金额=(直接费索赔金额+现场管理费索赔金额)×总部管理费比率 \quad (6\text{-}4)$$

式中,总部管理费的比率可以按照投标书中的总部管理费比率(一般为 $3\%\sim 8\%$)计算,也可以按照承包人公司总部统一规定的管理费比率计算。

(2) 按已获补偿的工程延期天数为基础计算。该方法是在承包人已经获得工程延期索赔的批准后,进一步获得总部管理费索赔的计算方法,计算步骤如下。

① 计算延期工程应分摊的总部管理费。

$$延期工程应分摊的总部管理费=同期公司计划总部管理费×\frac{延期工程合同价格}{同期公司所有工程合同价格} \quad (6\text{-}5)$$

② 计算延期工程的日平均总部管理费。

$$延期工程的日平均总部管理费=\frac{延期工程应分摊的总部管理费}{延期工程计划工期} \quad (6\text{-}6)$$

③ 计算索赔的总部管理费。

$$索赔的总部管理费=延期工程的日平均总部管理费×工程延期的天数 \quad (6\text{-}7)$$

6) 保险费

因发包人原因导致工程延期时,承包人必须办理工程保险、施工人员意外伤害保险等各项保险的延期手续,对于由此而增加的费用,承包人可以提出索赔。

7) 保函手续费

因发包人原因导致工程延期时,承包人必须办理相关履约保函的延期手续,对于因此而增加的手续费,承包人可以提出索赔。

8) 利息

索赔的利息包括发包人拖延支付工程款的利息、发包人迟延退还工程保留金的利息、承包人垫资施工的垫资利息、发包人错误扣款的利息等。至于具体的利率标准,发承包双方可以在合同中明确约定,没有约定或约定不明的,可以按照中国人民银行发布的同期同类贷款利率计算。

9) 利润

一般来说,对于由于工程范围的变更、发包人提供的文件有缺陷或错误、发包人未能提供施工场地,以及发包人违约导致合同终止等事件引起的索赔,承包人都可以列入利润索赔。比较特殊的是,根据《中华人民共和国标准施工招标文件(2007 年版)》通用合同条款的规定,对于因发包人原因暂停施工导致的工期延误,承包人有权要求发包人支付合理的利润。索赔利润百分率通常与原报价单中的利润百分率保持一致。但是应当注意的是,由于工程量清单中的单价是综合单价,已经包含了人工费、材料费、施工机械使用费、企业管理费、利润以及一定范围内的风险费用,在索赔计算中不应重复计算。

同时,由于一些引起索赔的事件同时也可能是合同中约定的合同价款调整因素(如工程变更、法律法规的变化以及物价波动等),因此对于已经进行了合同价款调整的索赔事件,承包人在进行索赔费用的计算时,不能重复计算。

195

10）分包费

由于发包人的原因导致分包工程费用增加时，分包人只能向总承包人提出索赔，但分包人的索赔款项应当列入总承包人对发包人的索赔款项中。分包费索赔指的是分包人的费用索赔，一般也包括与上述费用类似的索赔。

2. 索赔费用的计算方法

索赔费用的计算应以赔偿实际损失（包括直接损失和间接损失）为原则。索赔费用的计算方法通常有三种，即实际费用法、总费用法和修正的总费用法。

1）实际费用法

实际费用法又称分项法，即根据索赔事件所造成的损失或成本增加，按费用项目逐项分析、计算索赔金额的方法。这种方法比较复杂，但能客观地反映施工单位的实际损失，比较合理，易于被当事人接受，在国际工程中被广泛采用。

由于索赔费用的组成多样化，对于由不同原因引起的索赔事件，承包人可索赔的具体费用内容有所不同，必须具体问题具体分析。

2）总费用法

总费用法又称总成本法，是指当发生多次索赔事件后，重新计算工程的实际总费用，再从该实际总费用中减去投标报价估算总费用，即为索赔金额。

总费用法计算索赔金额的公式为

$$索赔金额＝实际总费用—投标报价估算总费用 \tag{6-8}$$

但是，总费用法没有考虑实际总费用中可能包括由于承包人的原因（如施工组织不善）而增加的费用，投标报价估算总费用也可能由于承包人为了中标而导致过低的报价，因此总费用法并不十分科学。只有在难以精确地确定某些索赔事件导致的各项费用增加额时，总费用法才可以采用。

3）修正的总费用法

修正的总费用法是对总费用法的改进，即在总费用计算的原则上，去掉一些不合理的因素，使其更为合理。修正的内容如下。

（1）将计算索赔金额的时段局限于受到索赔事件影响的时间，而不是整个施工期。

（2）只计算受到索赔事件影响时段内的某项工作所受影响的损失，而不是计算该时段内所有施工工作所受的损失。

（3）与该项工作无关的费用不列入实际总费用中。

（4）对投标报价费用重新进行核算，即按受影响时段内该项工作的实际单价进行核算，乘以实际完成的该项工作的工程量，得出调整后的报价费用。

修正后的总费用法计算索赔金额的公式如下：

$$索赔金额＝某项工作调整后的实际总费用—该项工作的投标报价费用 \tag{6-9}$$

修正的总费用法与总费用法相比，有了实质性的改进，它的准确程度已接近于实际费用法。

【课堂练习】

某施工合同约定，施工现场主导施工机械 1 台，由施工企业租得，台班单价为 300 元/台班，租赁费为 100 元/台班，人工工资为 40 元/工日，窝工补贴为 10 元/工日，以人工费为基数的综合费率为 35％，在施工过程中，发生了以下事件：①出现异常恶劣天气导致工程停工 2 天，人员窝工 30 个工日；②因恶劣天气导致场外道路中断抢修道路用工 20 工日；③场外大面积停电，停工 2

天,人员窝工 10 工日。为此,施工企业可向建设单位索赔的费用为多少?

【解】 各事件处理结果如下。

(1)异常恶劣天气导致的停工通常不能进行费用索赔。

(2)抢修道路用工的索赔金额为

$$20 \times 40 \times (1 + 35\%) \ 元 = 1\ 080\ 元$$

(3)停电导致的索赔金额为

$$2 \times 100\ 元 + 10 \times 10\ 元 = 300\ 元$$

总索赔费用为

$$1\ 080\ 元 + 300\ 元 = 1\ 380\ 元$$

6.2.6 工期索赔应注意的问题及其计算

1. 工期索赔中应当注意的问题

(1)划清施工进度拖延的责任。因承包人的原因而造成的施工进度滞后,属于不可原谅的延期;只有承包人不应承担任何责任的延误,才是可原谅的延期。有时工程延期的原因中可能包含双方责任,工程师应进行详细分析,分清责任比例,只有可原谅延期部分才能批准顺延合同工期。可原谅的延期又可细分为可原谅并给予补偿费用的延期和可原谅但不给予补偿费用的延期。

(2)被延误的工作应是处于施工进度计划关键线路上的施工内容。只有位于关键线路上的工作内容的滞后,才会影响到竣工日期。但有时也应注意,既要看被延误的工作是否在批准进度计划的关键路线上,又要详细分析这一延误对后续工作的可能影响。若对非关键路线上的工作的影响时间较长,超过了该工作可用于自由支配的时间,也会导致进度计划中非关键路线转化为关键路线,其滞后将影响总工期的拖延,此时应充分考虑该工作的自由时间,给予相应的工期顺延,并要求承包人修改施工进度计划。

2. 工期赔偿的计算

工期索赔的计算主要有直接法、比例计算法和网络图分析三种。

1)直接法

如果某干扰事件直接发生在关键线路上,造成总工期的延误,则可以直接将该干扰事件的实际干扰时间(延误时间)作为工期索赔值。

2)比例计算法

如果某干扰事件仅仅影响某单项工程、单位工程或分部分项工程的工期,要分析其对总工期的影响,则可以采用比例计算法。

(1)已知受干扰部分工程的延期时间。

$$工期索赔值 = 受干扰部分工程的拖期时间 \times \frac{受干扰部分工程的合同价格}{原合同总价} \tag{6-10}$$

(2)已知额外增加的工程量的价格。

$$工期索赔值 = 原合同工期 \times \frac{额外增加的工程量的价格}{原合同总价} \tag{6-11}$$

比例计算法虽然简单方便,但有时不符合实际情况,而且比例计算法不适用于变更施工顺序、加速施工、删减工程量等事件的索赔。

3）网络图分析法

（1）当延误的工作为关键工作时，延误的时间为索赔的工期。

（2）当延误的工作为非关键工作时，若该工作由于延误超过时差而成为关键工作，则可以索赔延误时间与时差的差值；若该工作延误后仍为非关键工作，则不存在工期索赔问题。

3. 共同延误的处理

在实际施工过程中，工期拖期很少是只由一方造成的，往往是两三种原因同时发生（或相互作用）而造成的，故称为共同延误。在这种情况下，要具体分析哪一种情况下的延误是有效的。

（1）判断造成工期拖期的哪一种原因是最先发生的，即确定初始延误者，它应对工程拖期负责。在初始延误发生作用期间，其他并发的延误者不承担工期拖期责任。

（2）如果初始延误者是发包人原因，则在发包人原因造成的延误期内，承包人既可得到工期延长，又可得到经济补偿。

（3）如果初始延误者是客观原因，则在客观因素产生影响的延误期内，承包人可以得到工期延长，但很难得到费用补偿。

（4）如果初始延误者是承包人原因，则在承包人原因造成的延误期内，承包人既不能得到工期延长，也不能得到费用补偿。

另外要注意的是，在一个有经验的承包人都无法合理预见的情况下，不应该给予索赔。

6.3 工程价款结算

6.3.1 工程价款结算的依据和方式

工程价款结算是指承包商在工程实施过程中，根据承包合同中有关付款条款的规定和已经完成的工程量，并按照规定的程序向建设单位收取工程款的一项经济活动。

1. 工程价款结算的依据

工程价款结算应按合同约定办理，合同未做约定或约定不明的，发承包双方应根据下列规定与文件协商处理。

（1）国家有关法律、法规和规章制度。

（2）国务院建设行政主管部门和省、自治区、直辖市人民政府建设行政主管部门发布的工程造价计价标准、计价办法等有关规定。

（3）建设项目的合同、补充协议、变更签证和现场签证，以及经发承包人认可的其他有效文件。

（4）其他可依据的材料。

2. 工程价款结算的方式

我国现行工程价款结算根据不同情况，可采取多种方式。

（1）按月结算。实行旬末或月中预支，月中结算，竣工后清理。

（2）竣工后一次结算。建设项目或单项工程全部建筑安装工程建设期在 12 个月以内，或工程承包合同价在 100 万元以下的，可实行工程价款每月月中预支、竣工后一次结算，即合同完成后承包人与发包人进行合同价款结算,确认的工程价款为承发包双方结算的合同价款总额。

（3）分段结算。对于当年开工当年不能竣工的单项工程或单位工程,按照工程形象进度划分不同阶段进行结算。分段标准由各部门或省、自治区、直辖市规定。

（4）目标结算方式。在工程合同中,将承包工程的内容分解成不同控制面（验收单元）,当承包人完成单元工程内容并经工程师验收合格后,建设单位支付单元工程内容的工程价款。对于控制面的设定,工程合同中应有明确的描述。在目标结算方式下,承包人要想获得工程款,必须按照合同约定的质量标准完成控制面工程内容;要想尽快获得工程款,必须充分发挥自己的组织实施力,在保证质量的前提下,加快施工进度。

（5）承发包双方约定的其他结算方式。

6.3.2 工程预付款及其计算

工程预付款又称工程备料款,是指建设项目施工合同订立后由发包人按照合同约定,在正式开工前预先支付给承包人的工程款。它是施工准备和所需材料、结构件等流动资金的主要来源,习惯上称为预付备料款。

《建设工程价款
结算暂行办法》

按照我国《建设工程施工合同（示范文本）》规定,实行工程预付款的,承发包双方应当在专用条款内约定发包人向承包人预付工程款的时间和数额,发包人在开工后按约定的时间和比例逐次扣回工程预付款。预付时间应不迟于约定的开工日期前 7 日。发包人不按约定预付,承包人在约定预付时间 7 日后向发包人发出要求预付的通知,发包人收到通知后仍不能按要求预付,则承包人可在发出通知后 7 日停止施工,发包人应从约定应付之日起向承包人支付应付款的贷款利息,并承担违约责任。

工程预付款仅用于承包人支付施工开始时与本工程有关的动员费用。如果承包人滥用此款,发包人有权立即收回。在承包人向发包人提交金额等于工程预付款数额的银行保函后,发包人按规定的金额和时间向承包人支付工程预付款,在发包人全部扣回工程预付款前,该银行保函一直有效。当工程预付款被发包人逐次扣回时,银行保函金额相应递减。

1. 工程预付款的额度

工程预付款主要用于保证施工所需材料和构件的正常储备。工程预付款太少,备料不足,可能造成生产停工待料;工程预付款太多,影响投资的有效使用。工程预付款的额度一般根据施工工期、建筑安装工程工程量、主要材料和构件工程造价的比例,以及材料储备周期等因素经测算确定。下面简要介绍几种确定工程预付款额度的方法。

1）百分比法

百分比法是指按年度工作量的一定比例确定工程预付款额度的一种方法。各地区和各部门根据各自的条件从实际出发分别制定了地方、部门的工程预付款比例。例如,建筑工程一般不得超过当年建筑（包括水、电、暖、卫等）工程量的 30%,大量采用预制构件以及工期在 6 个月以内的建筑工程可以适当增大;建筑安装工程一般不得超过当年安装工程量的 10%,安装材料用量较大的建筑安装工程可以按年产值的 15% 左右支付;小型工程（一般指 30 万元以下的工程）可以不预付工程款,直接分阶段拨付工程进度款等。具体计算公式为

$$工程预付款额度 = 年度工程量或年产值 \times 工程预付款比例 \qquad (6\text{-}12)$$

【课堂练习】

某建筑公司承建 10 栋联排别墅工程,工程承包合同额为 1 800 万元,工期为 6 个月,工程预付款是 20%,工程承包合同约定:甲乙双方签订合同后 7 日内,甲方向乙方支付工程预付款。此时所支付

$$工程预付款额度 = 1\ 800\ 万元 \times 20\% = 360\ 万元$$

2)数学计算法

数学计算法是指根据主要材料(含结构件等)占年度承包工程总价的比重(简称主材比重)、材料储备天数和年度施工日历天数等因素,通过数学公式计算工程预付款额度的一种方法。它的计算公式是

$$工程预付款额度 = \frac{年度承包工程总价 \times 主要材料所占比重}{年度施工日历天数} \times 材料储备天数 \qquad (6\text{-}13)$$

式中,材料储备天数由当地材料供应的在途天数、加工天数、整理天数、供应间隔天数、保险天数等因素决定。

【课堂练习】

某工程合同总额为 350 万元,主要材料所占比重为 60%,年度施工日历天数为 200 天,材料储备天数为 80 天,则

$$工程预付款额度 = \frac{350 \times 60\%}{200} \times 80\ 万元 = 84\ 万元$$

2. 工程预付款的扣回

发包人拨付给承包人的工程预付款具有预支的性质。工程实施后,随着工程所需材料储备的逐步减少,工程预付款应以抵充工程款的方式陆续扣回,即在承包人应得的工程进度款中扣回。扣回的时间称为起扣点。起扣点计算方法有以下两种。

(1)按公式计算。这种计算方法原则上是以未完工程所需材料的价值等于工程预付款时起扣。从每次结算的工程款中按材料所占比重抵扣工程预付款,竣工前全部扣清。

$$未完工程材料款 = 工程预付款 \qquad (6\text{-}14)$$

$$未完工程材料款 = 未完工程价值 \times 主材所占比重$$

$$= (合同总价 - 已完工程价值) \times 主材所占比重 \qquad (6\text{-}15)$$

$$工程预付款 = (合同总价 - 已完工程价值) \times 主材所占比重 \qquad (6\text{-}16)$$

$$T = P - \frac{M}{N} \qquad (6\text{-}17)$$

式中:T——起扣点;

P——合同价;

M——备料款;

N——主材所占比重。

(2)在承包人完成金额累计达到合同总价一定比例(双方合同约定)后,由发包人从每次应付给承包人的工程款中扣回工程预付款,在合同规定的完工期前将工程预付款扣清。

【课堂练习】

某工程合同总额为 200 万元,工程预付款为 24 万元,主材所占比重为 60%,则起扣点为

$$T = 200\ 万元 - \frac{24}{60\%}\ 万元 = 160\ 万元$$

6.3.3　工程进度款结算

以按月结算为例,建设单位在月中对施工企业预支半月工程款,施工企业在月末根据实际完成工程量向建设单位提供已完工程月报表和工程价款结算账单,经建设单位和工程师确认,收取当月工程价款,并通过银行结算,即承包人提交已完工程量报告 → 工程师确认 → 建设单位审批认可 → 支付工程进度款。

在工程进度款支付过程中,应遵循以下原则。

1. 已完工程量的计量

根据《建设工程工程量清单计价规范》形成的合同价中包含综合单价和总价两种不同的形式,二者应采用不同的计量方法。除专用合同条款另有约定外,综合单价包干子目已完成工程量按月计算,总价包干子目的计量周期按批准的支付分解报告确定。

(1)综合单价包干子目的计量:若施工中有工程量清单出现漏项、计算偏差以及工程变更引起工程量增减,应在工程进度款支付即中间结算时调整,并按合同约定的计量方法进行实际工程量计量的确认。

(2)总价包干子目的计量:总价包干子目的计量和支付应以总价为基础,不因物价波动引起价格调整的因素而进行调整。承包人实际完成的工程量,是进行工程目标管理和控制进度支付的依据。承包人在合同约定的每个计量周期内,对已完工程进行计量,并提交专用条款约定的合同总价支付分解表所表示的阶段性或分项计量的支持性资料,以及所达到工程形象目标或分阶段需完成的工程量和有关计量资料。

2. 工程量的确认

(1)承包人应按专用条款约定的时间向工程师提交已完工程量报告。工程师接到报告后 7 日内按设计图纸核实已完工程量(计量),计量前 24 小时通知承包人,承包人为计量提供便利条件并派人参加。承包人收到通知不参加计量的,计量结果有效,并作为工程价款支付的依据。

(2)工程师收到承包人报告后 7 日内未计量,从第 8 日起,承包人报告中开列的工程量即视为被确认,作为工程价款支付的依据。工程师不按约定时间通知承包人,致使承包人未能参加计量,计量结果无效。

(3)承包人超出设计图纸范围和因承包人原因造成返工的工程量,工程师不予计量。例如,在地基工程施工中,当地基底面处理到施工图所规定的处理范围边缘时,承包人为了保证夯击质量,将夯击范围比施工图纸规定范围适当扩大,此扩大部分不予计量。因为这部分的施工是承包人为保证质量而采取的技术措施,费用由自己承担。

3. 工程进度款的支付

(1)在计量结果确认后 14 日内,发包人应向承包人支付工程进度款,并按约定可将应扣回的工程预付款与工程进度款同期结算。

(2)工程变更调整的合同价款及其他条款中约定的追加合同价款应与工程进度款同期

支付。

（3）发包人超过约定时间不支付工程进度款，承包人可向发包人发出要求付款的通知，发包人收到通知仍不能按要求付款的，可与承包人签订延期付款协议，经承包人同意后延期支付。协议应明确延期支付的时间和从计量结果确认后第 15 日起计算应支付的贷款利息。

（4）发包人不按合同约定支付工程进度款，双方又未达成延期付款协议，导致施工无法进行，承包人可停止施工，由发包人承担违约责任。

6.3.4　建设项目质量保证金计算

1. 质量保证金及缺陷责任期

建设项目质量保证金是指发包人与承包人在建设项目承包合同中约定，从应付的工程款中预留，用以保证承包人在缺陷责任期内对建设项目出现的缺陷进行维修的资金。需要说明的是，质量保证金不包括支付、扣回的工程预付款以及价格调整的金额，按合同价款进行计算。

缺陷责任期一般为 6 个月、12 个月或 24 个月，具体可由承发包双方在合同中约定。在缺陷责任期内，对于由承包人原因造成的缺陷，承包人应负责维修，并承担鉴定及维修费用。如果承包人不维修也不承担费用，发包人可按合同约定扣除质量保证金，并由承包人承担违约责任。承包人维修并承担相应费用后，不免除对工程的一般损失赔偿责任。

对于由他人原因造成的缺陷，发包人负责组织维修，承包人不承担费用，且发包人不得从质量保证金中扣除费用。

2. 质量保证金的计算方法

1）合同对质量保证金的约定

（1）质量保证金预留、返还方式。

（2）质量保证金预留比例、期限。

（3）质量保证金是否计付利息，如计付利息，利息的计算方式。

（4）缺陷责任期的期限及计算方式。

（5）质量保证金预留、返还及工程维修质量、费用等争议的处理程序。

（6）缺陷责任期内出现缺陷的索赔方式。

2）质量保证金的预留

监理人应从第一个付款周期开始，在发包人的进度付款中，按约定比例扣留质量保证金，直到扣留的质量保证金达到专用条款约定的金额或比例为止。

全部或者部分使用政府投资的建设项目，按工程价款结算总额 5% 左右的比例预留质量保证金。

3）质量保证金的返还

缺陷责任期满后，承包人向发包人申请返还质量保证金。发包人在接到承包人的返还质量保证金申请后，应于 14 日内会同承包人按照合同约定的内容进行核实。如果无异议，发包人应当在核实后 14 日内将质量保证金返还给承包人，逾期支付的，从逾期之日起，按照同期银行贷款利率计付利息，发包人承担违约责任。发包人收到返还质量保证金申请后 14 日内不予答复，经催告 14 日内仍不予答复的，视同认可返还质量保证金申请。

4）质量保证金的管理

（1）缺陷责任期内，对于实行国库集中支付的政府投资项目，质量保证金的管理应按国库集中支付的有关规定执行。对于其他的政府投资项目,质量保证金可以预留在财政部门或发包方。

(2) 缺陷责任期内,如果发包人被撤销,质量保证金随交付使用资产一并移交使用单位管理,由使用单位代行发包人的职责。

(3) 社会投资项目采用预留质量保证金方式的,承发包双方可以约定将质量保证金交由金融机构托管。

(4) 采用工程质量保证担保、工程质量保险等其他保证方式的,发包人不得再预留质量保证金,并按有关规定执行。

6.3.5　工程竣工结算

工程竣工结算是指施工企业按照合同规定的内容全部完成所承包的工程,经验收质量合格,并符合合同要求之后,向发包单位进行的最终工程价款结算,结算双方应按照合同价款与合同价款调整内容以及索赔事项,进行工程竣工结算。

1. 工程竣工结算的方式

工程竣工结算分为单位工程竣工结算、单项工程竣工结算和建设项目竣工总结算。

2. 工程竣工结算的编审

(1) 单位工程竣工结算:由承包人编制,由发包人审查;对于实行总承包的工程,由具体承包人编制,发包人在总包人审查的基础上审查。

(2) 单项工程竣工结算或建设项目竣工总结算:由总(承)包人编制,发包人可直接进行审查,也可以委托具有相应资质的工程造价咨询机构进行审查;对于政府投资项目,由同级财政部门审查。单项工程竣工结算或建设项目竣工总结算经承发包双方签字盖章后有效。

承包人应在合同约定期限内完成工程竣工结算编制工作,未在规定期限内完成并且提不出正当理由延期,责任自负。

3. 工程竣工结算的审查期限

单项工程竣工后,承包人应在提交工程竣工验收报告的同时,向发包人递交工程竣工结算报告及完整的工程竣工结算资料,发包人应按以下规定时限对工程竣工结算报告进行核对(审查)并提出审查意见。

(1) 工程竣工结算报告金额在 500 万元以下:从接到工程竣工结算报告和完整的工程竣工结算资料之日起 20 日内。

(2) 工程竣工结算报告金额为 500 万～2 000 万元:从接到工程竣工结算报告和完整的工程竣工结算资料之日起 30 日内。

(3) 工程竣工结算报告金额为 2 000 万～5 000 万元:从接到工程竣工结算报告和完整的工程竣工结算资料之日起 45 日内。

(4) 工程竣工结算报告金额在 5 000 万元以上:从接到工程竣工结算报告和完整的工程竣工结算资料之日起 60 日内。

建设项目竣工总结算在最后一个单项工程竣工结算审查确认后 15 日内汇总,送发包人后 30 日内审查完成。

4. 工程竣工价款结算程序

《建设工程施工合同(示范文本)》规定的工程竣工结算的程序如下。

（1）工程竣工验收报告经发包人认可后 28 日内，承包人向发包人递交工程竣工结算报告及完整的工程竣工结算资料，双方按照协议书约定的合同价款及专用条款约定的合同价款调整内容，进行工程竣工结算。

（2）发包人收到承包人递交的工程竣工结算资料后 28 日内核实，给予确认或者提出修改意见。承包人收到工程竣工结算价款后 14 日内将竣工工程交付发包人。

（3）发包人收到工程竣工结算报告及工程竣工结算资料后 28 日内无正当理由不支付工程竣工结算价款，从第 29 日起按承包人同期向银行贷款利率支付拖欠工程价款的利息，并承担违约责任。

（4）发包人收到工程竣工结算报告及工程竣工结算资料后 28 日内不支付工程竣工结算价款，承包人可以催告发包人支付结算价款。发包人在收到工程竣工结算报告及工程竣工结算资料 56 日内仍不支付的，承包人可以与发包人协议将该工程折价，也可以由承包人申请法院将该工程拍卖，承包人就该工程折价或拍卖的价款中优先受偿。

（5）工程竣工验收报告经发包人认可 28 日后，承包人未向发包人递交工程竣工结算报告及完整的工程竣工结算资料，造成工程竣工结算不能正常进行或工程竣工结算价款不能及时支付，发包人要求交付工程的，承包人应当交付；发包人不要求交付工程的，承包人承担保管责任。

5. 工程竣工价款结算的基本公式

$$工程竣工结算价款 = 合同价款 + 调整价款 - 预付及已结价款 - 质量保证金 \quad (6\text{-}18)$$

$$清单形式合同价款 = 分部分项工程量清单费 + 措施项目费 + 其他项目费 + 规费 + 税金$$

$$(6\text{-}19)$$

$$质量保证金 = 清单合同价款 \times 质量保证金扣留比例 \quad (6\text{-}20)$$

$$清单形式工程预付款 = 分部分项工程量清单费 \times (1 + 规费费率) \times (1 + 税率) \times$$

$$双方约定的工程预付款比例（借出扣还） \quad (6\text{-}21)$$

$$清单形式措施项目预付款 = 措施项目费 \times (1 + 规费费率) \times (1 + 税率) \times$$

$$双方约定的措施项目预付款比例（借出不扣还） \quad (6\text{-}22)$$

支取清单形式措施项目预付款的同时应扣除与该部分费用对应的质量保证金。

调整价款包含工程量变化的调整价款，人材机价格变化的调整价款，工程变更、现场签证和工程索赔的调整价款。

【课堂练习】

某工程项目建设单位与承包商签订了工程施工承包合同。合同中估算工程量为 5 300 m³，全费用单价为 180 元/m³，合同工期为 6 个月。有关付款条款如下。

（1）开工前建设单位应向承包商支付估算合同价 20% 的工程预付款。

（2）建设单位自第一个月起，从承包商的工程款中按 5% 的比例扣留质量保证金。

（3）当累计实际完成工程量超过（或低于）估算工程量的 10% 时，可进行调价，调价系数为 0.9（或 1.1）。

（4）每月支付工程款最低金额为 15 万元。

（5）工程预付款从承包商获得累计工程进度款超过估算合同价的 30% 以后的下一个月起，至第 5 个月均匀扣除。

承包商每月实际完成并经签证确认的工程量如表6-2所示。

表6-2　第6章课堂练习表（一）

月份	1月	2月	3月	4月	5月	6月
完成工程量/m³	800	1 000	1 200	1 200	1 200	500
累计完成工程量/m³	800	1 800	3 000	4 200	5 400	5 900

问题：

(1) 估算合同价为多少？

(2) 工程预付款为多少？工程预付款从哪个月起扣留？每月应扣多少工程预付款？

(3) 每月工程量价款为多少？建设单位应支付给承包商的工程款为多少？

【解】 (1)问题(1)。

估算合同价为

$$5\ 300 \times 180\ 元 = 95.4\ 万元$$

(2)问题(2)。

① 工程预付款为

$$95.4\ 万元 \times 20\% = 19.08\ 万元$$

②

$$95.4\ 万元 \times 30\% = 28.62\ 万元$$

第2个月的工程款累计 $1\ 800 \times 180$ 元 $=32.4$ 万元 >28.62 万元，故应从第3个月起开始扣回工程预付款。

③ 每月应扣工程预付款为

$$\frac{19.08}{3}\ 万元 = 6.36\ 万元（从第3个月起至第5个月全部扣完）$$

(3)问题(3)。

① 第1个月。

$$工程量价款 = 800 \times 180\ 元 = 14.4\ 万元$$

$$应扣质量保证金 = 14.4\ 万元 \times 5\% = 0.72\ 万元$$

$$本月应支付工程款 = 14.4\ 万元 - 0.72\ 万元 = 13.68\ 万元 < 15\ 万元$$

本月不支付工程款，转至下月支付。

② 第2个月。

$$工程量价款 = 1\ 000 \times 180\ 元 = 18\ 万元$$

$$应扣质量保证金 = 18\ 万元 \times 5\% = 0.9\ 万元$$

$$本月应支付工程款 = 18\ 万元 - 0.9\ 万元 + 13.68\ 万元 = 30.78\ 万元 > 15\ 万元$$

本月建设单位应支付给承包商的工程款为30.78万元。

③ 第3个月。

$$本月工程量价款 = 1\ 200 \times 180\ 元 = 21.60\ 万元$$

$$应扣质量保证金 = 21.60 \times 5\%\ 万元 = 1.08\ 万元$$

$$本月应扣工程预付款 = 6.36\ 万元$$

$$本月应支付工程款 = 21.60\ 万元 - 1.08\ 万元 - 6.36\ 万元 = 14.16\ 万元 < 15\ 万元$$

本月不支付工程款。

205

④ 第 4 个月。

$$本月工程量价款 = 1\ 200 \times 180\ 元 = 21.60\ 万元$$
$$应扣质量保证金 = 21.60\ 万元 \times 5\% = 1.08\ 万元$$
$$本月应扣工程预付款 = 6.36\ 万元$$

本月应支付工程款 = 21.60 万元 - 1.08 万元 - 6.36 万元 + 14.16 万元 = 28.32 万元 > 15 万元

本月建设单位应支付给承包商的工程款为 28.32 万元。

⑤ 第 5 个月。

本月累计完成工程量为 5 400 m³ > 5 300 m³,比原估算工程量超出了 100 m³,超过百分比 = $\frac{100}{5\ 300} \times 100\% = 1.887\% < 10\%$,故 5 月份工程量执行原单价。

$$本月工程量价款 = 1\ 200 \times 180\ 元 = 21.60\ 万元$$
$$应扣质量保证金 = 21.60\ 万元 \times 5\% = 1.08\ 万元$$
$$本月应扣工程预付款 = 6.36\ 万元$$

本月应支付工程款 = 21.60 万元 - 1.08 万元 - 6.36 万元 = 14.16 万元 < 15 万元

本月不支付工程款,转至下月支付。

⑥ 第 6 个月。

本月累计完成工程量为 5 900 m³,比原估算工程量超出了 600 m³,超过百分比 = $\frac{600}{5\ 300} \times 100\% = 11.32\% > 10\%$,对超出部分采用新单价 180 × 0.9 元/m³ = 162 元/m³。

$$按新单价执行的工程量 = 5\ 900\ m³ - 5\ 300 \times (1 + 10\%)\ m³ = 70\ m³$$
$$采用原单价的工程量 = 500\ m³ - 70\ m³ = 430\ m³$$
$$工程量价款 = 430 \times 180\ 元 + 70 \times 162\ 元 = 8.874\ 万元$$
$$应扣质量保证金 = 8.874\ 万元 \times 5\% = 0.444\ 万元$$
$$本月应支付工程款 = 8.874\ 万元 - 0.444\ 万元 = 8.43\ 万元$$
$$建设单位应支付给承包商的工程款 = 14.16\ 万元 + 8.43\ 万元 = 22.59\ 万元$$

6.3.6 工程价款调差方法

在施工合同履行期间,因人工、材料、工程设备和施工机械台班等价格波动影响合同价款时,承发包双方可以根据合同约定的调整方法,对合同价款进行调整。因物价波动引起的合同价款的调整方法有两种,一种是采用价格指数调整价格差额,另一种是采用工程造价信息调整价格差额。承包人采购材料和工程设备的,应在合同中约定主要材料、工程设备价格变化的范围或幅度,如果没有约定,且材料、工程设备单价变化超过 5%,超过部分的价格按上述两种方法之一进行调整。

1. 采用价格指数调整价格差额

采用价格指数调整价格差额主要适用于施工中所用的材料品种较少,但每种材料使用量较大的土木工程,如公路、水坝等。

1)价格调整公式

因人工、材料、工程设备和施工机械台班等价格波动影响合同价款时,根据投标函附录中的价格指数和权重表约定的数据,按式(6-23)计算差额并调整合同价款。

$$\Delta P = P_0 \left[A + \left(B_1 \times \frac{F_{t1}}{F_{01}} + B_2 \times \frac{F_{t2}}{F_{02}} + B_3 \times \frac{F_{t3}}{F_{03}} + \cdots + B_n \times \frac{F_{tn}}{F_{0n}} \right) - 1 \right] \tag{6-23}$$

式中:ΔP——需调整的价格差额;

P_0——已完成工程量的金额,此项金额应不计价格调整、质量保证金的扣留和支付及工程预付款的支付和扣回,变更及其他金额已按现行价格计价的也不计在内;

A——定值权重(即不调部分的权重);

$B_1,B_2,B_3,\cdots,B_n$——各可调部分的权重,为各可调因子在投标函投标总报价中所占的比例;

$F_{t1},F_{t2},F_{t3},\cdots,F_{tn}$——各可调因子的现行价格指数,指根据进度付款、竣工付款和最终结清等约定的付款证书相关周期最后一日的前 42 日的各可调因子的价格指数;

$F_{01},F_{02},F_{03},\cdots,F_{0n}$——各可调因子的基本价格指数,指基准日的各可调因子的价格指数。

当确定定值部分和可调部分的因子权重时,应注意由于以下原因引起的合同价款调整,其风险应由发包人承担。

(1) 省级或行业建设行政主管部门发布的人工费调整,但承包人对人工费或人工单价的报价高于发布的除外。

(2) 对由政府定价或政府指导价管理的原材料等价格进行了调整。

以上价格调整公式中的各可调因子、定值和变值权重,以及基本价格指数及其来源在投标函附录价格指数和权重表中约定。价格指数应首先采用工程造价管理机构提供的价格指数,缺乏上述价格指数时,可用工程造价管理机构提供的价格代替。

在计算调整差额时得不到现行价格指数的,可暂用上一次价格指数计算,并在以后的付款中按实际价格指数进行调整。

2) 权重的调整

按变更范围和内容所约定的变更导致原定合同中的权重不合理时,由承包人和发包人协商后进行调整。

3) 工期延误后的价格调整

由于发包人原因导致工期延误的,则对于计划进度日期(或竣工日期)后续施工的工程,在使用价格调整公式时,应采用计划进度日期(或竣工日期)与实际进度日期(或竣工日期)两个价格指数中的较高者作为现行价格指数。由于承包人原因导致工期延误的,则对于计划进度日期(或竣工日期)后续施工的工程,在使用价格调整公式时,应采用计划进度日期(或竣工日期)与实际进度日期(或竣工日期)两个价格指数中的较低者作为现行价格指数。

【课堂练习】

1. 某直辖市城区道路扩建项目进行施工招标,投标截止日期为 2018 年 8 月 1 日。通过评标确定中标人后,签订的施工合同总价为 80 000 万元,工程于 2018 年 9 月 20 日开工。施工合同中约定:① 工程预付款为合同总价的 5%,分 10 次按相同比例从每月应支付的工程进度款中扣还。② 工程进度款按月支付,工程进度款金额包括当月完成的清单子目的合同价款,当月确认的变更、索赔金额,当月价格调整金额,扣除合同约定应当抵扣的工程预付款和扣留的质量保证金。③ 质量保证金从月进度付款中按 5% 扣留,最高扣至合同总价的 5%。④ 工程价款结算时人工单价、钢材、水泥、沥青、砂石料以及施工机械使用费采用价格指数法给承包商以调价补偿,各项权重系数及价格指数如表 6-3 所示。根据表 6-4 所列工程前 4 个月的完成情况,计算 2018 年 11 月应当实际支付给承包人的工程款数额。

表 6-3　第 6 章课堂练习表(二)——工程调价因子权重系数及价格指数

工程调价因子	人工	钢材	水泥	沥青	砂石料	施工机械使用费	定值部分
权重系数	0.12	0.10	0.08	0.15	0.12	0.10	0.33
2018 年 7 月价格指数	91.7 元/工日	78.95	106.97	99.92	114.57	115.18	—
2018 年 8 月价格指数	91.7 元/工日	82.44	106.80	99.13	114.26	115.39	—
2018 年 9 月价格指数	91.7 元/工日	86.53	108.11	99.09	114.03	115.41	—
2018 年 10 月价格指数	95.96 元/工日	85.84	106.88	99.38	113.01	114.94	—
2018 年 11 月价格指数	95.96 元/工日	86.75	107.27	99.66	116.08	114.91	—
2018 年 12 月价格指数	101.47 元/工日	87.80	128.37	99.85	126.26	116.41	—

表 6-4　第 6 章课堂练习表(三)——2018 年 9 月—12 月工程完成情况

支付项目	9 月	10 月	11 月	12 月
截至当月完成的清单子目价款/万元	1 200	3 510	6 950	9 840
当月确认的变更金额(调价前)/万元	0	60	−110	100
当月确认的索赔金额(调价前)/万元	0	10	30	50

【解】 (1)计算 2018 年 11 月完成的清单子目的合同价款。

$$6\ 950\ 万元 - 3\ 510\ 万元 = 3\ 440\ 万元$$

(2)计算 11 月份的价格调整金额。

说明如下。

① 由于当月的变更和索赔金额不是按照现行价格计算的,所以应当计算在调价基数内。

② 基准日为 2018 年 7 月 3 日,所以应当选取 2018 年 7 月的价格指数作为各可调因子的基本价格指数。

③ 人工费缺少价格指数,可以用相应的人工单价代替。

价格调整金额为

$$(3\ 440 - 110 + 30) \times \left[\begin{matrix} 0.33 + 0.12 \times \dfrac{95.96}{91.7} + 0.10 \times \dfrac{86.75}{78.95} + 0.08 \times \dfrac{107.27}{106.97} + \\ 0.15 \times \dfrac{99.66}{99.92} + 0.12 \times \dfrac{116.08}{114.57} + 0.10 \times \dfrac{114.91}{115.18} \end{matrix} - 1 \right] 万元$$

$$= 3\ 360 \times [(0.33 + 0.125\ 6 + 0.109\ 9 + 0.080\ 2 +$$
$$0.149\ 6 + 0.121\ 6 + 0.099\ 8) - 1]\ 万元$$
$$= 3\ 360 \times 0.016\ 7\ 万元$$
$$= 56.11\ 万元$$

(3)计算 2018 年 11 月应当实际支付的金额。

① 2018 年 11 月的应扣预付款为

$$\frac{80\ 000 \times 5\%}{10}\ 万元 = 400\ 万元$$

② 2018年11月的应扣质量保证金为

$$(3\,440-110+30+56.11)\,\text{万元}\times5\%=170.81\,\text{万元}$$

③ 2018年11月应当实际支付的工程进度款为

3 440万元－110万元＋30万元＋56.11万元－400万元－170.81万元＝2 845.30万元

2.某工程施工合同约定采用价格指数法调整合同价款,各项费用权重及价格如表6-5所示,已知该工程2018年9月份完成的合同价款为3 000万元,则2018年9月份合同价款调整金额为( )万元。

表6-5　第6章课堂练习表(四)

项目	人工	钢材	定值部分
权重系数	0.25	0.15	0.6
基准日价格	100元/工日	4 000元/t	—
9月份价格	110元/工日	4 200元/t	—

A.22.5　　B.61.46　　C.75　　D.97.5

【分析】 根据价格调整公式计算差额:$\Delta P=P_0\left[A+\left(B_1\times\dfrac{F_{t1}}{F_{01}}+B_2\times\dfrac{F_{t2}}{F_{02}}\right)-1\right]=3\,000$

$\times\left[0.6+\left(0.25\times\dfrac{110}{100}+0.15\times\dfrac{4\,200}{4\,000}\right)-1\right]$万元＝97.5万元。

【答案】 D。

2.采用工程造价信息调整价格差额

采用工程造价信息调整价格差额主要适用于使用的材料品种较多,相对而言每种材料使用量较小的房屋建筑与装饰工程。

在施工合同履行期间,因人工、材料、工程设备和施工机械台班价格波动影响合同价格时,人工和施工机械使用费分别按照国家或省、自治区、直辖市建设行政管理部门,行业建设管理部门或其授权的工程造价管理机构发布的人工成本信息和施工机械台班单价或施工机械使用费系数进行调整;对于需要进行价格调整的材料,其单价和采购量应由发包人复核,发包人确认需调整的材料单价及数量,作为调整合同价款差额的依据。

1)人工单价的调整

人工单价发生变化时,承发包双方应按省级或行业建设行政主管部门或其授权的工程造价管理机构发布的人工成本文件调整合同价款。

2)材料和工程设备价格的调整

材料、工程设备价格变化的价款调整,按照承包人提供主要材料和工程设备一览表,根据承发包双方约定的风险范围,按以下规定进行调整。

(1)如果承包人投标报价中材料单价低于基准单价,当工程施工期间材料单价涨幅以基准单价为基础超过合同约定的风险幅度值时,或材料单价跌幅以投标报价为基础超过合同约定的风险幅度值时,其超过部分按实调整。

(2)如果承包人投标报价中材料单价高于基准单价,当工程施工期间材料单价跌幅以基准单价为基础超过合同约定的风险幅度值时,或材料单价涨幅以投标报价为基础超过合同约定的风险幅度值时,其超过部分按实调整。

（3）如果承包人投标报价中材料单价等于基准单价，当工程施工期间材料单价涨、跌幅以基准单价为基础超过合同约定的风险幅度值时，其超过部分按实调整。

（4）承包人应当在采购材料前将采购量和新的材料单价报发包人核对，确认用于本合同工程时，发包人应当确认采购材料的数量和单价。发包人在收到承包人报送的确认资料后3个工作日不予答复的，视为已经认可，作为调整合同价款的依据。承包人未报经发包人核对即自行采购材料，再报发包人确认调整合同价款的，如果发包人不同意，则不做调整。

3）施工机械台班单价的调整

施工机械台班单价或施工机械使用费发生变化超过省级或行业建设行政主管部门或其授权的工程造价管理机构规定的范围时，按照其规定调整合同价款。

【课堂练习】

某工程采用 FIDIC 合同条件，合同金额为 500 万元，根据承包合同，采用价格调整公式进行调值，定值部分的权重系数为 0.45，调价因素有三项，它们在合同中的比率分别为 20%、10%、25%，这三种因素基期的价格指数分别为 105%、102%、110%，结算期的价格指数分别为 107%、106%、115%，则调值后的合同价款为

$$500 \text{ 万元} \times (45\% + 20\% \times \frac{107}{105} + 10\% \times \frac{106}{102} + 25\% \times \frac{115}{110}) \text{ 万元} = 509.54$$

经调整实际结算价格为 509.54 万元，比原合同多 9.54 万元。

6.3.7　合同价款纠纷的处理

根据我国有关法律的规定，建设项目合同纠纷的解决途径主要有协商、调解、仲裁和诉讼。

1. 建设项目合同纠纷的协商解决

协商是解决民事纠纷经常采用的行之有效的方法之一。在这里，协商是指建设项目合同纠纷的双方当事人在没有第三者参加的情况下，本着自愿、互谅互让的精神，分清是非，明确责任，就争议的问题达成和解协议，使建设项目合同纠纷得到及时妥善解决的一种方式。这是一种私力救助，简单易行、稳妥、及时，并且有利于双方当事人增进了解，加强团结。

2. 建设项目合同纠纷的调解解决

在这里，调解是指建设项目合同纠纷当事人在不能相互协商时，根据一方当事人的申请，建设项目合同行政管理部门或其他第三方坚持依法、自愿、公平合理的原则，促使纠纷当事人相互谅解，统一认识，达成和解协议，解决建设项目合同纠纷。

值得注意的是，这里所谈的调解不同于法院或仲裁机构以调解方式结案的调解。前者是诉讼外的调解，不具有法律上的强制执行力，如果当事人不履行该调解协议，另一方当事人不能直接申请法院强制执行；后者是诉讼或仲裁过程中在法院或仲裁机构的主持下，当事人达成的调解协议，该调解协议在法律效力上同判决书或仲裁书，当事人不履行，另一方当事人可直接依此向法院申请强制执行。

3. 建设项目合同纠纷的仲裁解决

建设项目合同纠纷的仲裁是指仲裁机构根据双方当事人的申请，根据《中华人民共和国仲裁法》的规定，通过仲裁解决建设项目合同纠纷。

4. 建设项目合同纠纷的诉讼解决

诉讼是法律赋予公民和法人的基本权利之一,任何组织或个人的合法权益受到侵害时,都有权诉诸人民法院,请求人民法院行使国家审判权,保护其合法权益。当事人根据法律规定和建设项目合同纠纷的性质,可以提起民事诉讼或行政诉讼,性质上属于公力救助,也是当事人寻求救济的最后途径。由于建设项目合同纠纷导致违法犯罪的,由检察机关提起刑事诉讼,保护当事人的合法权益和人身权利。

值得注意的是,仲裁制度和诉讼制度是解决建设项目合同纠纷的两种截然不同的制度,选择诉讼就不能选择仲裁。选择仲裁的前提是双方达成仲裁的合意,即有仲裁协议或仲裁条款。

在我国,诉讼有严格的级别管辖和地域管辖,当事人不得随意选择受诉法院,而仲裁允许当事人通过仲裁协议或仲裁条款选择仲裁地和仲裁庭的组成人员。诉讼是两审终审;而仲裁是一次裁决,具有终局性。

6.4 资金使用计划的编制和应用 ·····························

6.4.1 施工阶段资金使用计划的作用和编制方法

1. 施工阶段资金使用计划的作用

施工阶段既是建设项目周期长、规模大、造价高的阶段,也是资金投入量最直接、最大,效果最明显的阶段。施工阶段资金使用计划的编制与控制在整个建设管理中处于重要的地位,它对工程造价有着重要的影响,具体如下。

(1) 通过编制施工阶段资金使用计划,可以合理地确定工程造价施工阶段目标值,使工程造价控制有依据,并为资金的筹集与协调打下基础。有了明确的目标值后,就能将工程实际支出与目标值进行比较,找出偏差,分析原因,采取措施纠正偏差。

(2) 通过施工阶段资金使用计划,可以预测建设项目的资金使用和进度控制,消除不必要的资金浪费。

(3) 在建设项目的进行中,通过施工阶段资金使用计划执行,可以有效地控制工程造价上升,最大限度地节约投资。

2. 施工阶段资金使用计划的编制方法

施工阶段资金使用计划的编制主要有以下几种方法。

1) 按不同子项目编制施工阶段资金使用计划

例如,对于某学校建设项目可将其进行分解,如图 6-3 所示,按子项目编制该建设项目施工阶段资金使用计划。

2) 按时间进度编制施工阶段资金使用计划

建设项目的投资总是分阶段、分期支出的,资金的使用是否合理与资金使用时间安排有密切关系。

按时间进度编制施工阶段资金使用计划时,通常可利用建设项目进度网络图进一步扩充后得到施工阶段资金使用计划。

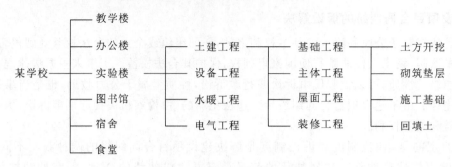

图 6-3 某学校建设项目分解图

施工阶段资金使用计划通常可以用 S 形曲线与香蕉图表示,也可以用横道图和时标网络图表示。

在横道图的基础上可编制按时间进度划分的投资支出预算,进而绘制出时间-投资累计曲线(S 形曲线)。时间-投资累计曲线的绘制步骤如下。

(1) 确定工程进度计划,编制进度计划的横道图。某工程进度计划横道图如图 6-4 所示。

单位:万元

分项工程	进度计划/周											
	1	2	3	4	5	6	7	8	9	10	11	12
A	100	100	100	100	100	100	100					
B		100	100	100	100	100	100	100				
C			100	100	100	100	100	100	100	100		
D				200	200	200	200	200	200			
E					100	100	100	100	100	100	100	
F						200	200	200	200	200	200	200

图 6-4 某工程进度计划横道图

(2) 根据每单位时间内完成的实物工程量或投入的人力、物力和财力,计算单位时间(月或旬)的投资。某工程按月编制的资金计划使用表如表 6-6 所示。

表 6-6 某工程按月编制的资金使用计划表

时间/月	1	2	3	4	5	6	7	8	9	10	11	12
投资/万元	100	200	300	500	600	800	800	700	600	400	300	200

(3) 计算规定时间 t 计划累计完成的投资额,计算方法为各单位时间计划完成的投资额累加求和,即

$$Q_t = \sum_{n=1}^{t} q_n \tag{6-24}$$

式中:Q_t——规定时间 t 计划累计完成的投资额;

q_n——单位时间 n 计划完成的投资额;

t——规定时间。

（4）按各规定时间的 Q_t 值，绘制时间-投资累计曲线。某工程时间-投资累计曲线如图 6-5 所示。

每一条时间-投资累计曲线对应某一特定的工程进度计划。在工程进度计划的非关键路线中存在许多有时差的工序或工作，因而时间-投资累计曲线必然包括在由全部活动都按最早开始时间开始的曲线和全部活动都按最迟开始时间开始的曲线所组成的香蕉图（见图 6-6）内。建设单位可根据编制的投资支出预算来合理安排资金，同时建设单位也可以根据筹措的建设资金来调整时间-投资累计曲线，即通过调整非关键路线上工序或工作的开工时间，力争将实际的投资支出控制在预算的范围内。

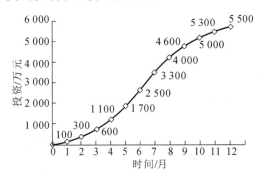

图 6-5　某工程时间-投资累计曲线

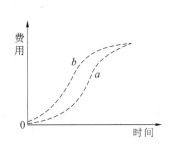

图 6-6　投资计划值的香蕉图
a—全部活动按最迟开始时间开始的曲线；
b—全部活动按最早开始时间开始的曲线

6.4.2　施工阶段投资偏差分析

由于施工过程随机因素与风险因素的影响，形成了实际投资与计划投资、实际工程进度与计划工程进度的差异，我们将它们分别称为投资偏差、进度偏差。这些偏差是施工阶段工程造价控制的对象之一。

1. 实际投资与计划投资

由于时间-投资累计曲线中既包含投资计划，也包含进度计划，因此有关实际投资与计划投资的变量包括拟完工程计划投资、已完工程实际投资和已完工程计划投资。

1）拟完工程计划投资

所谓拟完工程计划投资，是指根据进度计划安排在某一确定时间内所应完成的工程内容的计划投资。它可以表示为在某一确定时间内，计划完成的工程量与单位工程量计划单价的乘积，即

$$拟完工程计划投资＝拟完工程量×计划单价 \tag{6-25}$$

2）已完工程实际投资

所谓已完工程实际投资，是指根据实际进度完成状况在某一确定时间内所已经完成的工程内容的实际投资。它可以表示为在某一确定时间内，实际完成的工程量与单位工程量实际单价的乘积，即

$$已完工程实际投资＝实际工程量×实际单价 \tag{6-26}$$

在进行有关偏差分析时，为简化起见，通常进行以下假设：拟完工程计划投资中的拟完工程量与已完工程实际投资中的实际工程量在总额上是相等的，两者之间的差异只在于完成的时间进度不同。

3）已完工程计划投资

从式（6-25）和式（6-26）中可以看出，拟完工程计划投资和已完工程实际投资之间既存在投资偏差，也存在进度偏差。已完工程计划投资正是为了更好地辨析这两种偏差而引入的变量，是指根据实际进度完成状况，在某一确定时间内已经完成的工程所对应的计划投资额。它可以表示为在某一确定时间内，实际完成的工程量与单位工程量计划单价的乘积，即

$$已完工程计划投资 = 实际工程量 \times 计划单价 \qquad (6-27)$$

2. 投资偏差和进度偏差

1）投资偏差

投资偏差是指投资计划值与投资实际值之间存在的差异。当计算投资偏差时，应剔除进度原因对投资额产生的影响，因此投资偏差的公式为

$$投资偏差 = 已完工程实际投资 - 已完工程计划投资$$
$$= 实际工程量 \times (实际单价 - 计划单价) \qquad (6-28)$$

上式结果为正值表示投资增加，结果为负值表示投资节约。

2）进度偏差

与投资偏差密切相关的是进度偏差。如果不考虑进度偏差，就不能正确反映投资偏差的实际情况。所以，有必要引入进度偏差的概念。

$$进度偏差 = 已完工程实际时间 - 已完工程计划时间 \qquad (6-29)$$

为了与投资偏差联系起来，进度偏差也可表示为

$$进度偏差 = 拟完工程计划投资 - 已完工程计划投资$$
$$= (拟完工程量 - 实际工程量) \times 计划单价 \qquad (6-30)$$

进度偏差为正值时，表示工期拖延；结果为负值时，表示工期提前。

【课堂练习】

某工程施工到 2018 年 8 月，经统计分析得知，已完工程实际投资为 1 500 万元，拟完工程计划投资为 1 300 万元，已完工程计划投资为 1 200 万元，则该工程此时的进度偏差为多少万元？

【解】 进度偏差 = 1 300 万元 - 1 200 万元 = 100 万元

进度偏差为正值，表示工期拖延 100 万元。

3）有关投资偏差的概念

在进行投资偏差分析时，投资偏差具体又分为局部偏差和累计偏差、绝对偏差和相对偏差。

（1）局部偏差和累计偏差。局部偏差有两层含义：一是相对于总项目的投资而言，指各单项工程、单位工程和分部分项工程的偏差；二是相对于项目实施的时间而言，指每一控制周期所发生的投资偏差。累计偏差是指在项目已经实施的时间内累计发生的偏差。

（2）绝对偏差和相对偏差。所谓绝对偏差，是指将投资计划值与投资实际值比较所得的差额。相对偏差是指投资偏差的相对数或比例数，通常是用绝对偏差与投资计划值的比值来表示。相对偏差能较客观地反映投资偏差的严重程度或合理程度。从对投资控制工作的要求的角度来看，相对偏差比绝对偏差更有意义，应当给予更高的重视。

$$相对偏差 = \frac{绝对偏差}{投资计划值} = \frac{投资实际值 - 投资计划值}{投资计划值} \qquad (6-31)$$

绝对偏差和相对偏差的数值均可正可负，且两者符号相同，正值表示投资增加，负值表示投资节约。在进行投资偏差分析时，对绝对偏差和相对偏差都要进行计算。

3. 常用的投资偏差分析方法

常用的投资偏差分析方法有横道图法、时标网络图法、表格法和曲线法。

1) 横道图法

用横道图进行投资偏差分析,是用不同的横道标识拟完工程计划投资、已完工程实际投资和已完工程计划投资。在实际工作中往往需要根据拟完工程计划投资和已完工程实际投资确定已完工程计划投资后,再确定投资偏差与进度偏差。

根据拟完工程计划投资与已完工程实际投资,确定已完工程计划投资的方法如下。

(1) 已完工程计划投资与已完工程实际投资的横道位置相同。

(2) 已完工程计划投资与拟完工程计划投资的各子项工程的投资总值相同。

【课堂练习】

假设某项目共含有 A 子项和 B 子项两个子项工程,各自的拟完工程计划投资、已完工程实际投资和已完工程计划投资如图 6-7 所示。

单位:万元

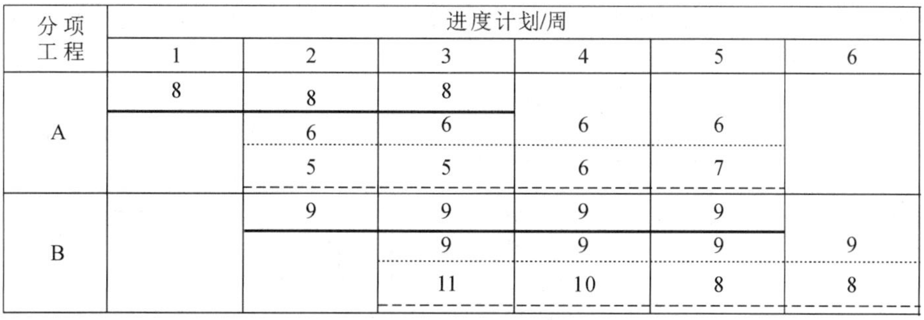

分项工程	进度计划/周					
	1	2	3	4	5	6
A	8	8	8			
		6	6	6	6	
		5	5	6	7	
B		9	9	9	9	
			9	9	9	9
			11	10	8	8

图 6-7 某项目计划进度与实际进度横道图

在图 6-7 中,———— 表示拟完工程计划投资,········· 表示已完工程计划投资,------------ 表示已完工程实际投资。

根据图 6-7 中的数据,按照每周各子项工程拟完工程计划投资、已完工程计划投资、已完工程实际投资的累计值进行统计,可以得到表 6-7。

表 6-7 某项目投资数据表

单位:万元

项 目	投 资 数 据					
	第 1 周	第 2 周	第 3 周	第 4 周	第 5 周	第 6 周
每周拟完工程计划投资	8	17	17	9	9	
拟完工程计划投资累计	8	25	42	51	60	
每周已完工程计划投资		6	15	15	15	9
已完工程计划投资累计		6	21	36	51	60
每周已完工程实际投资		5	16	16	15	8
已完工程实际投资累计		5	21	37	52	60

根据表 6-7 中的数据可以求得相应的投资偏差和进度偏差,例如:

第 4 周末投资偏差=已完工程实际投资-已完工程计划投资=37 万元-36 万元=1 万元

投资增加 1 万元。

第 4 周末进度偏差＝拟完工程计划投资－已完工程计划投资＝51 万元－36 万元＝15 万元 进度拖后 15 万元。

横道图的优点是简单直观,便于了解建设项目的投资概貌,但由于这种方法信息量较少,主要反映累计偏差和局部偏差,因而它的应用有一定的局限性。

2) 时标网络图法

时标网络图是指在确定施工计划网络图的基础上,将施工的实施进度与日历工期相结合而形成的网络图。根据时标网络图可以得到每一时间段的拟完工程计划投资。已完工程实际投资可以根据实际工作完成情况测得。在时标网络图上,认真观察实际进度前锋线并经过计算,就可以得到每一时间段的已完工程计划投资。实际进度前锋线表示整个建设项目目前实际完成的工作面情况,将某一确定时点下时标网络图中各个工序的实际进度点相连就可以得到实际进度前锋线。

【课堂练习】

某工程的时标网络图如图 6-8 所示,箭线上方数值为每月计划投资(万元/月)。工程进行到第 10 个月月底时检查了工程进度。

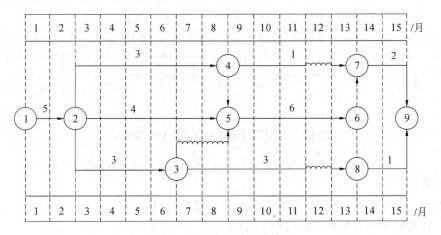

图 6-8　某工程的时标网络图

问题:

(1) 指出该网络计划的计算工期、关键线路和工作⑦→⑨、③→⑧、②→③的总时差和自由时差。

(2) 当工程进行到第 10 个月月底时,实际进度情况为:工作①→②、②→④、②→⑤、②→③已按计划完成,工作④→⑦拖延 1 个月,工作⑤→⑥提前 2 个月;工作③→⑧拖延 1 个月。请在时标网络图中画出至第 10 个月月底实际进度前锋线,并分析各项工作是否影响工期。

(3) 已知该工程已完工程实际投资累计值如表 6-8 所示。若满足问题(2)的条件,试分析至第 10 个月月底的投资偏差,并且用投资概念分析进度偏差。

表 6-8　已完工程实际投资累计值　　　　　　　　　　　　　单位:万元

月份	1	2	3	4	5	6	7	8	9	10	11	12	13	14	15
已完工程实际投资累计值	5	15	25	35	45	53	61	69	77	85	94	103	112	116	120

【解】

(1) 问题(1)。

在时标网络计划中,计算工期 $T_c=15$ 个月,关键线路为①→②→⑤→⑥→⑦→⑨和①→②→⑤→⑥→⑧→⑨。

自由时差:$FF_{79}=0$,$FF_{38}=2$ 个月,$FF_{23}=0$ 个月。

总时间:$TF_{79}=0$,$TF_{38}=2$ 个月,$TF_{23}=FF_{23}+TF_{38}=(0+2)$ 个月$=2$ 个月

(2) 问题(2)。

实际进度前锋线如图 6-9 所示。

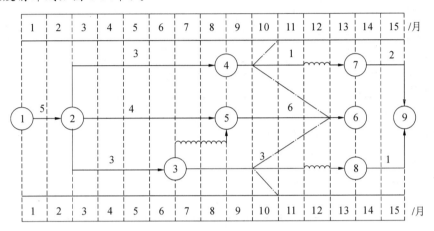

图 6-9 某工程实际进度前锋线

工作④→⑦有 2 个月的总时差,它拖后了 1 个月,不影响总工期。

工作⑤→⑥为关键工作,它超前了 2 个月,有可能缩短总工期 2 个月。

工作③→⑧有 2 个月的总时差,其拖后 1 个月,不影响总工期。

(3) 问题(3)。

到第 10 个月月底:

$$已完工程实际投资=85 \text{ 万元}$$
$$拟完工程计划投资=5\times2 \text{ 万元}+(3\times6+1\times2) \text{ 万元}$$
$$+(4\times6+6\times2) \text{ 万元}+(3\times4+3\times4) \text{ 万元}=90 \text{ 万元}$$
$$已完工程计划投资=5\times2 \text{ 万元}+(3\times6+1\times1) \text{ 万元}$$
$$+(4\times6+6\times4) \text{ 万元}+(3\times4+3\times3) \text{ 万元}=98 \text{ 万元}$$

$$投资偏差=已完工程投资-已完工程计划投资=85 \text{ 万元}-98 \text{ 万元}=-13 \text{ 万元}$$

投资节约。

$$进度偏差=拟完工程计划投资-已完工程计划投资=90 \text{ 万元}-98 \text{ 万元}=-8 \text{ 万元}$$

工期提前。

3) 表格法

表格法是进行投资偏差分析最常用的一种方法。可以根据建设项目的具体情况、数据来源、投资控制工作的要求等条件来设计表格,因而表格法的适用性较强。表格法信息量大,可以反映各种偏差变量和指标,对全面深入地了解建设项目投资的实际情况非常有益。另外,表格法还便于用计算机辅助管理,提高投资控制工作的效率。投资偏差分析表如表 6-9 所示。

表 6-9　投资偏差分析表

项目编码	(1)	011	012	013
项目名称	(2)	土方工程	打桩工程	基础工程
单位	(3)	m³	m	m³
计划单价	(4)	5	6	8
拟完工程量	(5)	10	11	10
拟完工程计划投资	(6)=(4)×(5)	50	66	80
已完工程量	(7)	12	16.67	7.5
已完工程计划投资	(8)=(4)×(7)	60	100	60
实际单价	(9)	5.83	4.8	10.67
其他款项	(10)			
已完工程实际投资	(11)=(7)×(9)+(10)	70	80	80
投资绝对偏差	(12)=(11)-(8)	10	-20	20
投资相对偏差	(13)=(12)÷(8)	0.167	-0.2	-0.33
进度绝对偏差	(14)=(6)-(8)	-10	-34	20
进度相对偏差	(15)=(14)÷(6)	-0.2	-0.52	0.25

4) 曲线法

曲线法是用投资时间曲线进行投资偏差分析的一种方法。在用曲线法进行投资偏差分析时,通常有三条投资曲线,即已完工程实际投资曲线 a、已完工程计划投资曲线 b 和拟完工程计划投资曲线 p,如图 6-10 所示,图中曲线 a 和 b 的竖向距离表示投资偏差,曲线 p 和 b 的水平距离表示进度偏差。图中所反映的是累计偏差,而且主要是绝对偏差。用曲线法进行投资偏差分析,具有形象、直观的优点,但曲线法不能直接用于定量分析,如果能与表格法结合起来,则会取得较好的效果。

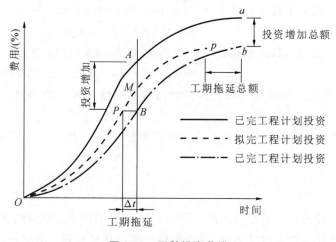

图 6-10　三种投资曲线

6.4.3 投资偏差形成原因的分类及纠正方法

1.投资偏差形成原因

一般来讲,引起投资偏差的原因主要有四个方面,即客观原因、建设单位原因、设计原因和施工原因,如图 6-11 所示。

为了对投资偏差原因进行综合分析,通常采用图表工具。在用表格法时,首先要将每期所完成的全部分部分项工程的投资情况汇总,确定引起分部分项工程投资偏差的具体原因;然后通过适当的数据处理,分析每种原因发生的频率(概率)和影响程度(平均绝对偏差或相对偏差);最后按投资偏差原因的分类重新排列,就可以得到投资偏差原因综合分析表,如表 6-10 所示。需要说明的是,在表 6-10 中"已完工程计划投资"由各"投资偏差原因"所对应的已完分部分项工程计划投资累加而得。这里要特别注意,某一分部分项工程的投资偏差可能同时由两个以上的原因引起,为了避免重复计算,在计算"已完工程计划投资"时,只按其中最主要的原因考虑,次要原因计划投资的重复部分在表中以括号标出,不计入"已完工程计划投资"的合计值。

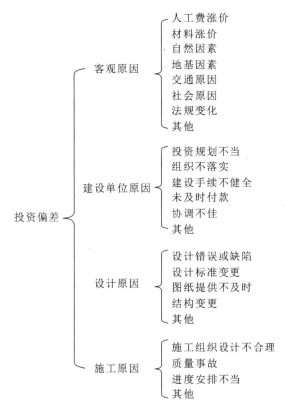

图 6-11　投资偏差原因

表 6-10　投资偏差原因综合分析表

偏差原因	次　数	频　率	已完工程计划投资/万元	绝对偏差/万元	平均绝对偏差/万元	相对偏差/(%)
1-1	3	0.12	500	24	8	4.8
1-2	1	0.04	(100)	3.5	3.5	3.5

偏差原因	次数	频率	已完工程计划投资/万元	绝对偏差/万元	平均绝对偏差/万元	相对偏差/(%)
⋮						
1-9	3	0.12	50	3	1	6.0
2-1	1	0.04	20	1	1	10.0
2-2	1	0.04	20	1	1	5.0
⋮						
2-9	4	0.16	30	4	1	13.3
3-1	5	0.20	150	20	4	13.3
3-2	2	0.08	(150)	4	2	2.7
⋮						
3-9	1	0.04	50	1	1	2.0
4-1	1	0.04	20	1	1	5.0
4-2	2	0.08	30	4	2	13.3
⋮						
4-9	1	0.04	(30)	0.5	0.5	1.7
合　计	25	1.00	870	68	2.72	7.82

还可以采用图 6-12 的形式,对投资偏差原因的发生频率和影响程度进行综合分析。

图 6-12 把投资偏差原因的发生频率和影响程度各分为三个阶段、形成九个区域,将表 6-10 中的投资偏差特征值分别填入对应的区域内即可,其中影响程度可用相对偏差和平均绝对偏差两种形式表达。图中的阶段数目和界值,应视建设项目实施的具体情况和对投资偏差分析的要求而定。

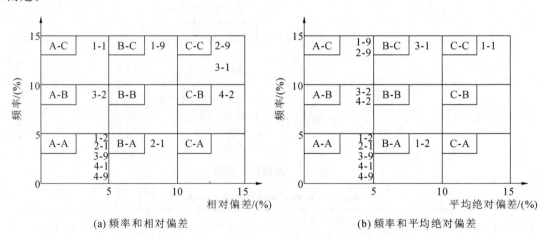

(a) 频率和相对偏差　　　　　　　　　　　(b) 频率和平均绝对偏差

图 6-12　投资偏差原因的发生频率和影响程度分析图

在数量分析的基础上,可以将投资偏差的类型分为四种形式,如图 6-13 所示。

(1) 投资增加且工期拖延。这种类型是主要的纠正对象,必须引起高度重视。

(2) 投资增加但工期提前。在这种情况下,要适当考虑工期提前带来的效益。从资金使用的角度来说,当增加的资金值超过增加的效益时,要采取纠偏措施。

(3) 工期拖延但投资节约。在这种情况下,是否采取纠偏措施要根据实际需要而定。

(4) 工期提前且投资节约。这种情况是最理想的,不需要采取纠偏措施。

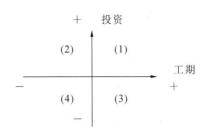

图 6-13 投资偏差类型图

从偏差原因的角度来说,由于客观原因是无法避免的,施工原因造成的损失由施工单位自己负责,因此纠偏的主要对象是由建设单位原因和设计原因造成的投资偏差。

根据投资偏差原因的发生频率和影响程度明确纠偏的主要对象,在图 6-12 中要把 C-C、B-C、C-B 三个区域内的投资偏差作为纠正的主要对象,尤其对同时出现在图 6-12(a)和图 6-12(b)中 C-C、B-C、C-B 三个区域内的投资偏差原因予以特别重视,这些原因发生的频率大,相对偏差大,平均绝对偏差也大,必须采取必要的措施,减少或避免其发生后的经济损失。

2. 投资偏差的纠正与控制

通常把纠偏措施分为组织措施、经济措施、技术措施、合同措施四类,如表 6-11 所示。

表 6-11 纠偏措施

纠 偏 措 施	内 容
组织措施	组织措施是指从投资控制的组织管理方面采取的措施,如落实投资控制的组织机构和人员,明确各级投资控制人员的任务、职能分工、权利和责任,改善投资控制工作流程等。组织措施往往被人忽视,其实它是其他措施的前提和保障,而且一般无须增加费用,运用得当时可以收到良好的效果
经济措施	经济措施最易为人们所接受,但运用中要特别注意不可把经济措施简单理解为审核工程量及相应的支付价款,应从全局考虑问题,如检查投资目标分解的合理性、资金使用计划的保障性、施工进度计划的协调性。另外,通过投资偏差分析和未完工程预测还可以发现潜在的问题,及时采取预防措施,从而取得工程造价控制的主动权
技术措施	从工程造价控制的要求来看,技术措施并不都是因为发生了技术问题才加以考虑的,也可能因为出现了较大的投资偏差。不同的技术措施往往会有不同的经济效果,因此运用技术措施纠偏时,要对不同的技术方案进行技术经济分析综合评价后加以选择
合同措施	合同措施在纠偏方面主要指索赔管理。在施工过程中,索赔事件的发生是难免的,在发生索赔事件后,造价工程师要认真审查索赔依据是否符合合同规定、索赔计算是否合理等,从主动控制的角度出发,加强日常的合同管理,落实合同规定的责任

本 章 小 结

本章对建设项目施工阶段工程造价管理进行了较详细的阐述,介绍了施工阶段的特点、工程变更及合同价款调整、工程索赔及建设项目价款结算、施工阶段资金使用计划的编制与应用。

施工阶段的特点有:施工阶段工作量最大,施工阶段资金投入最多,施工阶段持续时间长、动态性强,施工阶段是形成建设项目实体的阶段,施工阶段涉及的单位数量多,施工阶段工程信息内容广泛、时间性强、数量大,施工阶段存在着众多影响目标实现的因素。

对于工程变更及合同价款调整,主要讲述了工程变更的分类、工程变更的处理程序、工程变

221

更价款的确定、FIDIC 合同条件下的工程变更。

对于工程索赔及建设项目价款结算,主要讲述了工程索赔的概念和分类、工程索赔的处理原则和计算等内容。

【实践案例】

1.某建设工程系外资贷款项目,建设单位与承包商按照 FIDIC 土木工程施工合同条件签订了施工合同。施工合同专用条件规定,钢材、木材、水泥由建设单位供货到现场仓库,其他材料由承包商自行采购。

当工程施工至第五层框架柱钢筋绑扎时,因建设单位提供的钢筋未到,该项作业从 10 月 3 日至 10 月 16 日停工(该项作业的总时差为零)。

10 月 7 日至 10 月 9 日因停电、停水,第三层的砌砖停工(该项作业的总时差为 4 天)。

10 月 14 日至 10 月 17 日因砂浆搅拌机发生故障,第一层抹灰迟开工(该项作业的总时差为 4 天)。

为此,承包商于 10 月 20 日向工程师提交了一份索赔通知,并于 10 月 25 日送交了一份工期、费用索赔计算书和索赔依据的详细材料。

工期、费用索赔计算书的主要内容如下。

(1) 工期索赔。

① 框架柱钢筋绑扎 10 月 3 日至 10 月 16 日停工,计 14 天。

② 砌砖 10 月 7 日至 10 月 9 日停工,计 3 天。

③ 抹灰 10 月 14 日至 10 月 17 日迟开工,计 4 天。

总计请求顺延工期:21 天。

(2) 费用索赔。

① 窝工机械设备费。

一台塔吊:　　　　　　　　 14×860 元$=12\ 040$ 元

一台混凝土搅拌机:　　　　 14×340 元$=4\ 760$ 元

一台砂浆搅拌机:　　　　　 7×120 元$=840$ 元

小计:17 640 元。

② 窝工人工费。

框架柱钢筋绑扎窝工:　　 $35 \times 60 \times 14$ 元$=29\ 400$ 元

砌砖窝工:　　　　　　　 $30 \times 60 \times 3$ 元$=5\ 400$ 元

抹灰窝工:　　　　　　　 $35 \times 60 \times 4$ 元$=8\ 400$ 元

小计:43 200 元。

③ 保函费延期补偿。

$$\frac{15\ 000\ 000 \times 10\% \times 6\%}{365} \times 21\ 元 = 5\ 178.08\ 元$$

④ 管理费增加。

$$(17\ 640 + 43\ 200 + 5\ 178.08)元 \times 15\% = 9\ 902.71\ 元$$

⑤ 利润损失。

$$(17\ 640 + 43\ 200 + 5\ 178.08 + 9\ 902.71)元 \times 5\% = 3\ 796.04\ 元$$

费用索赔合计:79 716.83 元。

问题：

(1) 承包商提出的工期索赔是否正确？应予批准的工期索赔为多少天？

(2) 假定经双方协商一致,窝工机械设备费索赔按台班单价的 60% 计;考虑对窝工人工应合理安排工人从事其他作业后的降效损失,窝工人工费索赔按每工日 35.00 元计;保函费计算方式合理;管理费、利润损失不予补偿,试确定经济索赔额。

解答：

(1) 问题(1)。

承包商提出的工期索赔不正确。

① 框架柱钢筋绑扎停工 14 天,应予工期补偿。这是由于建设单位原因造成的,且该项作业位于关键线路上。

② 砌砖停工,不予工期补偿。因为该项停工虽是由建设单位原因造成的,但该项作业不在关键线路上,且未超过工作总时差。

③ 抹灰停工,不予工期补偿,因为该项停工是由承包商自身原因造成的。

同意工期补偿 14 天 + 0 天 + 0 天 = 14 天。

(2) 问题(2)。

① 窝工机械设备费。

一台塔吊：	(14×860) 元 ×60% = 7 224 元
一台混凝土搅拌机：	(14×340) 元 ×60% = 2 856 元
一台砂浆搅拌机：	(3×120) 元 ×60% = 216 元
小计：	7 224 元 + 2 856 元 + 216 元 = 10 296 元

② 窝工人工费。

框架柱钢筋绑扎窝工：	35×35×14 元 = 17 150 元
砌砖窝工：	30×35×3 元 = 3 150 元
小计：	17 150 + 3 150 元 = 20 300 元

③ 保函费补偿。

$$\frac{15\,000\,000×10\%×6\%}{365}×14 \text{ 元} = 3\,452.05 \text{ 元}$$

经济补偿合计： 10 296 元 + 20 300 元 + 3 452.05 元 = 34 048.05 元

2.背景资料:某建筑公司(乙方)于某年 4 月 20 日与某厂(甲方)签订了修建建筑面积为 3 000 m² 的工业厂房(带地下室)的施工合同。合同约定 5 月 11 日开工,5 月 20 日完工。乙方编制的施工方案和进度计划已获监理工程师批准。该工程的基坑开挖土方量为 4 500 m³,假设综合单价为 42 元/m³,规费费率为 6.8%,综合税率为 3.48%。该工程的基坑施工方案规定,土方工程采用租赁一台斗容量为 1 m³ 的反铲挖土机施工(租赁费 450 元/台班)。

合同约定:提前或拖延完成 1 日,奖或罚 1 000 元;增加用工在考虑直接费的前提下考虑由此增加的管理费、规费、税金,窝工状态考虑直接费基础上产生的规费、税金。

在实际施工中发生以下几件事。

事件 1:因租赁的挖土机大修,晚开工 2 天,造成人员窝工 10 个工日。

事件 2:基坑开挖后,因遇软土层,接到监理工程师 5 月 15 日停工的指令,进行地质复查,配合用工 15 个工日。

事件 3:5 月 19 日接到监理工程师于 5 月 20 日复工的指令,同时监理工程师提出基坑开挖

223

深度加深 2 m 的设计变更通知单,由此增加土方开挖量 900 m³。

事件 4:5 月 20 日—5 月 22 日,因下罕见的大雨,基坑开挖暂停,造成人员窝工 10 个工日。

事件 5:5 月 23 日用 30 个工日修复冲坏的永久道路,5 月 24 日恢复挖掘工作,最终基坑于 5 月 30 日挖坑完毕。

问题:

(1) 请计算土方工程合同价款和合同工期。

(2) 建筑公司针对上述哪些事件可以向厂方要求索赔?哪些事件不可以要求索赔?并说明原因。

(3) 每项事件工期索赔各是多少天?总计工期索赔是多少天?

(4) 假设人工费单价为 100 元/工日,窝工费单价为 30 元/工日,因增加用工所需的管理费为增加人工费的 30%,增加用工不计利润,则合理的费用索赔总额是多少?

(5) 实际工期是多少天?工期奖罚款多少?

解答:

(1) 问题(1)。

$$土方工程合同价款 = 4\,500 \times 42 \times (1 + 6.8\%) \times (1 + 3.48\%) \ 元 = 208\,876.45 \ 元$$

$$土方工程合同工期 = 10 \ 日$$

(2) 问题(2)。

事件 1:索赔不成立。因为租赁的挖土机大修延迟开工属于承包商的自身责任。

事件 2:索赔成立。因为施工地质条件变化是一个有经验的承包商所无法合理预见的。

事件 3:索赔成立。因为这是由设计变更引起的,应由建设单位承担责任。

事件 4:索赔成立:这是因特殊反常的恶劣天气造成的工期延误,建设单位应承担责任。

事件 5:索赔成立。因恶劣的自然条件或不可抗力引起的工程损坏及修复应由建设单位承担责任。

(3) 问题(3)。

事件 2:可索赔工期 5 日(5 月 15 日—5 月 19 日)。

事件 3:可索赔工期 2 日($\dfrac{900}{\frac{4\,500}{10}}$ 日 = 2 日)。

事件 4:可索赔工期 3 日(5 月 20 日—5 月 22 日)。

事件 5:可索赔工期 1 日(5 月 23 日)。

(4) 问题(4)。

① 事件 2。

人工费:$15 \times 100 \times (1 + 30\%) \times (1 + 6.8\%) \times (1 + 3.48\%) \ 元 = 2\,155.07 \ 元$

施工机械使用费:$450 \times 5 \times (1 + 6.8\%) \times (1 + 3.48\%) \ 元 = 2\,486.62 \ 元$

② 事件 3。

$$(900 \times 42) \times (1 + 6.8\%) \times (1 + 3.48\%) \ 元 = 41\,775.29 \ 元$$

③ 事件 5。

人工费:$30 \times 100 \times (1 + 30\%) \times (1 + 6.8\%) \times (1 + 3.48\%) \ 元 = 4\,310.15 \ 元$

施工机械使用费:$450 \times 1 \times (1 + 6.8\%) \times (1 + 3.48\%) \ 元 = 497.32 \ 元$

可索赔费用总额为

2 155.07 元＋2 486.62 元＋41 775.29 元＋4 310.15 元＋497.32 元＝51 224.45 元

(5) 问题(5)。

实际工期为 20 日，合同工期 10 日，实际超出合同 10 日，但可索赔工期累计为 11 日，所以工期奖励 1 000 元。

课后练习

一、单项选择题

1. 确定工程变更价款时，若合同中没有类似和适用的价格，则由（　　）。

A. 承包人和工程师提出变更价格，建设单位批准执行

B. 工程师提出变更价格，建设单位批准执行

C. 承包人提出变更价格，工程师批准执行

D. 建设单位提出变更价格，工程师批准执行

2. 某市建筑工程公司承建一幢办公楼，工程合同价款为 900 万元，2018 年 2 月签订合同，2018 年 12 月竣工，2018 年 2 月的工程造价指数为 100.04，2018 年 12 月的工程造价指数为 100.36，则工程价差调整额为（　　）。

A. 4.66 万元　　　　B. 2.65 万元　　　　C. 3.02 万元　　　　D. 2.88 万元

3. 对于工期延误而引起的索赔，在计算索赔费用时，一般不应包括（　　）。

A. 人工费　　　　B. 工地管理费　　　　C. 总部管理费　　　　D. 利润

4. 当索赔事件持续进行时，乙方应（　　）。

A. 阶段性提出索赔报告

B. 事件终了后，一次性提出索赔报告

C. 阶段性提出索赔意向通知，索赔终止后 28 日内提出最终索赔报告

D. 视影响程度，不定期地提出中间索赔报告

5. 某分项工程，采用价格调整公式法结算工程价款，原合同价为 10 万元，其中人工费占 15%，材料费占 60%，其他为固定费用，结算时材料费上涨 20%，人工费上涨 10%，则结算的工程款为（　　）。

A. 11 万元　　　　B. 11.35 万元　　　　C. 11.65 万元　　　　D. 12 万元

6. 工程师进行投资控制，纠偏的主要对象为由（　　）引起的投资偏差。

A. 建设单位原因　　　B. 物价上涨原因　　　C. 施工原因　　　D. 客观原因

7. 在纠偏措施中，合同措施主要是指（　　）。

A. 投资管理　　　　B. 施工管理　　　　C. 监督管理　　　　D. 索赔管理

8. 某施工现场有塔吊 1 台，由施工企业租得，台班单价 5 000 元/台班，租赁费为 2 000 元/台班，人工工资为 80 元/工日，窝工补贴为 25 元/工日，以人工费和施工机具使用费合计为计算基础的综合费率为 30%。在施工过程中发生了以下事件：监理人对已经覆盖的隐蔽工程要求重新检查且检查结果合格，配合用工 10 工日，塔吊 1 台班，为此，施工企业可向建设单位索赔的费用为（　　）元。

A. 2 250　　　　B. 2 925　　　　C. 5 800　　　　D. 7 540

9.根据我国现行合同条件,下列关于索赔计算的说法中,正确的是(　　　)。

A.索赔的人工费包括新增加工作内容的人工费,不包括停工损失费

B.发包人要求承包人提前竣工时,可以补偿承包人利润

C.工程延期时,保函手续费不应增加

D.发包人未按约定时间进行付款的,应按银行同期贷款利率支付迟延付款的利息

10.关于共同延误的处理原则,下列说法中正确的是(　　　)。

A.初始延误者负主要责任,并发延误者负次要责任

B.初始延误者是发包人,承包人可得工期补偿,但无经济补偿

C.初始延误是由客观原因造成的,承包人可得工期补偿,但很难得到费用补偿

D.初始延误者是发包人,承包人可获得工期和费用补偿,但无利润补偿

二、多项选择题

1.以下关于工程变更后合同价款的确定的说法,正确的有(　　　)。

A.合同中已有适用于变更工程的价格,按合同已有的价格计算、变更合同价款

B.合同中只有类似于变更工程的价格,可以参照此价格的确定变更价格,变更合同价款

C.合同中没有适用或类似于变更工程的价格,由承包人提出适当的变更价格,经工程师确认后执行

D.如果变更工程价格无法协商一致,可以由工程造价管理部门调解

E.如果变更工程价格无法协商一致,则以工程师认为合同合理的价格执行

2.下列关于FIDIC合同条件下的工程变更,阐述正确的有(　　　)。

A.FIDIC合同条件下的设计变更多于我国施工合同条件下的设计变更

B.工程师可以通过发布工程变更指令或要求承包人递交建议书等方式提出工程变更

C.在认为有必要时,工程师可就工程任何部分标高、位置和尺寸的改变发布工程变更指令

D.变更工作在工程量表中有同种工作内容的单价,应以该费率计算变更工程费用

E.变更估价可能改变原定合同价

3.下列属于工程竣工结算审核内容的有(　　　)。

A.核对合同条款　　　　　　　　　　　B.落实设计变更签证

C.核定单价　　　　　　　　　　　　　D.审查各项费用计取

E.审查进度

4.下列费用项目中,属于施工索赔费用范畴的有(　　　)。

A.人工费　　　　　　B.材料费　　　　　　C.分包费用

D.施工企业管理费　　E.建设单位管理费

5.在FIDIC合同条件中规定,施工图纸拖期交付时,承包人可索赔(　　　)。

A.工期　　　　　　　B.成本　　　　　　　C.利润

D.工期和利润　　　　E.成本和利润

6.在施工中出现非承包人原因引起的窝工现象,承包人应向发包人索赔(　　　)。

A.台班费　　　　　　　　　　　　　　B.台班折旧费和设备使用费

C.台班折旧费　　　　　　　　　　　　D.台班租赁费

E.台班租赁费和设备使用费

7.进度偏差可以表示为(　　)。

A.已完工程计划投资－已完工程实际投资

B.拟完工程计划投资－已完工程实际投资

C.拟完工程计划投资－已完工程计划投资

D.已完工程实际投资－已完工程计划投资

E.已完工程实际进度－已完工程计划进度

8.下列对工程竣工结算审查时限的阐述,正确的有(　　)。

A.工程竣工结算报告金额在 500 万元以下,从接到工程竣工结算报告和完整的工程竣工结算资料之日起 20 日内

B.工程竣工结算报告金额为 500 万～2 000 万元,从接到工程竣工结算报告和完整的工程竣工结算资料之日起 30 日内

C.工程竣工结算报告金额为 2 000 万～5 000 万元,从接到工程竣工结算报告和完整的工程竣工结算资料之日起 45 日内

D.工程竣工结算报告金额在 5 000 万元以上,从接到工程竣工结算报告和完整的工程竣工结算资料之日起 70 日内

E.建设项目竣工总结算在最后一个单项工程竣工结算审查确认并汇总后,送发包人后 15 日内审查完成

三、简答题

1.什么是工程变更?工程变更的处理程序是什么?

2.试述建设项目发生变更后,工程价款如何调整?

3.建设项目价款索赔的程序有哪些?

4.什么是工程价款结算?它的类型和结算方式有哪些?

5.工程价款中的价差调整方法有哪几种?

6.什么是投资偏差?投资偏差分析的方法有哪些?

7.如何进行投资偏差的纠正?纠偏措施有哪些?

四、综合实训题

1.某建设项目发包人与承包人签订了施工合同,工期为 4 个月。工程内容包括 A、B 两项分项工程,综合单价分别为 360.00 元/m³,220.00 元/m³;管理费和利润为人材机费用之和的 16%,规费和税金为人材机费用、管理费和利润之和的 10%。各分项工程每月计划和实际完成工程量及单价措施项目费用如表 6-12 所示。

表 6-12　某建设项目分项工程工程量及单价措施项目费用数据表

工程量和费用名称		月　份				合　计
		1	2	3	4	
A 分项工程/m³	计划工程量	200	300	300	200	1 000
	实际工程量	200	320	360	300	1 180
B 分项工程/m³	计划工程量	180	200	200	120	700
	实际工程量	180	210	220	90	700
单价措施项目费用/万元		2	2	2	1	7

总价措施项目费为 6 万元(其中安全文明施工费 3.6 万元),暂列金额为 15 万元。

合同中有关工程价款结算与支付约定如下。

(1) 开工日 10 日前,发包人应向承包人支付合同价款(扣除暂列金额和安全文明施工费)的 20%作为工程预付款,工程预付款从第 2、3 个月的工程价款中平均扣回。

(2) 开工后 10 日内,发包人应向承包人支付安全文明施工费的 60%,剩余部分和其他总价措施项目费用在第 2、3 个月平均支付。

(3) 发包人按每月承包人应得工程进度款的 90%支付工程进度款。

(4) 当分项工程工程量增加(或减少)幅度超过 15%时,应调整综合单价,调整系数为 0.9(或 1.1);措施项目费按无变化考虑。

(5) B 分项工程所用的两种材料采用动态结算方法结算,该两种材料在 B 分项工程费用中所占比例分别为 12%和 10%,基期价格指数为 100。

施工期间,经监理工程师核实及发包人确认的有关事项如下。

(1) 第 2 个月发生现场计日工的人材机费用 6.8 万元。

(2) 第 4 个月 B 分项工程动态结算的两种材料价格指数分别为 110 和 120。

问题:

(1) 该工程合同价为多少万元? 工程预付款为多少万元?

(2) 第 2 个月发包人应支付给承包人的工程价款为多少万元?

(3) 到第 3 个月末 B 分项工程的进度偏差为多少万元?

(4) 第 4 个月 A、B 两项分项工程的工程价款分别为多少万元? 发包人在该月应支付给承包人的工程价款为多少万元?

计算结果保留三位小数。

2. 对于某建设项目,建设单位采用工程量清单招标方式确定了承包人,双方签订了工程施工合同,合同工期为 4 个月,开工时间为 2018 年 4 月 1 日。该建设项目的主要价款信息及合同付款条款如下。

(1) 承包人各月计划完成的分部分项工程费、措施项目费如表 6-13 所示。

表 6-13　某建设项目承包人各月计划完成的分部分项工程费、措施项目费　　　　单位:万元

月份	4 月	5 月	6 月	7 月
分部分项工程费	55	75	90	60
措施项目费	8	3	3	2

(2) 措施项目费为 160 000 元,在开工后的前两个月平均支付。

(3) 其他项目清单中包括专业工程暂估价和计日工,其中专业工程暂估价为 180 000 元;计日工表中包括数量为 100 个工日的某工种用工,承包人填报的综合单价为 120 元/工日。

(4) 工程预付款为合同价的 20%,在开工前支付,在最后两个月平均扣回。

(5) 工程价款逐月支付,经确认的变更金额、索赔金额、专业工程暂估价、计日工金额等与工程进度款同期支付。

（6）建设单位按承包人每次应结算款项的 90% 支付工程进度款。

（7）工程竣工结算时，按总造价的 5% 扣留质量保证金。

（8）规费综合费率为 5%，综合税率为 3.41%。

施工过程中，各月实际完成工程情况如下。

（1）各月均按计划完成计划工程量。

（2）5 月建设单位确认计日工 35 个工日，6 月建设单位确认计日工 40 个工日。

（3）6 月建设单位确认原专业工程暂估价款的实际发生分部分项工程费合计为 80 000 元，7 月建设单位确认原专业工程暂估价款的实际发生分部分项工程费合计为 70 000 元。

（4）6 月由于建设单位设计变更，新增工程量清单中没有的一部分分项工程，经建设单位确认的人工费、材料费、施工机具使用费之和为 100 000 元，措施项目费为 10 000 元，参照其他分部分项工程量清单项目确认的管理费费率为 10%（以人工费、材料费、施工机具使用费之和为计费基础），利润率为 7%（以人工费、材料费、施工机具使用费、管理费之和为计费基础）。

（5）6 月因监理工程师要求对已验收合格的某分项工程再次进行质量检验，造成承包人人员窝工费 5 000 元，施工机械闲置费 2 000 元，该分项工程持续时间延长 1 日（不影响总工期）。检验表明该分项工程合格。为了提高质量，承包人对尚未施工的后续相关工作调整了模板形式，造成模板费用增加 10 000 元。

问题：

（1）该建设项目的工程预付款是多少？

（2）每月完成的分部分项工程量价款是多少？承包人应得的工程价款是多少？

（3）若承发包双方如约履行合同，列式计算 6 月末累计已完成的工程价款和累计已实际支付的工程价款。

（4）填写承包人 2018 年 6 月的工程款支付申请表。

计算过程与结果均以元为单位，结果取整。

229

Chapter 7

第 7 章　建设项目竣工验收阶段工程造价控制

■ 能力目标

了解建设项目竣工验收和建设项目竣工决算的操作与编制、工程造价指数的编制等,掌握新增固定资产、新增流动资产、新增无形资产、其他资产价值的确定方法,掌握竣工验收、竣工决算、保修范围、保修期限等概念,熟悉保修费用的处理方法。

■ 学习要求

学 习 目 标	能 力 要 求	权　重
竣工验收	了解竣工验收的范围、依据、标准和工作程序	30%
竣工决算	熟悉竣工决算的内容和编制方法,掌握新增资产价值的确定方法	40%
建设项目保修处理	熟悉保修费用的处理方法	20%
工程造价指数的编制	了解工程造价指数的内容及编制	10%

■ 章节导入

建设项目的竣工验收是施工全过程的最后一道程序,也是工程造价控制的最后一项工作。它是建设投资成果转入生产或使用的标志,也是全面考核投资效益、检验设计和施工质量的重要环节。

目前,很多建设项目一到最后的竣工阶段,就把主要施工力量抽调到其他在建建设项目,以致扫尾工作拖拖拉拉,战线拉很长;机械、设备无法转移,成本费用照常发生,使在建阶段取得的经济效益逐步流失。因此,一定要精心安排,把竣工扫尾时间缩短到最低限度。此外,竣工验收工作十分重要,应引起重视。在验收以前,要准备好验收所需的各种资料,并及时办理工程竣工结算。在建设项目保修期间,应由项目经理指定保修工作的责任者,并责成保修责任者根据实际情况提出保修计划(包括费用计划),以此作为控制保修费用的依据。

7.1 竣工验收

建设项目竣工验收是指由发包人、承包人和项目验收委员会，以批准的设计任务书和设计文件，以及国家或部门颁发的施工验收规范和质量检验标准为依据，按照一定的程序和手续，在建设项目建成并试生产合格后（工业生产性建设项目），对建设项目的总体进行检验、认证、综合评价和鉴定的活动。

按照我国建设程序的规定，竣工验收是建设项目的最后阶段，是建设项目施工阶段和保修阶段的中间过程，是全面检验建设项目是否符合设计要求和工程质量检验标准的重要环节，是审查投资使用是否合理的重要环节，是投资成果转入生产或使用的标志。只有经过竣工验收，建设项目才能实现由承包人管理向发包人管理的过渡，竣工验收标志着投资成果投入生产或使用，对促进建设项目及时投产或交付使用，发挥投资效果、总结建设经验有着重要的作用。

7.1.1 竣工验收的条件及范围

1. 竣工验收的条件

《建设工程质量管理条例》规定，建设工程竣工验收应当具备以下条件。

（1）完成建设工程设计和合同约定的各项内容。

（2）有完整的技术档案和施工管理资料。

（3）有工程使用的主要建筑材料、建筑构配件和设备的进场试验报告。

（4）有勘察、设计、施工、工程监理等单位分别签署的质量合格文件。

（5）有施工单位签署的工程保修书。

2. 竣工验收的范围

国家颁布的建设法规规定，凡新建、扩建、改建的基本建设项目和技术改造项目（所有列入固定资产投资计划的建设项目或单项工程），已按国家批准的设计文件所规定的内容建成，符合验收标准，即工业投资项目经负荷试车考核，试生产期间能够正常生产出合格产品，形成生产能力的；非工业投资项目符合设计要求，能够正常使用的，不论是属于哪种建设性质，都应及时组织验收，办理固定资产移交手续。

工期较长、建设设备装置较多的一些大型工程，为了及时发挥其经济效益，对其能够独立生产的单项工程，也可以根据建成时间的先后顺序，分期分批地组织竣工验收；对能生产中间产品的一些单项工程，不能提前投料试车，可按生产要求与生产最终产品的工程同步建成竣工后，再进行全部验收。

对于以下特殊情况，工程施工虽未全部按设计要求完成，也应进行验收。

（1）少数非主要设备或某些特殊材料短期内不能解决，虽然工程内容尚未全部完成，但建设项目已可以投产或使用。

（2）规定要求的内容已完成，但因外部条件的制约，如流动资金不足、生产所需原材料不能满足等，建设项目的已建工程不能投入使用。

（3）有些建设项目或单项工程，已形成部分生产能力，但近期内不能按原设计规模续建，应从实际情况出发，经主管部门批准后，缩小规模，对已完成的工程和设备组织竣工验收，移交固定资产。

231

【课堂练习】

下列建设项目,还不具备竣工验收条件的是(　　)。

A. 工业投资项目经负荷试车考核,试生产期间能够正常生产出合格产品,形成生产能力的

B. 非工业投资项目符合设计要求,能够正常使用的

C. 虽然建设项目可投产或使用,但是少数主要设备短期内不能解决,工程内容尚未全部完成的

D. 大型工程中已完成的能生产中间产品的单项工程,但不能提前投料试车

【分析】 建设项目竣工验收的标准。

(1)工业建设项目竣工验收标准。

(2)非工业建设项目,必能正常使用,才能进行验收。

【答案】 D。

3. 竣工验收的内容

不同的建设项目,竣工验收的内容不完全相同,但一般均包括工程资料验收和工程内容验收两个部分。

1)工程资料验收

工程资料验收一般包括工程技术资料验收、工程综合资料验收和工程财务资料验收三个方面的内容。

2)工程内容验收

工程内容验收包括建筑工程验收和建筑安装工程验收。

(1)建筑工程验收。建筑工程验收主要是运用有关资料进行审查验收,主要包括以下内容:建筑物的位置、标高、轴线是否符合设计要求;对基础工程中的土石方工程、垫层工程、砌筑工程等资料的审查验收;对结构工程中的砖木结构、砖混结构、内浇外砌结构、钢筋混凝土结构的审查验收;对屋面工程的屋面瓦、保温层、防水层等的审查验收;对门窗工程的审查验收;对装饰工程(抹灰、油漆等工程)的审查验收。

(2)建筑安装工程验收。建筑安装工程验收分为建筑设备安装工程验收、工艺设备安装工程验收和动力设备安装工程验收。

建筑设备安装工程是指民用建筑物中的上下水管道、暖气、天然气或煤气、通风、电气照明等安装工程。建筑设备安装验收时应检查这些设备的规格、型号、数量、质量是否符合设计要求,检查安装时的材料、材质、材种,检查试压、闭水试验、照明。工艺设备安装工程包括生产、起重、传动、实验等设备的安装,以及附属管线的敷设和涂漆、保温等。工艺设备安装工程验收时应检查设备的规格、型号、数量、质量、设备安装的位置、标高、机座尺寸、质量、单机试车、无负荷联动试车、有负荷联动试车是否符合设计要求,检查管道的焊接质量、保温及各种阀门等。动力设备安装工程验收是指有自备电厂的项目的验收,或变配电室(所)、动力配电线路的验收。

7.1.2　竣工验收的依据及标准

1. 竣工验收的依据

竣工验收的依据可概括以下几个方面。

(1)上级主管部门对该建设项目批准的各种文件。

（2）可行性研究报告、初步设计及批复文件。

（3）施工图设计及设计变更洽商记录。

（4）国家颁布的各种标准和现行的施工验收规范。

（5）工程承包合同文件。

（6）技术设备说明书。

（7）建筑安装工程统一规定及主管部门关于工程竣工的规定。

另外，从国外引进新技术和成套设备的建设项目，以及中外合资建设项目，要按照签订的合同和进口国提供的设计文件等进行验收；利用世界银行等国际金融机构贷款的建设项目，应按世界银行规定，按时编制建设项目完成报告。

2. 竣工验收的标准

竣工验收的标准包括工业建设项目验收标准和民用建设项目验收标准。

1）工业建设项目验收标准

根据国家规定，工业建设项目竣工验收、交付生产使用，必须满足以下要求。

（1）生产性建设项目和辅助性公用设施已按设计要求完成，能满足生产使用。

（2）主要工艺设备配套经联动负荷试车合格，形成生产能力，能够生产出设计文件所规定的产品。

（3）有必要的生活设施，并已按设计要求建成合格。

（4）生产准备工作能适应投产的需要。

（5）环境保护设施，劳动、安全、卫生设施，消防设施已按设计要求与主体工程同时建成使用。

（6）设计和施工质量质量监督部门检验合格。

（7）工程结算和竣工决算通过有关部门审查和审计。

2）民用建设项目验收标准

（1）建设项目各单位工程和单项工程均已符合建设项目竣工验收标准。

（2）建设项目配套工程和附属工程均已施工结束，达到设计规定的相应质量要求，并具备正常使用条件。

7.1.3　竣工验收的方式

为了保证建设项目竣工验收的顺利进行，验收必须遵循一定的程序，并按照建设项目总体计划的要求以及施工进展的实际情况分阶段进行。根据被验收的对象，建设项目竣工验收有单位工程竣工验收、单项工程竣工验收、工程整体竣工验收三种方式。

1. 单位工程竣工验收

单位工程竣工验收又称中间验收，是承包人以单位工程或某专业工程为对象，独立签订建设工程施工合同，当达到竣工条件后，承包人可单独进行交工，或当主要的工程部位施工已完成了隐蔽前的准备工作，该工程部位将置于无法查看的状态时，发包人根据竣工验收的依据和标准，按施工合同约定的工程内容组织竣工验收。单位工程竣工验收由监理单位组织，建设单位和承包人派人参加，单位工程的竣工验收资料将作为最终竣工验收的依据。

2. 单项工程竣工验收

单项工程竣工验收又称交工验收，是指在一个总体建设项目中，当一个单项工程已完成设计图纸规定的工程内容,能满足生产要求或具备使用条件,或是合同内约定有分部分项移交的工程已达到竣工标准,可移交给建设单位投入试运行时,承包人向监理单位提交工程竣工报告和工程竣工报验单,经鉴认后向发包人发出交付竣工验收通知书,说明工程完工情况、竣工验收准备情况、设备无负荷单机试车情况,具体约定单项工程竣工验收的有关工作。单项工程竣工验收由建设单位组织,会同施工单位、监理单位、设计单位及使用单位等共同进行。

3.工程整体竣工验收

工程整体竣工验收又称动用验收,是指建设项目已按设计规定全部建成、达到竣工验收条件,初验结果全部合格,且竣工验收所需资料已准备齐全,由发包人组织设计单位、施工单位、监理单位等和档案部门进行的全部工程的竣工验收。

对于不同的建设项目,工程整体竣工验收由不同的部门组织。大中型和限额以上建设项目由国家发展改革委或由其委托建设项目主管部门、地方政府部门组织验收,小型和限额以下建设项目由建设项目主管部门组织验收。建设单位、监理单位、施工单位、设计单位和使用单位参加工程整体竣工验收。

【课堂练习】

1.建设项目竣工验收的主要依据包括( )。

A.可行性研究报告　　　B.设计文件　　　　　　C.招标文件

D.合同文件　　　　　　E.技术设备说明书

【分析】 竣工验收的主要依据。

【答案】 ABDE。

2.关于建设项目竣工验收,下列说法正确的是( )。

A.单位工程竣工验收由施工单位组织

B.大型建设项目单位工程竣工验收由国家发展改革委组织

C.小型建设项目的工程整体竣工验收由建设项目主管部门组织

D.工程保修书不属于竣工验收的条件

【分析】 选项C,小型和限额以下建设单位项目的工程整体竣工验收由建设项目主管部门组织。选项A,单位工程竣工验收由监理单位组织。选项B,大型建设项目的工程整体竣工验收由国家发展改革委组织。选项D,工程保修书属于竣工验收的条件之一。

【答案】 C。

7.1.4 竣工验收的程序

通常所说的建设项目竣工验收,指的是动用验收,即建设项目全部建成,各单项工程符合设计的要求,并具备竣工图表、竣工决算、工程总结等必要的文件资料,由建设项目主管部门或发包人向负责验收的单位提出竣工验收申请报告,按程序验收。竣工验收的程序如图7-1所示。

1.承包人申请交工验收

承包人在完成了合同约定的工程内容或按合同约定可分步移交工程时,可申请交工验收。交工验收的对象一般为单项工程,但在某些特殊情况下也可以是单位工程的施工内容,如特殊基础处理工程、发电站单机机组等。

施工的工程达到竣工条件后,承包人应先进行预检验,对不符合要求的部位和项目,确定修补措施和标准,修补有缺陷的工程部位。对于建筑设备安装工程,承包人要与发包人和监理工程师共同进行无负荷的单机和联动试车。承包人在完成了上述工作和准备好竣工资料后,即可向发包人提交工程竣工报验单。

2. 监理工程师现场初步验收

监理工程师收到工程竣工报验单后,组成验收组,对竣工的建设项目的竣工资料和各专业工程的质量进行初步验收,对初步验收中发现的质量问题及时地书面通知承包人,令其修理甚至返工。建设项目经整改合格后,监理工程师签署工程竣工报验单,并向发包人提出质量评估报告,至此现场初步验收工作结束。

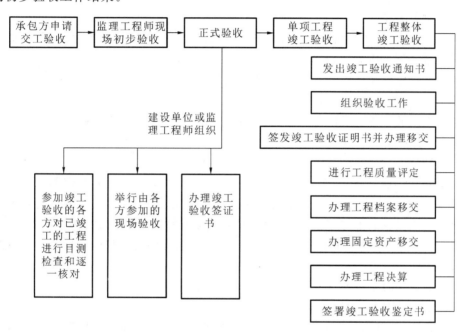

图 7-1 竣工验收的程序

3. 单项工程竣工验收

单项工程竣工验收又称交工验收,单项工程竣工验收合格后发包人方可投入使用。单项工程竣工验收主要根据国家颁布的有关技术规范和施工承包合同,对以下几个方面进行检查或检验。

(1)检查、核实竣工项目准备移交给发包人的所有技术资料的完整性、准确性。

(2)按照设计文件和合同,检查已完工程是否有漏项。

(3)检查工程质量、隐蔽工程验收资料、关键部位的施工记录等,考察施工质量是否达到合同要求。

(4)检查试车记录及试车中所发现的问题是否得到改正。

(5)在单项工程竣工验收中发现需要返工、修补的工程,明确规定完成期限。

(6)其他涉及的有关问题。

验收合格后,发包人和承包人共同签署交工验收证书,然后由发包人将有关技术资料和试车记录、试车报告及交工验收报告一并上报主管部门,经批准后该部分工程即可投入使用。对于验收合格的单项工程,在全部工程验收时,原则上不再办理验收手续。

4. 工程整体竣工验收

工程整体竣工验收分为竣工验收准备、竣工预验收和正式竣工验收三个阶段。

1）竣工验收准备

发包人、承包人和其他有关单位均应进行竣工验收准备。竣工验收准备的主要工作内容如下。

（1）收集、整理各类技术资料，并将其分类装订成册。

（2）核实建筑安装工程的完成情况，列出已交工工程和未完工工程一览表，包括单位工程的名称、工程量、预算估价以及预计完成时间等内容。

（3）提交财务决算分析。

（4）检查工程质量，查明须返工或补修的工程并提出具体的时间安排，做好预申报工程质量等级评定和相关材料的准备工作。

（5）整理汇总建设项目档案资料，绘制工程竣工图。

（6）编制固定资产构成分析表。

（7）落实生产准备各项工作，提出试车检查的情况报告，总结试车考评情况。

（8）编写竣工结算分析报告和竣工验收报告。

2）竣工预验收

建设项目竣工验收准备工作结束后，由发包人或上级主管部门会同监理单位、设计单位、承包人及其他有关单位和部门组成竣工预验收组进行竣工预验收。竣工预验收的主要工作如下。

（1）核实竣工验收准备的工作内容，确认竣工项目所有档案资料的完整性和准确性。

（2）检查项目建设标准、评定质量，对竣工验收准备过程中有争议的问题和隐患及遗留问题提出处理意见。

（3）检查财务账表是否齐全并验证数据的真实性。

（4）检查试车情况和生产准备情况。

（5）编写竣工预验收报告和移交生产准备情况报告，在竣工预验收报告中应说明建设项目的概况，并对验收过程进行阐述，对工程质量做出总体评价。

3）正式竣工验收

建设项目的正式竣工验收是由国家、地方政府、建设项目投资商或开发商以及有关单位领导和专家参加的最终整体验收。大中型和限额以上的建设项目的正式竣工验收，由国家投资主管部门或其委托建设项目主管部门或地方政府组织进行，一般由竣工验收委员会（或竣工验收小组）主任（或组长）主持，具体工作可由总监理工程师组织实施。国家重点工程的大型建设项目，由国家有关部委邀请有关方面参加，组成工程竣工验收委员会进行正式竣工验收。小型和限额以下的建设项目由建设项目主管部门组织正式竣工验收。发包人、监理单位、承包人、设计单位和使用单位共同参加正式竣工验收工作。

（1）发包人、设计单位分别汇报工程合同履约情况以及在工程建设各环节执行法律、法规与工程建设强制性标准的情况。

（2）听取承包人汇报建设项目的施工情况、自验情况和竣工情况。

（3）听取监理单位汇报建设项目监理内容和监理情况及对建设项目竣工的意见。

（4）组织竣工验收小组全体人员进行现场检查，了解建设项目现状、查验建设项目质量，及时发现存在和遗留的问题。

（5）审查竣工项目移交生产使用的各种档案资料。

（6）评审建设项目质量，对主要工程部位的施工质量进行复验、鉴定，对工程设计的先进性、合理性和经济性进行复验和鉴定，按设计要求及建筑安装工程施工的验收规范和质量标准进行质量评定验收。在确认工程符合竣工标准和合同条款规定后，签发竣工验收合格证书。

（7）审查试车规程，检查投产试车情况，核定收尾工程项目，对遗留问题提出处理意见。

（8）签署竣工验收鉴定书，对整个建设项目做出总的验收鉴定。竣工验收鉴定书是表示建设项目已经竣工并交付使用的重要文件，是全部固定资产交付使用和建设项目正式动用的依据。

对整个建设项目进行竣工验收后，发包人应及时办理固定资产交付使用手续。在进行竣工验收时，已验收过的单项工程可以不再办理验收手续，但应将单项工程交工验收证书作为最终验收的附件而加以说明。发包人在竣工验收过程中，如果发现工程不符合竣工条件，应责令承包人进行返修，并重新组织竣工验收，直到通过验收。

建设单位应当自建设项目竣工验收合格之日起 15 日内，按照《房屋建筑工程和市政基础设施工程竣工验收备案管理暂行办法》的规定，向项目所在地的县级以上地方人民政府建设行政主管部门备案。

【课堂练习】

单项工程竣工验收合格后，共同签署交工验收证书的责任主体是（   ）。

A. 发包人和承包人   B. 发包人和监理工程师

C. 发包人和主管部门   D. 承包人和监理工程师

【分析】 在单项工程竣工验收程序中，签署交工验收证书的责任主体人是发包人和承包人。需要注意的是，不同竣工验收方式下的组织人员、验收人员是不同的。

【答案】 A。

7.2 竣工决算

竣工决算是以实物数量和货币指标为计量单位，综合反映竣工项目从筹建开始到项目竣工交付使用为止的全部建设费用、投资效果和财务情况的总结性文件，是竣工验收报告的重要组成部分。竣工决算是正确核定新增固定资产价值、考核分析投资效果、建立健全经济责任制的依据，是反映建设项目实际造价和投资效果的文件。竣工决算能够正确反映建设项目的实际造价和投资结果，而且通过将竣工决算与概算、预算进行对比分析，可考核投资控制工作的成效，为工程建设提供重要的技术经济方面的基础资料，提高未来工程建设的投资效益。

建设项目竣工时，应编制建设项目竣工财务决算。对于建设期长、建设内容多的建设项目，单项工程竣工具备交付使用条件的，可编制单项工程竣工财务决算。建设项目全部竣工后应编制竣工财务总决算。

7.2.1 竣工决算的内容

建设项目竣工决算应包括从筹集到竣工投产全过程的全部实际费用，即包括建筑工程费、建筑安装工程费、设备及工器具购置费、预备费等费用。根据财政部、国家发展改革委及住房和城乡建设部的有关文件规定，竣工决算由竣工财务决算说明书、竣工财务决算报表、建设项目竣工图和工程造价对比分析四个部分组成，如图 7-2 所示。其中竣工财务决算说明书和竣工财务决

算报表两部分又称建设项目竣工财务决算,是竣工决算的核心内容。

竣工决算的内容
{
　竣工财务决算说明书
　{
　　① 建设项目概况,对建设项目总的评价,一般从进度、质量、安全和工程造价方面进行分析说明
　　② 资金来源及运用等财务分析,包括工程价款结算、会计账务处理、财产物资情况及债权债务的清偿情况
　　③ 基本建设收入、投资包干结余、竣工结余资金的上交分配情况
　　④ 各项经济技术指标的分析
　　⑤ 项目建设的经验以及项目管理和财务管理工作、竣工财务决算中有待解决的问题
　　⑥ 需要说明的其他事项
　}
　竣工财务决算报表
　{
　　大中型建设项目
　　{
　　　① 建设项目竣工财务决算审批表
　　　② 大中型建设项目概况表
　　　③ 大中型建设项目竣工财务决算表
　　　④ 建设项目交付使用资产明细表
　　}
　　小型建设项目
　　{
　　　① 建设项目竣工财务决算审批表
　　　② 竣工财务决算总表
　　　③ 建设项目交付使用资产明细表
　　}
　}
　建设项目竣工图:真实记录各种地上、地下建筑物、构筑物等情况的技术文件,是建设项目进行交工验收、维护、改建和扩建的依据,是国家的重要技术档案
　工程造价对比分析:用决算实际数据的相关资料、概算、预算指标、实际工程造价进行对比,主要分析主要实物工程量,材料消耗量,建设单位管理费、措施项目费、间接费的取费标准和节约超支情况及原因
}

图 7-2　竣工决算的内容

1. 竣工财务决算说明书

竣工财务决算说明书主要反映竣工项目的建设成果和经验,是对竣工决算报表进行分析和补充说明的文件,是全面考核分析建设项目投资与造价的书面总结,是竣工决算报告的重要组成部分。

2. 竣工财务决算报表

根据财政部《关于印发〈基本建设财务管理规定〉的通知》(财基〔2002〕394 号)的规定,大、中型建设项目和小型建设项目的基本建设竣工财务决算采用不同的审批制度。在中央级建设项目中,大、中型建设项目(投资额在 5 000 万元以上的经营性建设项目、投资额在 3 000 万元以上的非经营性建设项目)竣工财务决算,经主管部门审核后报财政部审批。对于属国家确定的重点小型建设项目,其竣工财务决算经主管部门审核后报财政部审批,或由财政部授权主管部门审批;其他小型建设项目竣工财务决算报主管部门审批。地方级基本建设项目竣工财务决算的报批,由各省、自治区、直辖市、计划单列市财政厅(局)确定。

3. 建设项目竣工图

建设项目竣工图是真实地记录各种地上、地下建筑物、构筑物等情况的技术文件,是建设项目进行交工验收、维护、改建和扩建的依据,是国家的重要技术档案。全国各建设单位、设计单位、施工单位和各主管部门都要认真做好建设项目竣工图的绘制工作。国家规定:各项新建、扩建、改建的基本建设工程,特别是基础、地下建筑、管线、结构、井巷、桥梁、隧道、港口、水坝以及设备安装等隐蔽部位,都要绘制竣工图。为确保竣工图质量,必须在施工过程中(不能在竣工后)及时做好隐蔽工程检查记录,整理好设计变更文件。建设项目竣工图的形式和深度应根据不同情况区别对待。

4. 工程造价对比分析

对控制工程造价所采取的措施、效果及其动态的变化需要进行认真的对比分析,总结经验教训。批准的概算是考核工程造价的依据。在分析时,可先对比整个建设项目的总概算,然后将建筑安装工程费、设备及工器具购置费和其他工程费用逐一与竣工决算表中所提供的实际数据和相关资料及批准的概算、预算指标、实际的工程造价进行对比分析,以确定竣工项目总造价是节约还是超支,并在对比的基础上,总结先进经验,找出节约和超支的内容和原因,提出改进措施。

【课堂练习】

1.竣工决算的核心内容包括(   )。

A.竣工财务决算说明书   B. 竣工财务决算报表

C.建设项目竣工图   D. 工程造价对比分析

E.工程竣工手续说明

【分析】 按照财政部、国家发展改革委及住房和城乡建设部的有关文件规定,竣工决算由竣工财务决算说明书、竣工财务决算报表、建设项目竣工图、工程造价对比分析四个部分组成。其中前两个部分又称建设项目竣工财务决算,是竣工决算的核心内容。

【答案】 AB。

2.建设项目竣工决算的内容包括(   )。

A.竣工财务决算报表   B.竣工财务决算说明书

C.投标报价书   D.新增资产价值的确定

E.工程造价对比分析

【答案】 ABE。

3.下列不属于建设项目竣工财务决算说明书内容的是(   )。

A.新增生产能力效益分析   B.债权债务的清偿情况分析

C.工程价款结算情况分析   D.主要实物工程量分析

【答案】 D。

7.2.2 竣工决算的编制

1.竣工决算的编制依据

(1) 经批准的可研究性报告、投资估算、初步设计或扩大初步设计、修正总概算及其批复文件。

(2) 经批准的施工图设计和施工图预算。

(3) 设计交底或图纸会审会议纪要。

(4) 设计变更记录、施工记录或施工签证单及其他施工的费用记录。

(5) 招标控制价、承包合同、工程结算等有关资料。

(6) 历年基建计划、历年财务决算及批复文件。

(7) 设备、材料调价文件和调价记录。

(8) 有关财务核算制度、办法和其他有关资料。

2.竣工决算的编制步骤

(1) 收集、整理和分析有关依据资料。在编制竣工决算之前,应系统地整理所有的技术资

料、工程结算的经济文件、施工图纸和各种变更与签证资料,并分析它们的准确性。

（2）清理各项财务、债务和结余物资。整理和分析有关资料时,要特别注意建设项目从筹建到竣工投产或使用的全部费用的各项账务、债权和债务的清理,做到建设项目完毕账目清晰,既要核对账目,又要查点库存实物的数量,做到"账与物相等,账与账相符",对结余的各种材料、工器具和设备,要逐项清点核实,妥善管理,并按规定及时处理,收回资金;对各种往来款项要及时进行全面清理,为编制竣工决算提供准确的数据和结果。

（3）核实工程变动情况。重新核实各单位工程、单项工程造价,将竣工资料与原设计图纸进行查对、核实,必要时可实地测量,确认实际变更情况;根据经审定的承包人竣工结算等原始资料,按照有关规定对原概预算进行增减调整,重新核定工程造价。

（4）编制建设项目竣工决算说明。按照建设项目竣工决算说明的内容要求,根据编制依据中的有关材料编写文字说明。

（5）填写竣工决算报表。按照建设项目竣工决算表中的内容,根据编制依据中的有关资料统计或计算各个项目和数量,并将其结果填到相应表的栏目内,完成所有报表的填写。

（6）做好工程造价对比分析。

（7）清理、装订好建设项目竣工图。

（8）上报主管部门审查存档。

上述编写的文字说明和填写的表格经核对无误,装订成册,即为建设项目竣工决算文件。将其上报主管部门审查,并把其中财务成本部分送交开户银行签证。竣工决算在上报主管部门的同时,抄送有关设计单位。大中型建设项目的竣工决算还应抄送财政部,中国建设银行总行,省、自治区、直辖市的财政局,以及中国建设银行分行各一份。建设项目竣工决算文件由建设单位负责组织人员编写,在竣工项目办理竣工验收后的一个月之内完成。

7.2.3　新增资产价值的确定

建设项目竣工投入运营后,所花费的总投资形成相应的资产。按照新的财务制度和企业会计准则,新增资产按资产性质可分为新增固定资产、新增流动资产、新增无形资产和新增其他资产等四大类。

1. 新增固定资产

固定资产是指使用年限超过一年的房屋、建筑物、机器、机械、运输工具以及其他与生产经营活动有关的设备、工器具等。不属于生产经营主要设备,但单位价值在 2 000 元以上且使用年限超过两年的也应作为固定资产。新增固定资产价值的计算以独立发挥生产能力的单项工程为对象,它的内容包括工程费（建筑安装工程费、设备购置费）、形成固定资产的工程建设其他费用、预备费和建设期利息。

【知识拓展】

如果形成固定资产的工程建设其他费用属于整个建设项目或两个以上单项工程,则在计算新增固定资产价值时,应在各单项工程中按比例分摊。一般情况下,建设单位管理费按建筑工程、建筑安装工程、需安装设备价值总额做比例分摊,而土地征用费、勘察设计费等费用按建筑工程造价分摊。

2. 新增流动资产

流动资产是指可以在一年内或者超过一年的一个营业周期内变现或运用的资产。新增流动资产包括货币性资金、短期投资、存货、应收及预付款项、其他流动资产等。

3. 新增无形资产

无形资产是指由特定主体控制,没有实物形态,对生产经营长期发挥作用且能带来经济利益的资产。新增无形资产包括专利权、非专利技术、生产许可证、特许经营权、租赁权、国有土地使用权、矿产资源勘探权、采矿权、商标权、版权、计算机软件及商誉等。

4. 新增其他资产

其他资产是指不能全部计入当期损益,应当在以后年度分期摊销的各项费用。新增其他资产包括生产准备费、开办费、图纸资料翻译复制费、样品样机购置费、农业开荒费、以租赁方式租入的固定资产改良工程支出等。

5. 新增资产价值的确定方法

新增资产价值的确定方法如表 7-1 所示。

表 7-1　新增资产价值的确定方法

资产类型	包括的内容	计算方法	
新增固定资产	房屋、建筑物、管道、线路等固定资产	包括建筑工程成本和待分摊的待摊投资	建设单位管理费按建筑工程、建筑安装工程、需安装设备价值总额按比例分摊,而土地征用费、勘察设计费等费用按建筑工程造价比例分摊,生产工艺流程系统设计费按建筑安装工程造价比例分摊
	动力设备和生产设备等固定资产	包括需安装设备的采购成本、建筑安装工程成本、设备基础和支柱等建筑工程成本或砌筑锅炉及各种特殊炉的建筑工程成本、应分摊的待摊投资	
	运输设备及其他不需要安装的设备、工具、器具、家具等固定资产	仅计算采购成本,不计分摊的待摊投资	
新增流动资产	货币性资金	按实际入账价值核算	
	应收及预付款项	按企业销售商品或提供劳务时的实际成交金额入账核算	
	短期投资,包括股票、债券、基金	采用市场法和收益法确定其价值	
	存货	对于外购的存货,按照买价加运输费、装卸费、保险费、途中合理损耗费、入库前加工和整理及挑选费用、缴纳的税金等计价;对于自制的存货,按照制造过程中的各项实际支出计价	
新增无形资产	专利权	自创专利权的价值为开发过程中的实际支出	
	非专利技术	自创的非专利技术一般不作为无形资产入账,自创过程发生的费用按当期费用处理; 外购非专利技术由法定评估机构确认后再进行估价(往往通过能产生的收益采用收益法进行估价)	
	商标权	自创商标权一般不作为无形资产入账,购入或转让商标根据被许可方新增的收益确定	
	国有土地使用权	当建设单位向土地管理部门申请国有土地使用权并为之支付一笔国有土地使用权出让金时,国有土地使用权作为无形资产核算;建设单位通过行政划拨获得国有土地使用权,这时国有土地使用权就不能作为无形资产核算;在将国有土地使用权有偿转让、出租、抵押、作价入股和投资,按规定补交国有土地使用权出让金时,才作为无形资产核算	

【课堂练习】

1.某建设项目及其主要生产车间的有关费用如表 7-2 所示,则该车间新增固定资产价值为多少万元?

表 7-2　第 7 章课堂练习表(一)　　　　　　　　　　　　　　单位:万元

项目名称	建筑工程	设备安装工程	需安装设备	土地征用费
建设项目竣工决算	1 000	450	600	50
生产车间竣工决算	250	100	280	—

【解】　土地征用费、勘察设计费等费用按建筑工程造价分摊。

$$生产车间应分摊的土地征用费 = 50 \times \frac{250}{1\,000} 万元 = 12.5\,万元$$

$$新增固定资产价值 = 建筑工程费 + 工程建设其他费用 + 预备费 + 建设期利息$$
$$= 250\,万元 + 100\,万元 + 280\,万元 + 12.5\,万元 = 642.5\,万元$$

2.某工业建设项目及其总装车间的各项费用如表 7-3 所示,则总装车间分摊的建设单位管理费为多少万元?总装车间应分摊的土地使用费为多少万元?总装车间应分摊的勘察设计费为多少万元?

表 7-3　第 7 章课堂练习表(二)　　　　　　　　　　　　　　单位:万元

项目名称	建筑工程	安装工程	需安装设备	不需安装设备	建设单位管理费	土地征用费	勘察设计费
建设单位竣工决算	1 500	600	1 200	200	80	150	50
总装车间竣工决算	350	120	240	40	—	—	—

【解】　建设单位管理费按建筑工程、安装工程、需安装设备价值总额按比例分摊,而土地征用费、勘察设计费等费用按建筑工程造价分摊。计算过程如下。

$$总装车间分摊的建设单位管理费 = 80 \times \frac{350 + 120 + 240}{1\,500 + 600 + 1\,200} 万元 = 17.21\,万元$$

$$总装车间分摊的土地使用费 = 150 \times \frac{350}{1\,500} 万元 = 35\,万元$$

$$总装车间分摊的勘察设计费 = 50 \times \frac{350}{1\,500} 万元 = 11.67\,万元$$

7.3　项目保修处理 ··

　　建设项目保修是指当建设项目办理完竣工验收手续后,在规定的保修期限(按合同有关保修期的规定)内,因勘察设计、施工、材料等原因造成的质量缺陷,应由责任单位负责维修。建设项目保修是在建设项目竣工验收交付使用后,在一定期限内由施工单位对建设单位或用户进行回访,对于建设项目发生的确实是由于施工单位责任造成的建筑物使用功能不良或无法使用的问题,由施工单位负责修理,直到达到正常使用的标准。保修回访制度属于建筑项目竣工后管理范畴。

建设项目保修的具体意义在于:建设项目质量保修制度是国家所确定的重要法律制度,建设项目质量保修制度对完善建设项目保修制度、监督承包方工程质量、促进承包方加强质量管理、保护用户及消费者的合法权益起到重要的作用。

7.3.1　建设项目的保修范围和最低保修期限

在正常使用条件下,建设项目的保修范围应包括地基基础工程、主体结构工程、屋面防水工程和其他土建工程,以及电气管线、上下水管线的安装工程,供热、供冷系统工程等项目。

建设项目的保修期限是指建设项目竣工验收交付使用后,由于建筑物使用功能不良或无法使用的问题,应由相关单位负责修理的期限规定。建设项目的保修期限应当按照保证建筑物合理寿命内正常使用,维护使用者合法权益的原则确定。

《建设工程质量管理条例》规定,在正常使用条件下,建设项目的最低保修期限如表 7-4 所示。

表 7-4　建设项目的最低保修期限

保 修 范 围	保 修 期 限
基础设施工程、房屋建筑的地基基础工程和主体结构工程	设计文件规定的该工程的合理使用年限
屋面防水工程、有防水要求的卫生间、房间和外墙面的防渗漏	5 年
供热与供冷系统	2 个采暖期、供冷期
电气管线、给排水管道、设备安装和装修工程	2 年
其他项目	由发包方与承包方合同约定

注:建设项目保修期自建设项目竣工验收合格之日算起。

对于建设项目在保修范围和保修期限内发生的质量问题,承包人应当履行保修义务,并对造成的损失承担赔偿责任。凡是由于用户使用不当而造成的建筑功能不良或损坏,不属于保修范围;凡属于工业产品项目发生问题,也不属于保修范围。以上两种情况应当由建设单位自行组织修理。

【课堂练习】

根据我国《建设工程质量管理条例》规定,下列关于建设项目保修期限的表述,错误的是(　　)。

A.屋面防水工程的防渗漏为 5 年　　　　　B.给排水管理工程为 2 年

C.供热系统为 2 年　　　　　　　　　　　D.电气管理工程为 2 年

【分析】　根据我国《建设工程质量管理条例》规定:屋面防水工程、有防水要求的卫生间、房间和外墙面的防渗漏的保修期限为 5 年;供热与供冷系统的保修期限为 2 个采暖期、供冷期;电气管线、给排水管道、设备安装和装修工程的保修期限为 2 年。

【答案】　C。

7.3.2　建设项目的保修经济责任

根据《中华人民共和国建筑法》规定,必须根据修理项目的性质、内容以及检查修理等多种因素的实际情况,区别保修责任的承担问题,保修经济责任应当由有关责任方承担,由建设单位和

施工单位共同商定经济处理办法。

（1）施工单位未按国家有关规范、标准和设计要求施工而造成的质量缺陷，由施工单位负责返修并承担经济责任。如果在合同规定的时间和程序内施工单位未到现场修理，则建设单位可根据具体情况另行委托其他单位修理，所产生的修理费用由原施工单位承担。

（2）由于勘察、设计方面的原因造成的质量缺陷，由勘察、设计单位承担经济责任，可由施工单位负责修理，所产生的修理费用按有关规定通过建设单位向设计单位索赔，不足部分由建设单位负责协同有关各方解决。

（3）因建筑材料、建筑构配件和设备质量不合格引起的质量缺陷，属于施工单位采购的或经其验收同意的，由施工单位承担经济责任；属于建设单位采购的，由建设单位承担经济责任。

（4）由于建设单位指定的分包人原因或者不能肢解而肢解发包的工程导致施工接口不好，造成质量问题，应由建设单位自行承担经济责任。

（5）因使用单位使用不当造成的损坏问题，由使用单位自行负责。

（6）因地震、洪水、台风等不可抗力原因造成的损坏问题，施工单位、设计单位不承担经济责任，由建设单位负责处理。

（7）根据《中华人民共和国建筑法》第七十五条的规定，建筑施工企业违反建筑法规定，不履行保修义务的，责令改正，可以处以罚款；在保修期间因屋顶、墙面渗漏、开裂等质量缺陷造成的损失，建筑施工企业应当承担赔偿责任。

建设项目的保修经济责任如表 7-5 所示。

表 7-5　建设项目的保修经济责任

保修事件	责任承担
因施工单位未按施工质量验收规范、设计文件要求和施工合同约定组织施工而造成的质量缺陷	施工单位负责修理并承担经济责任
施工单位采购的建筑材料、建筑构配件、设备等不符合质量要求，或施工单位应进行而没有进行试验或检验，进入现场使用造成质量问题的	施工单位负责修理并承担经济责任
由于勘察、设计方面的原因造成的质量缺陷	勘察、设计单位负责并承担经济责任，由施工单位负责维修或处理
由于建设单位供应的材料、构配件或设备不合格造成的质量缺陷，或建设单位竣工验收后未许可自行改建造成的质量问题	建设单位或使用单位自行承担经济责任
由建设单位指定的分包人原因或不能肢解而肢解发包的工程致使施工接口不好，造成质量缺陷的	建设单位或使用单位自行承担经济责任
建设单位或使用单位竣工验收后使用不当造成的损坏	建设单位或使用单位自行承担经济责任
不可抗力造成的质量缺陷	施工单位不承担经济责任，所发生的费用应由使用人按协议约定的方式支付

注：因建设单位或者勘察设计的原因、施工的原因、监理的原因产生的建设质量问题造成他人损失的，以上单位应当承担相应的赔偿责任。受损害人可以向任何一方要求赔偿，也可以向以上各方提出共同赔偿要求。有关各方之间在赔偿后，可以在查明原因后向真正责任人追偿。

【课堂练习】

1.以下关于建设项目保修经济责任的说法，不正确的是（　　　）。

A.施工单位未按设计要求施工造成的质量缺陷，由施工单位负责返修并承担经济责任

244

B.由于设计方面造成的缺陷,由设计单位承担经济责任

C.因建筑材料、构配件和设备质量不合格引起的质量缺陷,由施工单位承担经济责任

D.因不可抗力造成的损坏问题,由建设单位负责处理

【分析】 建筑材料、构配件等造成的质量问题,属于施工单位采购的或经其验收同意的,则由施工单位承担经济责任;属于建设单位采购的,则由建设单位来承担经济责任。

【答案】 C。

2.某工程设计不当,竣工后建筑物出现不均匀沉降,保修经济责任应由( )承担。

A.施工单位　　　　　B.建设单位　　　　　C.设计单位　　　　　D.设计供应单位

【分析】

(1) 由施工单位未按施工质量验收规范、设计文件要求和施工合同约定组织施工而造成的质量缺陷,应由施工单位负责修理并承担经济责任。

(2) 由设计方面的原因造成的质量缺陷,应由设计单位承担经济责任;由于建设单位供应的材料、构配件或设备不合格造成的质量缺陷,应由建设单位承担经济责任。

(3) 因不可抗力造成的质量缺陷不属于保修范围;有的项目经建设单位和施工单位协商,根据建设项目的合理年限,采用保修保险方式,这种方式不需要扣保留金,保险费由建设单位支付,施工单位应按约定的保修承诺,履行保修职责和义务。

(4) 凡用户使用不当而造成的建筑功能不良或损坏,不属于保修范围。

【答案】 C。

7.3.3 建设项目保修费用的处理

建设项目保修费用是指对建设项目保修期间和保修范围内所发生的维修、返工等各项费用的支出。建设项目保修费用应按合同和有关规定合理确定和控制。建设项目保修费用一般可参照建筑安装工程造价的确定程序和方法计算,也可以按照建筑安装工程造价或承包工程合同价的一定比例计算(目前取 5%)。

建设项目竣工后,承包人保留工程款的 5%作为保修费用,保留金的性质和目的是一种现金保证,目的是保证承包人在工程执行过程中恰当履行合同的约定。

7.3.4 建设项目保修的操作方法

1.发送建筑安装工程保修证书

在建设项目竣工验收的同时(最迟不超过 7 日),由承包人向发包人送交建筑安装工程保修证书。建筑安装工程保修证书的内容主要包括以下几个方面。

(1) 工程简况、房屋使用管理要求。

(2) 保修范围和内容。

(3) 保修时间。

(4) 保修说明。

(5) 保修情况记录。

(6) 保修单位(即承包人)的名称、详细地址等。

2.填写工程质量修理通知书

在保修期内,建设项目出现质量问题影响使用,使用人应填写工程质量修理通知书告知承包

人,要求承包人指派人前往检查修理。工程质量修理通知书发出日期为约定起始日期,承包人应在 7 日内派出人员执行保修任务。

3.实施保修服务

承包人接到工程质量修理通知书后,必须尽快派人检查,并会同发包人共同做出鉴定,提出修理方案,明确经济责任,尽快组织人力、物力进行修理,履行工程质量保修的承诺。房屋建筑工程在保修期间出现质量缺陷,发包人或房屋建筑所有人应当向承包人发出保修通知,承包人接到保修通知后,应到现场检查情况,在约定的时间内予以保修。发生涉及结构安全或者严重影响使用功能的紧急抢修事故,承包人接到保修通知后,应当立即到现场抢修。发生涉及结构安全的质量缺陷,发包人或房屋建筑产权人应当立即向当地建设行政主管部门报告,采取安全防范措施,原设计单位或具有相应资质等级的设计单位提出保修方案,承包人实施保修。

4.验收

承包人修理好后,要在保修证书的保修记录栏内做好记录,并经发包人验收签认,此时修理工作完毕。

7.4 工程造价信息和资料的整理编制 ·····························

7.4.1 工程造价信息概述

1.工程造价信息的概念

工程造价信息是指一切有关工程造价的特征、状态及其变动的消息的组合。人们对工程承发包市场和工程建设过程中工程造价运动的变化,是通过工程造价信息来认识和掌握的。在工程承发包市场和工程建设过程中,工程造价是最灵敏的调节器和指示器,无论是政府工程造价主管部门还是工程承发包双方,都要通过接收工程造价信息来了解工程建设市场动态,预测工程造价发展,决定工程造价政策、工程承发包价。工程造价信息作为一种社会资源在工程建设中的地位日趋明显,特别是随着我国开始推行工程量清单计价制度,在工程价格从政府计划的指令性价格向市场定价转化的过程中,工程造价信息起着举足轻重的作用。

2.工程造价信息的特点

(1)区域性。某类型建筑信息的交换和流通往往限制在特定的区域内。这是因为我国幅员辽阔,而且信息对象具有区域性,如某些建筑材料本身生产价格并不高,但运输量大、产地与施工场地距离远,从而导致运输费用较高,这在客观上要求尽可能就近使用建材,因此建材的本地价格信息更有针对性和有效。

(2)多样性。建设项目具有多样性的特点,要使工程造价信息满足不同建设项目的需求,工程造价信息在内容和形式上也应具有多样性的特点。

(3)专业性。工程造价信息的专业性集中反映在建设项目的专业化上,如水利、电力、铁道、公路等工程,所需的信息有它的专业特殊性。

(4)系统性。工程造价信息是在一定时间和空间内形成的具有特定内容和同类性质的一连串信息。工程造价的管理活动和变化总是在一定条件下受各种因素的制约和影响,因而从工程造价信息源发出来的信息不是孤立的,而是系统的。

（5）动态性。工程造价信息需要经常不断地收集和补充,进行信息更新,以真实反映工程造价的动态变化。

（6）季节性。由于建筑生产受自然条件影响大,施工内容的安排必须充分考虑季节因素,因此工程造价信息会受到季节的影响。

3. 工程造价信息的分类

为便于对工程造价信息的管理,有必要将各种工程造价信息按一定的原则和方法进行区分和归集,并建立一定的分类系统和排列顺序。

（1）按管理组织的角度来分,工程造价信息可以分为系统化工程造价信息和非系统化工程造价信息。

（2）按形式划分,工程造价信息可以分为文件式工程造价信息和非文件式工程造价信息。

（3）按信息来源划分,工程造价信息可以分为横向的工程造价信息和纵向的工程造价信息。

（4）按反映的经济层面划分,工程造价信息分为宏观工程造价信息和微观工程造价信息。

（5）按动态性划分,工程造价信息可分为过去的工程造价信息、现在的工程造价信息和未来的工程造价信息。

（6）按稳定程度划分,工程造价信息可以分为固定工程造价信息和流动工程造价信息。

【课堂练习】

1. 和其他信息一样,工程造价信息要保持新鲜度,这体现了工程造价信息的(   )。

A. 多样性   B. 专业性   C. 季节性   D. 动态性

【分析】 工程造价信息需要经常不断地收集和补充,进行信息更新,以真实反映工程造价的动态变化。

【答案】 D。

2. 从管理组织的角度来分,工程造价信息可以分为(   )。

A. 宏观工程造价信息和微观工程造价信息

B. 文件式工程造价信息和非文件式工程造价信息

C. 固定工程造价信息和流动工程造价信息

D. 系统化工程造价信息和非系统化工程造价信息

【分析】 按管理组织的角度来分,工程造价信息可以分为系统化工程造价信息和非系统化工程造价信息。

【答案】 D。

4. 工程造价信息的主要内容

从广义上说,所有对工程造价的计价和控制过程起作用的资料都可以称为工程造价信息,如各种定额资料、标准规范、政策文件等。最能体现信息动态性变化特征,并且在工程价格的市场机制中起重要作用的工程造价信息主要包括价格信息、工程造价指数和已完工程信息三类。

1）价格信息

价格信息包括各种建筑材料、装修材料、安装材料、人工工资、施工机械等的最新市场价格。这些信息是比较初级的,一般没有经过系统的加工处理,也可以称为数据。

（1）人工价格信息。根据《关于开展建筑工程实物工程量与建筑工种人工成本信息测算和发布工作的通知》(建办标函〔2006〕765号)，我国自2007年起开展建筑工程实物工程量与建筑工种人工成本信息(也称人工价格信息)的测算和发布工作。建筑工程实物工程量人工价格信息按照建筑工程的不同分类，反映单位实物工程量的人工价格信息。建筑工种人工成本信息按照建筑工人的工种分类，反映不同工种的单位人工日工资单价。

（2）材料价格信息。在材料价格信息的发布中，应披露材料的类型、规格、单价、供货地区、供货单位以及发布日期等信息。

（3）机械价格信息。机械价格信息包括设备市场价格信息和设备租赁市场价格信息两个部分。相对而言，后者对于工程计价更为重要，发布的机械价格信息应包括机械的种类、规格型号、供货厂商名称、租赁单价、发布日期等内容。

2）工程造价指数

工程造价指数(造价指数信息)是反映一定时期价格变化对工程造价影响程度的指数，包括各种单项价格指数、设备及工器具价格指数、建筑安装工程造价指数、建设项目或单项工程造价指数。

3）已完工程信息

已完工程的各种造价信息，可以为拟建工程或在建工程造价提供依据。这种信息也可称为工程造价资料。

7.4.2 工程造价资料的积累、分析和运用

工程造价资料是指已完工程可行性研究估算、设计概算、施工图预算、招标投标价格、工程竣工结算、竣工决算、单位工程施工成本，以及新材料、新结构、新设备、新施工工艺等建筑安装工程分部分项的单价分析资料等。

1. 工程造价资料的内容

工程造价资料的内容应包括量(如主要工程量、人工工日量、材料量、机械台班量等)和价，还包括对工程造价有重要影响的技术经济条件，如工程的概况、建设条件等。

1）项目和单项工程造价资料

（1）对工程造价有主要影响的技术经济条件，如项目建设标准、建设工期、建设地点等。

（2）主要的工程量、主要的材料量和主要设备的名称、型号、规格、数量等。

（3）投资估算、设计概算、施工图预算、竣工决算及工程造价指数等。

2）单位工程造价资料

单位工程造价资料包括工程的内容、建筑结构特征、主要工程量、主要材料的用量和单价、人工工日用量和人工费、机械台班用量和施工机具使用费，以及相应的造价等。

3）其他

其他主要包括有关新材料、新工艺、新设备、新技术分部分项工程的人工工日、主要料用量、机械台班用量。

2. 工程造价资料的管理

全面系统地积累和利用工程造价资料，建立稳定的工程造价资料积累制度，对于我国加强工程造价管理、合理确定和有效控制工程造价具有十分重要的意义。工程造价资料积累的工作量非常大，牵涉面也非常广，应当依靠各级政府有关部门和行业组织进行组织管理。

积极推广使用计算机建立工程造价资料数据库，开发通用的工程造价资料管理程序，可以提

高工程造价资料的适用性和可靠性。建立工程造价资料数据库,首要的问题是工程的分类与编码。不同的工程在技术参数和工程造价组成方面有较大的差异,必须把同类型工程合并在一个数据库文件中,而把另一类型工程合并到另一数据库文件中去。为了便于进行数据的统一管理和信息交流,必须设计出一套科学、系统的编码体系。工程造价资料数据库的建立必须严格遵守统一的标准和规范。

工程造价资料信息化是指以工程造价资料为基础,以计算机技术、通信技术等现代信息技术在工程造价活动中的应用为主要内容,以工程造价信息专门技术的研发和专门人才培养为支撑,实现工程造价活动由传统信息获取、加工、处理和纸上信息等方式向现代电子、网络方式转变,实现工程造价信息资源深度开发和利用的过程。

3. 工程造价资料的运用

1) 作为编制固定资产投资计划的参考

工程造价资料可以作为编制国家资产投资计划的参考,用以进行建设成本分析。由于基建支出不是一次性投入,一般是分年逐次投入,因此可以采用下面的公式把各年发生的建设成本折合为现值:

$$Z = \sum_{k=1}^{n} T_k (1+i)^{-k} \tag{7-1}$$

式中:Z——建设成本现值;

T_k——建设期间第 k 年投入的建设成本;

k——实际建设工期年限;

i——折现率。

在这个基础上,还可以用以下公式计算出建设成本节约额和建设成本降低率(二者为负数表明的是成本超支的情况):

$$建设成本节约额 = 批准概算现值 - 建设成本现值 \tag{7-2}$$

$$建设成本降低率 = \frac{建设成本节约额}{批准概算} \times 100\% \tag{7-3}$$

还可以按建设成本构成把实际数与概算数进行对比。对于建筑安装工程投资,可分别从实物工程量和价格两个方面将实际数与概算数进行对比。对于设备及工器具投资,要从设备规格数量、设备实际价格等方面将实际数与概算数进行对比。将各种比较结果综合,可得出比较全面地描述建设项目投入实施的情况。

2) 作为编制投资估算的重要依据

设计人员在编制投资估算时一般采用类比的方法,需要选择若干个类似的典型工程加以分解、换算和合并,并考虑当前的设备与材料价格情况,最后得出工程的投资估算。有了工程造价资料数据库,设计人员就可以从中挑选出所需要的典型工程,运用计算机进行适当的分解与换算,并根据经验和判断,最后得出较可靠的投资估算。

3) 作为编制初步设计概算和审查施工图预算的重要依据

在编制初步设计概算时,有时要采用类比的方式。采用类比的方式编制初步设计概算比估算要细致深入,可以具体到单位工程甚至分部工程。在限额设计和优化设计方案的过程中,设计人员可能要反复修改设计方案,每次修改都希望能得到相应的概算。如果有较多典型工程的资料,则多种工程组合的比较不仅有助于设计人员探索工程造价分配的合理方式,还为设计人员指出修改设计方案的可行途径。

在施工图预算编制完成后,需要对其进行审查。从工程造价资料中选取类似工程的工程造价资料,将其施工图预算与编制好的施工图预算进行比较,可以更快发现施工图预算是否有偏差和遗漏。另外,参考以往类似工程的造价资料可以帮助预见由于设计变更、材料调价等因素所带来的工程造价变化的可能性。

4)作为确定招标控制价和投标报价的参考资料

在为建设单位制定招标控制价的工作中或在施工单位投标报价的工作中,无论是用工程量清单计价还是用工程定额计价,工程造价资料都可以发挥重要作用。它可以向甲、乙双方指明类似工程的实际造价及其变化规律,使得甲、乙双方都可以对未来将发生的工程造价进行预测和准备,从而避免编制招标控制价和投标报价的盲目性。特别是在工程量清单计价模式下,主要由投标人自主报价,除了根据有关政府机构颁布的人工、材料、机械价格指数外,没有统一的参考标准,投标报价在很大程度上依赖投标人的历史经验。这就对企业的工程造价资料积累分析提出了很高的要求,企业不仅需要积累工程总造价及专业工程造价的分析资料,还需要积累更加具体的、与工程量清单计价规范相适应的各分项工程的综合单价资料及从企业历年完成的类似工程综合单价的发展趋势获取的企业技术能力和发展能力水平变化的信息。

5)作为技术经济分析的基础资料

不断地收集和积累工程在建期间的造价资料,到结算和决算时就能简单、容易地得出结果。工程造价管理部门也可以在有较多的已完同类工程的造价资料基础上,研究工程造价的变化规律。及时反馈工程造价信息,可使建设单位和施工单位尽早地发现问题,并及时解决问题。

6)作为编制各类定额的基础资料

通过分析不同种类的分部分项工程造价,了解各分部分项工程中各类实物量消耗,掌握各分部分项工程预算和结算的对比结果,工程造价管理部门可以发现原有定额是否符合实际情况,从而提出修改的方案。对于新工艺和新材料,工程造价管理部门也可以从积累的资料中获得编制新增定额的有用信息。对于概算定额和估算指标的编制与修订,工程造价管理部门也可以从工程造价资料中得到参考依据。

7)用以测定调价系数、编制工程造价指数

为了计算各种工程造价指数(如材料费价格指数、人工费价格指数、直接工程费价格指数、建筑安装工程价格指数、设备及工器具价格指数、工程造价指数、投资总量指数等),必须选取若干个典型工程的数据进行分析与综合,在此过程中,已经积累起来的工程造价资料可以充分发挥作用。

7.4.3 工程造价指数的编制

1. 指数的概念

指数是用来统计研究社会经济现象数量变化幅度和趋势的一种特有的分析方法和手段。指数有广义和狭义之分。广义的指数是指反映社会经济现象变动与差异程度的相对数,如产值指数、产量指数等。狭义的指数是指用来综合反映社会经济现象复杂总体数量变动状况的相对数。复杂总体是指数量上不能直接加总的总体,如不同的产品有不同的使用价值和计量单位,不同产品的价格也以不同的使用价值和计量单位为基础,它们是不同度量的事物,是不能直接相加的。通过狭义的指数可以反映出不同度量的事物所构成的特殊总体变动或差异程度,如物价总指数、成本总指数等。

【知识拓展】

指数的分类

(1) 按所反映的现象范围的不同,指数分为个体指数和总指数。个体指数是指反映个别现象变动情况的指数,如个别产品的产量指数、个别商品的价格指数等。总指数是指综合反映不能同度量的现象动态变化的指数,如工业总产量指数、社会商品零售价格总指数等。

(2) 按所反映的现象的性质不同,指数分为数量指标指数和质量指标指数。数量指标指数是指综合反映现象总的规模和水平变动情况的指数,如商品销售量指数、工业产品产量指数、职工人数指数等。质量指标指数是指综合反映现象相对水平或平均水平变动情况的指数,如产品成本指数、价格指数、平均工资水平指数等。

(3) 按照采用的基期不同,指数分为定基指数和环比指数。当对一个时间数列进行分析时,计算动态分析指标通常用不同时间的指标值做对比。在动态对比时作为对比基础时期的水平,叫作基期水平;所要分析的时期(与基期相比较的时期)的水平,叫作报告期水平或计算期水平。定基指数是指各个时期指数都是采用同一固定时期为基期计算的,表明社会经济现象对某一固定基期的综合变动程度的指数。环比指数是指以前一时期为基期计算的指数表明社会经济现象对上一期或前一期的综合变动的指数。定基指数或环比指数可以连续将许多时间的指数按时间顺序加以排列,形成指数数列。

(4) 按编制的方法不同,指数分为综合指数和平均数指数。综合指数是指通过确定同度量因素,把不能同度量的现象过渡为可以同度量的现象,采用科学方法计算出两时期的总量指标并进行对比而形成的指数。平均数指数是指从个体指数出发,通过对个体指数加权平均计算而形成的指数。

① 综合指数是总指数的基本形式。计算总指数的目的在于综合测定由不同度量单位的许多产品所组成的复杂现象总体数量方面的总动态。综合指数的编制方法是先综合后对比。因此,综合指数主要解决不同度量单位的问题,将不能直接加总的不同使用价值的各种产品的总体,改变成为能够进行对比的两个时期的现象的总体。综合指数可以把各种不能直接相加的现象还原为价值形态,先综合(相加),然后进行对比(相除),从而反映观测对象的变化趋势。

② 平均数指数是综合指数的变形。虽然综合指数能最完整地反映所研究现象的经济内容,但编制综合指数时需要全面资料,即对应的两个时期的数量指标和质量指标的资料。在实践中,要取得这样全面的资料往往是困难的。因此,实践中可用平均数指数的形式来编制总指数。所谓平均数指数,是指以个体指数为基础,通过对个体指数计算加权平均数编制的总指数。

2. 工程造价指数及其特性分析

在建筑市场供求和价格水平发生经常性波动的情况下,工程造价及其各组成部分也处于不断变化之中,这不仅使不同时期的工程失去可比性,而且给合理确定和有效控制工程造价造成困难。根据工程建设的特点,编制工程造价指数是解决这些问题的最佳途径。以合理的方法编制的工程造价指数,不仅能够较好地反映工程造价的变动趋势和变化幅度,而且可以剔除价格水平变化对造价的影响,正确反映建筑市场的供求关系和生产力发展水平。

工程造价指数是反映一定时期由于价格变化对工程造价影响程度的一种指标,它是调整工程造价价差的依据。工程造价指数反映了与基期相比报告期的价格变动趋势,利用它来研究实际工作中的下列问题很有意义。

(1) 利用工程造价指数分析价格变动趋势及其原因。

(2) 利用工程造价指数预计宏观经济变化对工程造价的影响。

工程造价指数是工程承发包双方进行工程估价和结算的重要依据。

3. 工程造价指数的内容及其特征

(1) 各种单项价格指数。这其中包括反映各类工程的人工费、材料费、施工机械使用费报告期价格对基期价格的变化程度的指标。可利用它研究主要单项价格变化的情况及其发展变化的趋势。它的计算过程可以简单表示为确定报告期价格与基期价格之比。以此类推,可以把各种费率指数也归于其中,如措施项目费指数、间接费指数,甚至工程建设其他费用指数等。这些费率指数可以直接用报告期费率与基期费率之比求得。很明显,这些单项价格指数都属于个体指数,编制过程相对比较简单。

(2) 设备及工器具价格指数。设备、工器具的种类、品种和规格很多。设备、工器具购置费的变动通常是由两个因素引起的,即设备、工器具单件采购价格的变化和采购数量的变化,并且工程所采购的设备、工器具是由不同规格、不同品种组成的,因此设备及工器具价格指数属于总指数。由于采购价格与采购数量的数据比较容易获得,因此设备及工器具价格指数可以用综合指数的形式来表示。

(3) 建筑安装工程造价指数。建筑安装工程造价指数也是一种综合指数,包括人工费指数、材料费指数、施工机械使用费指数以及措施项目费、间接费等各项个体指数的综合影响。由于建筑安装工程造价指数相对比较复杂,涉及面较广,利用综合指数来进行计算分析难度较大,因此可以通过对各项个体指数的加权平均,用平均数指数的形式来表示。

(4) 建设项目或单项工程造价指数。该指数是经设备及工器具价格指数、建筑安装工程造价指数、工程建设其他费用指数综合得到的。它也属于总指数,并且与建筑安装工程造价指数类似,一般也用平均数指数的形式来表示。

当然,根据工程造价资料的期限长短来分类,也可以把工程造价指数分为时点造价指数、月指数、季指数和年指数等。

4. 工程造价指数的编制

1) 各种单项价格指数的编制

(1) 人工费、材料费、施工机械使用费等价格指数的编制。这种价格指数的编制可以直接用报告期价格与基期价格相比后得到,计算公式为

$$人工费(材料费、施工机械使用费用)价格指数 = \frac{P_n}{P_0} \tag{7-4}$$

式中:P_0——基期人工日工资单价(材料价格、机械台班单价);

P_n——报告期人工日工资单价(材料价格、机械台班单价)。

(2) 企业管理费及工程建设其他费用等费率指数的编制。计算公式为

$$企业管理费(工程建设其他费用)费率指数 = \frac{P_i}{P_0} \tag{7-5}$$

式中:P_0——基期企业管理费(工程建设其他费用)费率;

P_i——报告期企业管理费(工程建设其他费用)费率。

2) 设备及工器具价格指数的编制

设备及工器具价格指数是用综合指数形式表示的总指数。运用综合指数计算总指数时,一般要涉及两个因素:一个是指数所要研究的对象,叫作指数化因素;另一个是将不能同度量现象过渡为可以同度量现象的因素,叫作同度量因素。当指数化因素是数量指标时,这时计算的指数称为数量指标指数;当指数化因素是质量指标时,这时的指数称为质量指标指数。很明显,在设备及工器具价格指数中,指数化因素是设备及工器具的采购价格,同度量因素是设备及工器具的

采购数量。因此,设备及工器具价格指数是一种质量指标指数。

考虑到设备及工器具的采购品种很多,为简化起见,计算价格指数时可选择其中用量大、价格高、变动多的主要设备及工器具的购置数量和单价进行计算,按照派氏公式进行计算为:

$$设备及工器具价格指数 = \frac{\sum(报告期设备及工器具单价 \times 报告期购置数量)}{\sum(基期设备及工器具单价 \times 报告期购置数量)} \quad (7\text{-}6)$$

3) 建筑安装工程价格指数

建筑安装工程造价指数是一种综合指数,包括人工费指数、材料费指数、施工机械使用费指数以及间接费等各项个体指数的综合影响,计算公式为

$$建筑安装工程造价指数 = \frac{报告期建筑安装工程费}{\dfrac{报告期人工费}{人工费指数} + \dfrac{报告期材料费}{材料费指数} + \dfrac{报告期施工机械台班费}{施工机械台班费指数} + \dfrac{报告期工程建设其他费用}{工程建设其他费用指数}} \quad (7\text{-}7)$$

或

$$建筑安装工程造价指数 = \frac{报告期建筑安装工程费}{\dfrac{报告期人工费}{人工费指数} + \dfrac{报告期材料费}{材料费指数} + \dfrac{报告期施工机械台班费}{施工机械台班费指数} + \dfrac{报告期措施项目费}{措施项目费指数} + \dfrac{报告期间接费}{间接费指数} + 利润 + 税金} \quad (7\text{-}8)$$

4) 建设项目或单项工程造价指数的编制

建设项目或单项工程造价指数是经建筑安装工程造价指数、设备及工器具价格指数和工程建设其他费用指数综合而成的。与建筑安装工程造价指数相类似,它的计算也应采用加权调和平均数指数的推导公式,计算公式为

$$建设项目或单项工程指数 = \frac{报告期建设项目或单项工程造价}{\dfrac{报告期建筑安装工程费}{建筑安装工程造价指数} + \dfrac{报告期设备及工器具购置费}{设备及工器具价格指数} + \dfrac{报告期工程建设其他费用}{工程建设其他费用指数}} \quad (7\text{-}9)$$

编制完成的工程造价指数有很多用途,如作为政府对建设市场宏观调控的依据、作为工程估算以及概预算的基本依据。当然,工程造价指标最重要的作用是在建设市场的交易过程中,为承包人投标报价提供依据,此时的工程造价指数也可称为投标价格指数。

【课堂练习】

1. 某工程主要购置 A、B 两类设备,A 类设备基期欲购 6 台,单价为 30 万元,报告期实际购置 7 台,单价为 35 万元;B 类设备基期欲购 10 台,单价为 20 万元,报告期实际购置 12 台,单价为 30 万元,则设备购置价格指数为(   )。

A. 145.9%　　　　　B. 146.3%　　　　　C. 122.8%　　　　　D. 134.4%

【分析】 根据已知条件计算如下。

$$设备及工器具价格指数 = \frac{35 \times 7 + 30 \times 12}{30 \times 7 + 20 \times 12} \times 100\% = 134.4\%$$

【答案】 D。

2. 某典型工程,其建筑工程造价的构成及相关费用与上年度相比价格指数如表 7-6 所示,和去年同期相比,该典型工程的建筑工程造价指数为(   )。

表 7-6　第 7 章课堂练习表(三)

费用名称	人工费	材料费	施工机械使用费	措施费	间接费	利润	税金	合计
造价/万元	110	645	55	40	50	66	34	1 000
指数	1.28	1.10	1.05	1.10	1.02	—	—	—

A. 111.4% B. 109.9% C. 111.0% D. 110.3%

【分析】

$$建筑安装工程造价指数=\frac{1\ 000}{\frac{110}{1.28}+\frac{645}{1.10}+\frac{55}{1.05}+\frac{40}{1.10}+\frac{50}{1.02}+66+34}\times 100\%=109.9\%$$

【答案】 B。

本 章 小 结

本章主要介绍了建设项目竣工验收、竣工决算、保修费用的处理和工程造价资料的整理和编制。

建设项目竣工验收是指由发包人、承包人和项目验收委员会,以项目批准的设计任务书和设计文件,以及国家或部门颁发的施工验收规范和质量检验标准为依据,按照一定的程序和手续,在建设项目建成并试生产合格后(工业生产性建设项目),对建设项目的总体进行检验、认证、综合评价和鉴定的活动。

建设项目竣工决算是建设项目竣工交付使用的最后一个环节,是建设项目经济效益的全面反映,是建设单位掌握建设项目实际造价的重要文件,也是建设单位核算新增固定资产、新增无形资产、新增流动资产和新增其他资产价值的主要资料。

建设项目竣工交付使用后,施工单位还应定期对建设单位和建设项目的使用者进行回访,如果建设项目出现质量问题,应及时进行维修和处理。

工程造价信息是指一切有关工程造价的特征、状态及其变动的消息的组合。人们对工程承发包市场和工程建设过程中工程造价运动的变化,是通过工程造价信息来认识和掌握的。

课后练习

一、单项选择题

1. 下列属于建筑安装工程验收内容的是( )。

A. 以屋面工程的屋面瓦、保温层、防水层等的审查验收

B. 对门窗工程的审查验收

C. 对抹灰工程的审查验收

D. 对上下水管道、暖气的审查验收

2. 工程造价指数按照工程范围、类别、用途分为( )。

A. 单项造价指数和综合造价指数　　B. 时点造价指数和区间造价指数

C. 定基指数和环比指数　　　　　　D. 月指数和年指数

3. 下列对建设项目竣工图的阐述,错误的是( )。

A. 它是工程进行交工验收、维护改建和扩建的依据,是国家的重要技术档案

B. 由发包人在原施工图上加盖竣工图标志后,即作为竣工图

C. 建设项目竣工图是真实地记录各种地上、地下建筑物、构筑物等情况的技术文件

D. 建设项目竣工图有可能与原施工图不完全一致

4. 按照规定竣工决算应在竣工项目办理验收交付手续后( )内编好。

A. 10 日 B. 20 日 C. 30 日 D. 60 日

5. 某工程由于设计不当,竣工后建筑物出现不均匀沉降,保修经济责任应由( )承担。

A. 施工单位   B. 建设单位   C. 设计单位   D. 设备供应单位

6. 某工业建设项目及其总装车间的建筑工程费、安装工程费、需安装设备费以及应摊入费用如表 7-7 所示,计算总装车间新增固定资产价值为( )万元。

表 7-7   第 7 章课后练习表(一)   单位:万元

项目名称	建筑工程	安装工程	需安装设备	建设单位管理费	土地征用费	勘察设计费
建设单位竣工决算	4 000	800	1 600	120	140	100
总装车间竣工决算	1 000	360	640			

A. 1 521.5   B. 2 000   C. 2 060   D. 2 097.5

7. 在竣工决算报告情况说明书中,不属于资金来源及运用分析的是( )。

A. 工程价款结算   B. 竣工结余资金的上交分配情况

C. 会计账务的处理   D. 债权债务的清偿情况

8. 建设项目竣工决算文件要上报主管部门审查,并把其中财务成本部分送交( )签证。

A. 财政部   B. 开户银行

C. 中国建设银行总行   D. 省、市、自治区的财政局

9. 在保险期内,建设项目出现质量问题影响使用,使用人应填写工程质量修理通知书告知承包人,工程质量修理通知书发出日期为约定起始日期,承包人应在( )内派出人员执行保修任务。

A. 5 日   B. 7 日   C. 10 日   D. 15 日

10. 关于缺陷责任期与保修期,下列说法中正确的是( )。

A. 缺陷责任期就是保修期

B. 屋面防水工程的保修期为 5 年

C. 结构工程的保修期为 10 年

D. 给排水管道的保修期为 5 年

11. 要建立工程造价资料数据库,首要的问题是( )。

A. 做出计划   B. 原始数据的收集   C. 数据输入工作   D. 工程的分类与编码

12. 下列不能体现工程造价资料数据库作用的是( )。

A. 是编制概算指标、投资估算指标的重要基础资料

B. 是考核基本建设投资效果的依据

C. 是编制固定资产投资计划的参考

D. 是编制标底和投标报价的参考

二、多项选择题

1. 建设项目竣工验收的主要依据包括( )。

A. 投标书   B. 招标文件

C. 可行性研究报告   D. 工程承包合同文件

E. 技术设备说明书

255

2. 验收合格后,共同签署交工验收证书的有( )。

A. 监理单位 B. 发包人 C. 设计单位

D. 承包人 E. 工程质量监督站

3. ( )又称建设项目竣工财务决算并且属竣工决算的核心内容。

A. 竣工决算报告情况说明书 B. 竣工财务决算报表

C. 工程竣工图 D. 工程竣工造价对比分析

E. 工程竣工手续证明

4. 下列关于无形资产计价方法的阐述,正确的有( )。

A. 投资者投入无形资产,按评估确认或合同协议约定的金额计价

B. 行政划拨的国有土地使用权通常不能作为无形资产入账

C. 商标权的计价应由法定评估机构确认后再进行估价

D. 企业接受捐赠的无形资产,按照发票账单所载金额或者同类无形资产市场价作价

E. 专利权转让价格不按成本估价,而是按照其所能带来的超额收益计价

5. 关于新增固定资产价值计算,正确的有( )。

A. 对于为了提高产品质量、改善劳动条件、节约材料消耗、保护环境而建设的附属辅助工程,只要全部建成,正式验收交付使用后就要计入新增固定资产价值

B. 对于单项工程中不构成生产系统的非生产性建设项目,在建成并交付使用后不计入新增固定资产价值

C. 凡购置达到固定资产标准无须安装的设备、工具、器具,应在交付使用后计入新增固定资产价值

D. 属于新增固定资产价值的其他投资,应随同受益工程交付使用的同时一并计入

E. 运输设备及其他无须安装的设备、工具、器具、家具等固定资产一般计入分摊的待摊投资

6. 按照《建设工程质量管理条例》,下列有关保修期的确认,正确的有( )。

A. 基础设施工程为 50 年

B. 屋面防水工程、有防水要求的卫生间、房间和外墙面的防渗漏为 5 年

C. 供热与供冷系统为 2 个采暖期和供热期

D. 电气管线、给排水管道、设备安装和装修工程为 2 年

E. 建设工程的保修期自工程开工日算起

7. 按工程造价资料限期长短分类工程造价指数可分为( )。

A. 时点造价指数 B. 周指数 C. 月指数

D. 环比指数 E. 报告期指数

8. 编制建筑安装工程造价指数所需的数据有( )。

A. 报告期人工费 B. 基期材料费

C. 报告期利润指数 D. 基期施工机械使用费 E. 报告期间接费

三、简答题

1. 简述建设项目竣工验收的条件。

2.建筑项目竣工验收包括哪些内容？

3.简述建工项目竣工决算与工程竣工结算的区别。

4.简述建设项目保修期的规定。

四、综合实训题

1.某工业建设项目及其总装车间的建筑工程费、建筑安装工程费、需安装设备费以及应摊入费用如表7-8所示,计算总装车间新增固定资产价值。

表 7-8　第 7 章课后练习表（二）　　　　　　　　　　　　单位:万元

项目名称	建筑工程	安装工程	需安装设备	建设单位管理费	土地征用费	建筑设计费	工艺设计费
建设单位竣工决算	5 000	1 000	1 200	105	120	60	40
总装车间竣工决算	1 000	500	600				

2.某建设单位拟编制某工业生产项目的竣工决算。该建设项目包括 A、B 两个主要生产车间和 C、D、E、F 四个辅助生产车间及若干附属办公、生活建筑物。在建设期内,各单项工程竣工决算数据如表7-9所示。工程建设其他投资完成情况如下:支付行政划拨土地的土地征用及迁移费 500 万元,支付国有土地使用权出让金 700 万元;建设单位管理费 400 万元(其中 300 万元构成固定资产);地质勘察费 80 万元;建筑工程设计费 260 万元;生产工艺流程系统设计费 120 万元;专利费 70 万元;非专利技术费 30 万元;获得商标权 90 万元;生产职工培训费 50 万元;报废工程损失 20 万元;生产线试运转支出 20 万元,试生产产品销售款 5 万元。

表 7-9　第 7 章课后练习表（三）　　　　　　　　　　　　单位:万元

项目名称	建筑工程	安装工程	需安装设备	不需安装设备	生产工器具	
					总额	达到固定资产标准
A 生产车间	1 800	380	1 600	300	130	80
B 生产车间	1 500	350	1 200	240	100	60
辅助生产车间	2 000	230	800	160	90	50
附属建筑	700	40		20		
合计	6 000	1 000	3 600	720	320	190

问题:

(1) 什么是建设项目竣工决算? 竣工决算包括哪些内容?

(2) 编制竣工决算的依据有哪些?

(3) 如何进行竣工决算的编制?

(4) 试确定 A 生产车间的新增固定资产价值。

(5) 试确定该建设项目的新增固定资产、新增流动资产、新增无形资产和新增其他资产价值。

参 考 文 献

［1］ 全国造价工程师执业资格考试培训教材编审委员会.建设工程计价［M］.北京:中国计划出版社,2017.

［2］ 建设部标准定额司.中国工程建设标准定额大事记(1949—2006)［M］.北京:中国建筑工业出版社,2007.

［3］ 中华人民共和国住房和城乡建设部.建设工程工程量清单计价规范:GB 50500—2013［S］.北京:中国计划出版社,2013.

［4］ 马楠,周和生,李宏颀.建设工程造价管理［M］.2 版.北京:清华大学出版社,2012.

［5］ 中国建设工程造价管理协会.建设项目设计概算编审规程:CECA/GC 2—2015［S］.北京:中国计划出版社,2015.

［6］ 马楠,张丽华.建筑工程预算与报价［M］.4 版.北京:科学出版社,2010.

［7］ 斯庆.工程造价控制［M］.2 版.北京:北京大学出版社,2014.

［8］ 全国造价工程师执业资格考试培训教材编审委员会.建设工程造价案例分析［M］.北京:中国城市出版社,2017.

［9］ 廖天平,何永萍.建设工程造价管理［M］.3 版.重庆:重庆大学出版社,2012.

［10］ 张加瑄,工程招投标与合同管理［M］.北京:中国电力出版社,2011.

［11］ 冯剑梅,李文倩.工程项目招投标与合同管理［M］.武汉:中国地质大学出版社,2012.

［12］ 李明孝.建设工程招投标与合同管理［M］.西安:西北工业大学出版社,2015.

［13］ 玉小冰,左恒忠.建设工程造价控制［M］.南京:南京大学出版社,2012.